Esthétique et science du vivant

De l'École de Montpellier à Henri Bergson

La Philosophie en commun
Collection dirigée par Stéphane Douailler,
Jacques Poulain, Patrice Vermeren

Nourrie trop exclusivement par la vie solitaire de la pensée, l'exercice de la réflexion a souvent voué les philosophes à un individualisme forcené, renforcé par le culte de l'écriture. Les querelles engendrées par l'adulation de l'originalité y ont trop aisément supplanté tout débat politique théorique.

Notre siècle a découvert l'enracinement de la pensée dans le langage. S'invalidait et tombait du même coup en désuétude cet étrange usage du jugement où le désir de tout soumettre à la critique du vrai y soustrayait royalement ses propres résultats. Condamnées également à l'éclatement, les diverses traditions philosophiques se voyaient contraintes de franchir les frontières de langue et de culture qui les enserraient encore. La crise des fondements scientifiques, la falsification des divers régimes politiques, la neutralisation des sciences humaines et l'explosion technologique ont fait apparaître de leur côté leurs faillites, induisant à reporter leurs espoirs sur la philosophie, autorisant à attendre du partage critique de la vérité jusqu'à la satisfaction des exigences sociales de justice et de liberté. Le débat critique se reconnaissait être une forme de vie.

Ce bouleversement en profondeur de la culture a ramené les philosophes à la pratique orale de l'argumentation, faisant surgir des institutions comme l'École de Korcula (Yougoslavie), le Collège de Philosophie (Paris) ou l'Institut de Philosophie (Madrid). L'objectif de cette collection est de rendre accessibles les fruits de ce partage en commun du jugement de vérité. Il est d'affronter et de surmonter ce qui, dans la crise de civilisation que nous vivons tous, dérive de la dénégation et du refoulement de ce partage du jugement.

Dernières parutions

Roberto LUQÍN GUERRA, *La pensée esthétique de José Vasconcelos dans son sens originaire. Le contexte historiographique de la philosophie en Amérique hispanique*, 2015.
Danilo BILATE, *Nietzsche et l'affectologie. Pour une éthique des affects*, 2015.
Fedra CUESTAS, *Marginalité et subjectivité, La subjectivité dans les seuils du social*, 2015
Samuel-Gaston AMET, *Le néocriticisme de Renouvier. Fondations des sciences*, 2015.

Annamaria Contini

Esthétique et science du vivant

De l'École de Montpellier à Henri Bergson

Traduit de l'italien par Marie-France Morin

L'Harmattan

Du même auteur, aux éditions L'Harmattan

Jean-Marie Guyau. Esthétique et philosophie de la vie, 2001.

La traduction de cet ouvrage a été effectuée
avec la contribution du SEPS
SEGRETARIO EUROPEO PER LE PUBBLICAZIONI SCIENTIFICHE

Via Val d'Aposa 7 – 40123 Bologna – Italie
seps@seps.it – www.seps.it

Titre original : *Estetica della biologica. Dalla Scuola di Montpellier a Henri Bergson*

5-7, rue de l'Ecole-Polytechnique, 75005 Paris

http://www.harmattan.fr
diffusion.harmattan@wanadoo.fr
harmattan1@wanadoo.fr

ISBN : 978-2-343-07812-0
EAN : 9782343078120

LISTE DES ABRÉVIATIONS

- *Art* : J.-M. Guyau, *L'Art au point de vue sociologique* (Paris, Fayard, 2001).
- *Cours* : A. Comte, *Cours de philosophie positive* (Paris, Anthropos, 1968-1971).
- DPV : D. Diderot, *Œuvres complètes* (Paris, Hermann, 1975 et suivantes).
- *Enc.* : D. Diderot, J.-B. D'Alembert *et al.*, *Encyclopédie, ou Dictionnaire raisonné des sciences, des arts et des métiers* (Stuttgart-Bad Cannstatt, Frommann-Holzboog, 1966).
- *Essai* : F. Ravaisson, *Essai sur la métaphysique d'Aristote* (Hildesheim-New York, G. Olms, 1963).
- *Esquisse* : J.-M. Guyau, *Esquisse d'une morale sans obligation ni sanction* (Paris, Payot, 2012).
- *Introduction* : Cl. Bernard, *Introduction à l'étude de la médecine expérimentale* (Paris, J.-B. Baillière et fils, 1865).
- *Irréligion* : J.-M. Guyau, *L'Irréligion de l'avenir. Étude de sociologie* (Paris, Alcan, 1887).
- *Leçons* : Cl. Bernard, *Leçons sur les phénomènes de la vie communs aux animaux et aux végétaux* (Paris, Vrin, 1966).
- *Morale d'Épicure* : J.-M. Guyau, *La Morale d'Épicure et ses rapports avec les doctrines contemporaines* (Paris, Germer Baillière, 1904).
- *Nouveaux éléments* : P.-J. Barthez, *Nouveaux éléments de la Science de l'Homme* (Paris, Goujon-Brunot, 1806).
- OCB : *Œuvres Complètes de Bordeu* (Paris, Caille et Ravier, 1818).

- *Problèmes* : J.-M. Guyau, *Les Problèmes de l'esthétique contemporaine* (Paris, Alcan, 1913).
- *Recherches anatomiques* : Th. de Bordeu, *Recherches anatomiques sur la position des glandes et sur leur action* (dans OCB, t. I).
- *Système* : A. Comte, *Système de politique positive* (Paris, Anthropos, 1968-1971).

INTRODUCTION

Cet ouvrage se propose d'étudier le réseau tissé entre esthétique et biologie dans la pensée française des XVIIIe et XIXe siècles, reconstruisant une généalogie conceptuelle qui va de l'École médicale de Montpellier jusqu'à Bergson en passant par Comte, Bernard, Ravaisson et Guyau. Généralement, lorsqu'on parle de rapports entre esthétique et biologie, on se réfère à l'aire culturelle allemande et en particulier à une illustre tradition – la science et la philosophie romantique de la nature – dans laquelle ce lien a fait germer des conceptions destinées à influencer en profondeur l'histoire des idées scientifiques et philosophiques[1]. Les rapports entre l'esthétique et la biologie

[1] Il existe sur ce thème une bibliographie immense, dont nous nous limitons à signaler : D. von Engelhardt, *Historisches Bewußtsein in der Naturwissenschaft von der Aufklärung bis zum Positivismus*, Freiburg-München, Alber, 1979 : T. Lenoir, *The Strategy of Life : Teleology and Mechanics in Nineteenth Century German Biology*, Dordrecht-Boston, Reidel, 1982 ; R. Heckmann, H. Krings, R.W. Meyer (éds), *Natur und Subjektivität. Zur Auseinandersetzung mit der Naturphilosophie des jungen Schelling*, Stuttgart-Bad Cannstatt, Frommann-Holzboog, 1985 ; A. Cunningham, N. Jardine (éds), *Romanticism and the Sciences*, Cambridge, Cambridge University Press, 1990 ; F. Moiso, *Vita, natura, libertà. Schelling 1795-1809*, Milano, Mursia, 1990 ; S. Givone, *La questione romantica*, Roma-Bari, Laterza, 1992 ; A. Orsucci, *Dalla biologia cellulare alle scienze dello spirito : aspetti del dibattito sull'individualità nell'Ottocento tedesco*, Bologna, Il Mulino, 1992 ; K.T. Kanz, *Philosophie des Organischen in der Goethezeit. Studien zu Werk und Wirkung des Naturforschers Carl Friedrich Kielmeyer (1765-1844)*, Stuttgart, Steiner, 1994 ; F. Vercellone, *Nature del tempo. Novalis e la forma poetica del romanticismo tedesco*, Milano, Guerini e Associati, 1998 ; S. Poggi, *Il genio e l'unità della natura. La scienza della Germania romantica (1790-1830)*, Bologna, Il Mulino, 2000 ; T. Bach, *Biologie und Philosophie bei Kielmeyer und Schelling*, Stuttgart-Bad Cannstatt, Frommann-Holzboog,

dans l'aire culturelle française sont moins connus puisqu'il n'y existe aucune tradition comparable à la *Naturphilosophie*. Nous croyons toutefois qu'en France aussi, à la même période, la science du vivant s'est nourrie des contributions apportées par la réflexion esthétique et que cette dernière a été à son tour conditionnée par la nouvelle manière d'entendre l'organisation et la fonctionnalité des organismes. De surcroît, nous croyons qu'en France aussi cette convergence a engendré des solutions innovantes pour la recherche philosophique en général, stimulant l'élaboration de nouveaux modèles d'intelligibilité du réel. Cet ouvrage se concentrera par conséquent sur un filon théorique intérieur à la pensée française, dans la tentative de reconstruire l'évolution de certaines idées dans ce contexte précis, au-delà de l'influence incontestable exercée par la *Naturphilosophie* ou par la réflexion biologique allemande.

Nous commencerons par l'École médicale de Montpellier qui, dans la seconde moitié du XVIIIe siècle – avec des personnages tels que Théophile de Bordeu et Paul-Joseph Barthez – adopte une forme particulière de vitalisme, bien différente de celle que développaient Caspar F. Wolff et Johann F. Blumenbach en Allemagne à la même époque : un vitalisme empreint d'empirisme, où le recours à des forces ou à des principes vitaux n'implique pas une métaphysique de la vie mais satisfait plutôt à l'exigence de formuler des hypothèses explicatives originales, et d'éviter de réduire l'activité complexe de l'organisme au fonctionnement d'une machine ; un vitalisme qui laisse en arrière-plan le problème de la génération (et la question connexe de l'origine de la vie), pour focaliser l'attention sur les problèmes classiques de la physiologie[2]. Ce

---

2001 ; O. Breidbach, D. von Engelhardt (éds), *Hegel und die Lebenswissenschaften*, Berlin, Verlag für Wissenschaft und Bildung, 2002 ; G. Moretti, *Heidelberg romantica*, Napoli, Guida, 2002 ; T. Bach, O. Breidbach (éds), *Naturphilosophie nach Schelling*, Stuttgart-Bad Cannstatt, Frommann-Holzboog, 2005 ; O. Breidbach, F. Vercellone (éds), *Concepts of Morphology*, Milano, Mimesis Edizioni, 2008.

[2] Voir G. Cimino, Fr. Duchesneau (éds), *Vitalism from Haller to the Cell Theory*, Firenze, Olschki, 1997, où ressortent les caractéristiques des différentes écoles vitalistes dans leurs contextes nationaux.

vitalisme, dont des études récentes ont souligné le rôle propulsif pour que s'affirme en France une science biologique autonome[3], se sert parfois de catégories esthétiques justement pour émanciper l'image du vivant aussi bien de la physique que de la métaphysique.

Certaines recherches philosophiques sur les procédés qui caractérisent la découverte et l'explication scientifiques ont souligné l'affinité entre l'usage des métaphores dans le langage littéraire et l'usage des modèles théoriques dans la science : de même qu'une métaphore efficace a le pouvoir d'interconnecter deux domaines séparés en utilisant le langage directement approprié à l'un comme des lunettes pour voir l'autre, de même un modèle théorique a le pouvoir de transférer des idées et des concepts du « système secondaire » (le domaine dont on tire le modèle) au « système primaire » (le domaine auquel s'applique le modèle). Dans les deux cas, il s'agit d'une manière de réorganiser le « système primaire » en soulignant des aspects qui autrement ne seraient pas visibles[4].

Le domaine esthétique semble fournir à Bordeu et à Barthez des modèles de ce genre, nécessaires pour représenter des propriétés ou des principes physiologiques qui ne sont pas encore exprimables en termes scientifiques. Ainsi, si la définition du *beau* en tant qu'« unité dans la diversité » permet de voir dans l'organisme un tout synergique et intimement uni, la notion esthétique de *goût* permet de ramener certains processus fonctionnels à des caractéristiques spécifiques de la sensibilité organique, tandis que la notion de *créativité artistique* permet

---

[3] Voir notamment R. Rey, *Naissance et développement du vitalisme en France, de la deuxième moitié du XVIIIe siècle à la fin du Premier Empire*, Thèse de doctorat d'État, Université de Paris I, 1987, puis Oxford, Voltaire Foundation, 2000.

[4] M. Black, « Models and Archetypes », dans *Models and Metaphors. Studies in Language and Philosophy*, Ithaca-London, Cornell University Press, 1962, p. 219-243. Voir aussi M. Hesse, *Models and Analogies in Science*, Notre Dame (Indiana), University of Notre Dame Press, 1966 ; R. Boyd, « Metaphors and Theory Change : What is "Metaphor" a Metaphor for ? », dans A. Ortony (éd.), *Metaphor and Thought*, Cambridge, Cambridge University Press, 1979, p. 356-408 ; T.S. Kuhn, « Metaphor in Science », *ibid.*, p. 409-419.

de concevoir la cause inconnue des phénomènes vitaux, ce principe dynamique qui régirait toutes les opérations de l'organisme et les rendrait en quelque sorte autonomes des conditions purement structurelles, soit des mécanismes inscrits dans chacun des dispositifs anatomiques.

Le fait que des physiologistes comme Bordeu et Barthez soient perméables à ces catégories est dû non seulement à leur culture philosophique et littéraire mais également à leurs rapports avec Diderot, D'Alembert et le groupe des Encyclopédistes, auteurs d'écrits esthétiques (dont les articles rédigés pour l'*Encyclopédie*) à l'époque très connus et appréciés. Si les intérêts de Bordeu restent circonscrits au domaine de la physiologie, ceux de Barthez se développent précisément en direction de l'esthétique, à laquelle il consacre une réflexion spécifique dans un ouvrage posthume sorti en 1807 et intitulé *Théorie du beau dans la nature et les arts*. Nous verrons que les thèses exposées dans ce volume indiquent une tendance de caractère plus général : même l'esthétique est influencée par une image du vivant qui en accentue le dynamisme, la spontanéité réglée, la capacité de production liée à la présence d'une finalité intérieure.

Après le chapitre dédié à l'École de Montpellier, celui qui concerne Comte semble annoncer une sorte de détour ; en réalité, nous épousons l'interprétation historique et critique de Georges Canguilhem, qui a montré les rapports étroits existant entre le vitalisme de Montpellier, la philosophie biologique d'Auguste Comte et le projet épistémologique de Claude Bernard[5]. Tel est le motif de la décision d'exclure de notre investigation un secteur important de biologie française du XIXe siècle – celui de l'anatomie comparée – où il serait également possible de trouver des rapports féconds avec le domaine esthétique[6]. En privilégiant la ligne École de Montpellier-Comte-Bernard, nous favorisons du même coup

[5] G. Canguilhem, *La Connaissance de la vie* (1965), 2e éd. revue et augmentée, Paris, Vrin, 1967 ; Id., *Études d'histoire et de philosophie des sciences* (1968), 7e éd. augmentée, Paris, Vrin, 1994.

[6] Nous nous référons en particulier à l'anatomie comparée de Georges Cuvier.

l'importance qu'ils accordent à la question des fonctions organiques et, par conséquent, à la fondation de la physiologie en tant que science autonome, aussi rigoureuse dans sa méthode d'investigation qu'elle est dotée de théories, procédures et problèmes spécifiques. Cette importance incite Comte à récupérer certains aspects du vitalisme de Montpellier : la conception de l'organisme comme un tout, *consensus* harmonieux d'organes et de fonctions doté d'une logique interne ; la nécessité d'adopter un point de vue différent de celui qu'utilisent les sciences physico-chimiques, un point de vue *synthétique* qui subordonne la simplicité à la complexité, le début à l'accomplissement, le moyen à la fin. Dans une phase historique où vitalisme est désormais synonyme d'attitude métaphysique, de refus opposé à la pratique de l'expérimentation et à l'invariabilité des lois, la philosophie biologique de Comte restitue sa légitimité scientifique à l'approche théorique de l'École de Montpellier et devient une sorte d'intermédiaire entre cette dernière et la biologie expérimentale de Claude Bernard.

On associe habituellement la réflexion de Bernard à la théorisation du déterminisme auquel obéissent les phénomènes vitaux, en le considérant comme sa plus grande contribution à la généralisation de la pratique expérimentale. Notre analyse s'étendra plutôt à l'un des concepts les plus controversés de la théorie bernardienne : la notion d'*idée créatrice* du développement organique. Nous montrerons que cette notion, entendue à l'origine par Bernard dans le sens vitaliste, c'est-à-dire comme ligne de séparation entre la vie et le monde inorganique, est ensuite définie dans le sens esthétique, c'est-à-dire sur le modèle de la création artistique. Si Bordeu et Barthez recouraient déjà à des catégories esthétiques, si même Comte suggérait une analogie entre l'*esprit d'ensemble* de l'art et le « génie synthétique » de la biologie, Bernard explicite le caractère métaphorique de cette référence : pour reprendre la célèbre distinction de Max Black entre un usage existentiel et un usage euristique des modèles théoriques[7], il ne pense pas

[7] M. Black, « Models and Archetypes », *loc. cit.*

décrire le développement organique tel qu'il est mais *comme si tel il était*. Il n'en reste pas moins que le modèle de la création artistique semble nécessaire, pour représenter les caractères et les processus de la création vitale : dans la perspective scientifico-expérimentale de Bernard, la référence au domaine esthétique marque une limite de la recherche biologique et, en même temps, l'exigence d'approfondir la signification des phénomènes vitaux, pour interpréter correctement chacun des rapports de cause à effet.

Les thèses de Bernard eurent un vaste retentissement, y compris dans les milieux philosophiques. L'un des premiers à s'apercevoir que l'enjeu était un changement global de paradigme fut Félix Ravaisson, artisan de la renaissance spiritualiste pré-bergsonienne et maître indiscutable de Bergson lui-même. Selon Ravaisson, il ne s'agit pas seulement d'admettre l'action d'un finalisme secret au sein de la nature vivante, mais d'étendre ce modèle à la connaissance de tout le monde sensible ; d'ailleurs l'exigence de ne pas orienter ce modèle vers un idéalisme abstrait pousse Ravaisson à réfléchir aussi bien sur la valeur ontologique de l'art[8] (c'est-à-dire sa capacité de révéler la vérité profonde des choses) que sur son rôle (c'est-à-dire sa capacité de présenter une autre stratégie de connaissance philosophique). En d'autres termes, si la vie – en tant que finalité et création – représente un modèle pour interpréter chaque réalité, l'art constitue un modèle encore plus puissant, capable d'éclairer la vie même et de l'amener à un niveau supérieur de synthèse et de compréhension. Ce sera ce choix, bien qu'émendé de ses aspects métaphysiques, qui donnera son empreinte à la *philosophie de la vie* de Jean-Marie Guyau, lui

[8] Cet aspect aussi va probablement susciter l'intérêt de Martin Heidegger, qui définira Ravaisson comme étant l'un de ses penseurs préférés : voir J. Guitton, « Visite à Heidegger », *La table ronde*, 123, 1958, p. 143-155, et « Chemins de campagne. Méditations sur Heidegger », *La table ronde*, 162, 1961, p. 9-15. Voir aussi Fr. de Towarnicki, *À la rencontre de Heidegger*, Paris, Gallimard, 1993. Sur les affinités entre les deux philosophes, cf. Fr. Laruelle, *Phénomène et différence. Essai sur l'ontologie de Ravaisson*, Paris, Klincksieck, 1971.

permettant de modifier de l'intérieur les principes et les méthodologies de matrice positiviste.

La notion de *vie*, chez Guyau, est indissociablement biologique et esthétique. Et c'est justement pour cela qu'elle peut synthétiser la matière et l'esprit, le fait et la valeur, le pôle objectif du monde naturel et le monde subjectif de la conscience ; toujours pour cette raison, elle peut fonder une nouvelle métaphysique et une nouvelle éthique, dans lesquelles le manque d'idéaux et de principes a priori ne compromette pas l'existence même de la morale mais exige plutôt de modeler son action sur des horizons de sens librement conçus et choisis[9]. Nous comprenons ainsi pourquoi Guyau a laissé autant de place à la réflexion esthétique, insistant tantôt sur la vitalité de l'art, tantôt sur sa créativité et lui faisant préfigurer des formes inédites de pensée et d'action individuelle et sociale. Bien qu'avec des desseins différents, Guyau aurait pu souscrire l'affirmation de Ravaisson : l'esthétique « n'est pas seulement une partie importante de la philosophie : considérée dans ses principes, [...] elle devient la philosophie elle-même »[10].

Notre itinéraire se termine avec Bergson, dont l'idée d'une nouvelle alliance entre l'art, la philosophie et les sciences nous semble récapituler les différentes étapes du chemin parcouru jusqu'ici. Pour Bergson, la philosophie doit être une science, mais elle ne peut pas l'être à la manière traditionnelle de Descartes et Galilée, qui soude la rationalité scientifique à une image mathématique de la science elle-même, en faisant coïncider la rigueur méthodologique avec une quantification progressive des données de l'expérience. Elle peut l'être, par contre, à la manière de la biologie : dans un essai qu'il lui

---

[9] Sur l'actualité de la perspective de Guyau, cf. M. Maffesoli, *Aux creux des apparences. Pour une éthique de l'esthétique*, Paris, Plon, 1990 ; G. Lipovetsky, *Le Crépuscule du devoir. L'éthique indolore des nouveaux temps modernes*, Paris, Gallimard, 1992.

[10] F. Ravaisson, *Rapport sur la philosophie en France au XIX*e *siècle* (1867), édition établie par P. Millot, Paris, Fayard, 1984, p. 286-287.

consacre[11], Bergson voit en Bernard un maître de la pensée contemporaine, qui a accompli une révolution théorique comparable à celle réalisée par Descartes à son époque. En expliquant d'un côté qu'il n'existe aucune expérimentation sans conceptualisation et de l'autre que la logique de l'homme ne coïncide pas avec celle de la nature, Bernard aurait offert une contribution décisive à la redéfinition du rapport faits-théories et à l'affirmation conséquente d'une image rationnelle plus problématique et ouverte. Grâce à la médiation du nouveau paradigme biologique, science et philosophie peuvent donc partager un objectif commun : dilater la pensée, rompre les schémas conceptuels abstraits, former les idées sur la réalité. Cependant, sur la base d'autres écrits de Bergson (dont un essai dédié à Ravaisson[12]) une autre médiation apparaît nécessaire, qui est confiée à la sphère de la création artistique. Il ne s'agit pas de transformer la philosophie en art, mais de déceler les potentialités euristiques de l'art dans un contexte épistémologique où le paradigme de référence n'est plus la machine, mais la vie. L'art illustre en fait les stratégies nécessaires pour faire de la philosophie une science de l'expérience intégrale : d'un usage créatif du langage à la capacité de remodeler constamment les solutions avancées précédemment en élaborant des concepts toujours nouveaux.

En conclusion, des auteurs caractérisés par des approches, des méthodes et des intérêts différents paraissent liés par un fil rouge : le but commun de concevoir la vie dans son originalité, dans son dynamisme global, dans sa légalité interne ; la référence commune au domaine esthético-artistique pour en tirer des modèles théoriques destinés tantôt à étudier des problèmes scientifiques tantôt à indiquer des méthodologies philosophiques. Seuls Barthez et Guyau élaborent une théorie esthétique entendue comme développement spécifique des

---

[11] H. Bergson, « La philosophie de Claude Bernard » (1913), dans *La Pensée et le Mouvant*, Paris, Alcan, 1934 ; reproduit in *Œuvres*, textes annotés par A. Robinet, Introduction par H. Gouhier, Paris, PUF, 1959, p. 1433-1440.

[12] H. Bergson, « La vie et l'œuvre de Ravaisson », *Comptes rendus de l'Académie des Sciences morales et politiques*, 1904, t. I ; reproduit in *La Pensée et le Mouvant* (1934), *Œuvres*, *op. cit.*, p. 1450-1481.

thèmes du beau et de l'art ; mais il nous semble que tout le parcours ébauché ici a une certaine importance pour une historiographie esthétique qui ne se limite pas à explorer les grands systèmes ou les itinéraires spéculatifs les plus consolidés, mais qui s'arrête aussi sur des moments « marginaux », sur des réflexions fragmentaires ou de quelque façon non systématiques, récupérant les mouvements complexes des idées esthétiques dans leur manière infiniment variée de se rapporter, de se féconder, de s'enrichir de motifs[13]. Du reste, dans la ligne de pensée que nous avons essayé de reconstruire, le rapport entre l'esthétique et la biologie n'est jamais à sens unique ; l'esthétique aussi emprunte à la biologie des concepts et des modèles : de l'exigence de ne pas réduire l'activité artistique à une simple reproduction d'un canon abstrait à celle d'étendre les limites de l'expérience esthétique et d'y inclure la sphère des impulsions et des désirs vitaux ; de la possibilité de déceler dans l'art une imitation créative de la nature à la possibilité de tirer de celui-ci un genre particulier de norme pour l'action individuelle et sociale.

Si la conception moderne n'entend plus la créativité comme une spontanéité absolue, mais vise au contraire à la mettre en corrélation avec le plan de la légalité, faisant consister la créativité en la capacité de spécifier ou de modifier la règle au cours de son application[14], nous pouvons voir une prémisse de cette conception dans l'image de la fonctionnalité organique comme activité irréductible au schéma stimulation-réponse : une activité qui doit constamment modifier les conditions structurelles pour les adapter aux besoins globaux de l'organisme. De même, si la conception moderne de la créativité attribue à l'art une fonction exemplaire, nous pouvons en voir un fondement dans la tendance à tirer des processus artistiques

[13] Voir L. Anceschi, « Modelli di metodo per una storiografia estetica », dans *Da Bacone a Kant*, Bologna, Il Mulino, 1972, p. 9-33. Sur la centralité que prend dans cette optique le lien entre histoire et théorie, nous renvoyons à Lino Rossi, *Occasioni III. Questioni e modelli di una storiografia dell'estetica*, Bologna, Clueb, 1998.

[14] Voir à ce propos E. Garroni, *Creatività* (1978), Préface de P. Virno, Macerata, Quodlibet, 2010.

les modèles avec lesquels représenter la créativité de la vie, de l'action et de la pensée.

Ce livre est la traduction d'un ouvrage paru en 2012 sous le titre *Estetica della biologia. Dalla Scuola di Montpellier a Henri Bergson* (Milano, Mimesis Edizioni, collection *Morphé*). Par rapport à l'édition originale, de nombreuses modifications ont été introduites. Chaque chapitre a été revu dans son contenu et dans son apparat de notes. Les indications bibliographiques ont été mises à jour et enrichies de références à la littérature critique de langue française. Une bibliographie complète des textes consultés, subdivisée selon les chapitres, a été ajoutée à la fin du livre ; ce classement par chapitre devrait faciliter au lecteur le repérage des sources et des études portant plus particulièrement sur chaque noyau thématique. J'ai jugé également opportun d'approfondir certains thèmes au fil des perspectives nouvellement ouvertes.

Je remercie mon éditeur italien et les directeurs de la collection *Morphé* d'avoir autorisé la présente édition française.

Je tiens en outre à remercier MM. Stéphane Douailler et Patrice Vermeren pour avoir accueilli ce texte dans la collection *La Philosophie en commun* des éditions L'Harmattan, ainsi que Mme Marie-France Morin pour sa disponibilité, sa constance et sa compétence.

Chapitre I
LE VITALISME DE MONTPELLIER

1.1. *Une alliance singulière*

C'est au cours du XIXe siècle que la biologie est reconnue comme une discipline à part entière. S'affranchissant progressivement et de l'histoire naturelle et de la médecine, elle se distingue comme « science générale du vivant », c'est-à-dire comme une étude des *formes*, des *fonctions* et des *transformations* qui régissent la vie de chaque organisme, qu'il soit végétal ou animal. L'étude des formes concerna notamment les anatomistes et les histologistes, tandis que celle de leurs transformations, jusque-là limitée à l'embryologie, se mêla vers le milieu du siècle avec le nouveau cadre de recherche ouvert par l'évolutionnisme biologique. Par ailleurs, ce fut l'étude axée sur les fonctions des organismes végétaux et animaux qui obtint les résultats les plus prometteurs et qui s'étendit plus rapidement, à tel point que – comme le remarque William Coleman – pendant une bonne partie du siècle, biologie et physiologie furent virtuellement des expressions synonymes[1].

Le rôle joué par le développement de la physiologie dans la définition du savoir biologique pose cependant un problème historiographique. Nous avons l'habitude de faire commencer l'histoire de la biologie en 1802, année où le terme apparaît

[1] W. Coleman, *Biology in the Nineteenth Century. Problems of Form, Function and Transformation*, Cambridge, Cambridge University Press, 1977, p. 5-15. Voir aussi A. Minelli, *Forms of Becoming*, Princeton, Princeton University Press, 2009.

simultanément dans les traités de Gottfried Trevinarus et de Jean-Baptiste de Lamarck, désignant la discipline qui a pour objet toutes les manifestations de la vie[2]. La physiologie, par contre, est une science beaucoup plus ancienne : selon Georges Canguilhem, on peut fixer son acte de naissance en 1542 (quand Jean Fernel y reconnaît une partie distincte de la médecine, séparée de la pathologie puisqu'elle est dotée d'un objet spécifique : « la nature de l'homme sain, de toutes ses forces et de toutes ses fonctions »[3]), tandis qu'une autre étape tout aussi importante serait la publication, en 1708, de la *Theoria medica vera* de Georg Ernst Stahl, qui reconnaît la singularité des fonctions vitales et leur irréductibilité à des mouvements mécaniques. Si l'objet du savoir biologique ne se définit qu'au début du XIXe siècle, les modèles théoriques qui contribuent à le constituer remontent donc à une période précédente[4]. Michel Foucault aussi situe la naissance de la biologie entre le XVIIIe et le XIXe siècle, la ramenant cependant à cette « rupture essentielle » dans l'ordre de l'*épistémè* classique qui aurait produit en même temps la linguistique (qui remplace la grammaire générale) et l'économie (qui remplace l'analyse des richesses). Dans la reconstruction de Foucault, c'est le nouveau concept d'*organisation* – et l'opposition qui s'ensuit entre organique et inorganique – qui fracture profondément le grand tableau de l'histoire naturelle, rendant possible « quelque chose » comme une biologie ; en ce sens, une figure comme celle de Xavier Bichat, auteur de la célèbre sentence : « La vie est l'ensemble des fonctions qui résistent à la mort »[5], serait décisive. Mais tous les historiens ne sont pas d'accord sur le fait

---

[2] G.R. Trevinarus, *Biologie, oder Philosophie der lebenden Natur für Naturforscher und Ärzte*, 6 vol., Göttingen, J.F. Röwer, 1802-1822, t. I, p. 4 ; J.-B. de Lamarck, *Recherches sur l'organisation des corps vivants*, Paris, Maillard, 1802, p. 202.

[3] G. Canguilhem, « La constitution de la physiologie comme science » (1963), dans *Études d'histoire et de philosophie des sciences*, *op. cit.*, p. 226.

[4] G. Canguilhem, « Du singulier et de la singularité en épistémologie biologique » (1962), *ibid.*, p. 211-225.

[5] M. Foucault, *Les Mots et les Choses*, Paris, Gallimard, 1966, p. 250-251. Foucault se réfère ici à X. Bichat, *Recherches physiologiques sur la vie et la mort* (1800), Verviers, Éditions Gérard & Co., 1973, p. 11.

d'établir cette ligne rigide de démarcation. Par exemple, François Duchesneau conteste la « fonction théorique primordiale et révolutionnaire » attribuée à la formule de Bichat, objectant que « depuis Stahl tout au moins, le statut épistémologique de la physiologie est suspendu à une description des "processus" fonctionnels par lesquels l'organisme maintient l'intégrité de ses opérations suivant des déterminations essentiellement ou provisoirement hétérogènes par rapport à l'ordre d'enchaînement des phénomènes inorganiques »[6]. Duchesneau convient du fait que c'est le concept d'*organisation* qui marque le passage de l'histoire naturelle à la biologie, en assurant la transition « d'un savoir descriptif et classificatoire des caractères morphologiques à une théorie expérimentalement fondée des mécanismes de fonctionnement » ; cependant, ce concept commence à devenir plus clair dès le XVIIIe siècle, lorsque l'organisme est pensé comme une totalité dynamique et non plus comme une machine[7].

Le problème de savoir quand et comment en fixer la date de naissance s'est présenté également dans l'historiographie de l'esthétique ; dans ce cas, l'alternance continuité/fracture prend une forme plus radicale, puisqu'il faut décider si l'esthétique est une discipline ancienne ou moderne, voire s'il s'agit ou non d'une discipline au sens strict[8]. En schématisant, nous pourrions dire que les historiens de l'esthétique se divisent en trois groupes. D'un côté, on affirme que « l'enquête esthétique commença en Europe plus de deux mille ans avant qu'on ne lui trouve un terme spécifique et que l'on ne constitue un domaine d'études autonome »[9] ; à ce point de vue, l'esthétique ne serait

[6] Fr. Duchesneau, *La Physiologie des Lumières. Empirisme, modèles et théories*, La Haye, M. Nijhoff, 1982, p. 442.

[7] *Ibid.*, p. XV-XVI. Voir aussi J. Schiller, *La Notion d'organisation dans l'histoire de la biologie*, Paris, Maloine, 1978.

[8] Pour une orientation dans cette question, sur laquelle il y a d'ailleurs une vaste bibliographie, nous renvoyons à L. Amoroso, *Ratio & aesthetica. La nascita dell'estetica e la filosofia moderna*, Pisa, Ets, 2000 ; S. Trottein (éd.), *L'Esthétique naît-elle au XVIIIe siècle ?*, Paris, PUF, 2000.

[9] W. Tatarkiewicz, *Storia dell'estetica* (1970), t. I : *L'estetica antica*, trad. it. G. Cavaglià, Torino, Einaudi, 1979, p. 9. [Trad. fr. par M.-F. Morin, comme chaque fois que l'édition française d'un texte n'est pas citée : N.d.T.]

pas une discipline mais une réflexion riche et articulée sur certains thèmes récurrents, parvenue à un statut unitaire grâce à l'apport de nombreux secteurs disciplinaires. De l'autre, on soutient que l'on ne peut parler en réalité d'esthétique qu'à partir de l'âge moderne, lorsque naît sous ce nom une science philosophique spécifique, dotée de catégories particulières et d'outils qui permettraient aussi de traiter, selon une perspective inédite, des problèmes posés précédemment[10]. Pour le troisième groupe, intermédiaire entre les deux premiers, l'esthétique en tant que discipline philosophique se révèle être « la composante, très importante même, constituée aux temps modernes d'une constellation multiple et hétérogène de savoirs, venus et diversement répartis au cours de l'histoire selon différentes dominantes conceptuelles, voire sous plusieurs dénominations »[11]. En tout cas, en dépit de ces divergences, tous concordent substantiellement sur un point : qu'elle ait ou non des racines très anciennes, qu'elle soit ou non le fruit d'un long processus de gestation, l'esthétique tend à se définir comme un secteur autonome de recherche au cours du XVIIIe siècle. C'est en cette période, en effet, qu'advient le « baptême »[12] de l'esthétique, même si les spécialistes apparaissent à nouveau divisés quant au cadre de l'expérience (le territoire du beau et de l'art ou plutôt celui de l'*aísthesis*), qui aurait fait fonction d'élément de pointe et principal objet de référence.

Le terme *aesthetica* fait une première apparition dans les *Meditationes philosophicae de nonnullis ad Poema perti-*

---

[10] Voir P.O. Kristeller, « The Modern System of the Arts : A Study in the History of Aesthetics », *Journal of the History of Ideas*, XII, 4, 1951, p. 496-527, et XIII, 1, 1952, p. 17-46 ; T. Todorov, *Théories du symbole*, Paris, Seuil, 1977 ; L. Ferry, *La Naissance de l'esthétique*, Paris, Cercle d'Art, 2004.

[11] L. Russo, « Postfazione » à W. Tatarkiewicz, *Storia di sei Idee* (1976), trad. it. O. Burba, K. Jaworska, Palermo, Aesthetica Edizioni, 1997, p. 414-415.

[12] Selon le mot utilisé par B. Croce, *Estetica come scienza dell'espressione e linguistica generale* (1902), Milano, Adelphi, 1990, p. 276 ; trad. fr. H. Bigot, *Esthétique comme science de l'expression et linguistique générale*, Paris, Giard et Brière, 1904, p. 215. Cf. L. Amoroso, « Introduzione » à A.G. Baumgarten, I. Kant, *Il battesimo dell'estetica*, édition établie par L. Amoroso, Pisa, Ets, 1993, p. 9-37.

nentibus (1735) d'Alexander Gottlieb Baumgarten[13] – qui était alors le plus grand représentant de l'école leibnizienne-wolffienne –, avant de se préciser dans la célèbre définition offerte par cet auteur dans le paragraphe d'ouverture de son *Aesthetica* (1750) : « L'*esthétique* (ou théorie des arts libéraux, gnoséologie inférieure, art de la beauté du penser, art de l'*analogon* de la raison) est la science de la connaissance sensible »[14]. Malgré l'étendue de l'horizon esthétique baumgarténien (pour lequel on a parlé de la « double approche » qui lie le point de vue de la critique de la connaissance au point de vue poético-rhétorique[15]), ce qui se révéla très vite problématique fut le rappel (établi par la racine étymologique du terme) à la gnoséologie inférieure, soit le lien privilégié parmi l'esthétique et une logique du sensible[16]. Entre autres, le projet

---

[13] A.G. Baumgarten, *Meditationes philosophicae de nonnullis ad Poema pertinentibus*, Halle, 1735. Voici le texte du § CXVI : « La définition étant donnée, on peut facilement découvrir le terme ainsi défini. Les philosophes grecs déjà et les pères de l'Église ont toujours soigneusement distingué les *aisthèta* et les *noèta ;* et il est suffisamment évident que les *aisthèta* n'équivalent pas aux seuls objets de la sensation, puisqu'on honore aussi de ce nom les représentations sensibles d'objets absents (donc les imaginations). Les *noèta* doivent donc être connus au moyen de la faculté de connaissance supérieure, et sont l'objet de la Logique ; les *aisthèta* sont l'objet de l'*épistèmè aisthètikè*, ou encore de l'*Esthétique*» (A.G. Baumgarten, *Esthétique* §§ 1-77, 423-504, 555-612, précédée des *Méditations philosophiques sur quelques sujets se rapportant à l'essence du poème* et de la *Métaphysique* §§ 501 à 623, trad. fr., présentation et notes par J.-Y. Pranchère, Paris, L'Herne, 1988, p. 75-76).

[14] A.G. Baumgarten, *Aesthetica*, 2 vol., Frankfurt a.d. Oder, 1750-1758, réimpr. Hildesheim-New York, G. Olms, 1986 ; trad. fr. *Esthétique*, *op. cit.*, § 1, p. 121.

[15] H.R. Schweizer, « Begründung der Ästhetik als Wissenschaft der sinnlichen Erkenntnis », dans A.G. Baumgarten, *Theoretische Ästhetik*, Hamburg, Meiner, 1988, p. X ; sur la coprésence, dans l'esthétique de Baumgarten, d'une philosophie de la connaissance sensible et d'une philosophie de l'art, J.-Y. Pranchère insiste aussi dans son essai « L'invention de l'esthétique », en introduction à l'édition française de Baumgarten déjà signalée. Pour une reconstruction de la perspective de Baumgarten sur la base du *corpus* de ses œuvres, voir S. Tedesco, *L'estetica di Baumgarten*, Palermo, Aesthetica - Supplementa, 2000.

[16] Déjà Kant, en appelant *esthétique transcendantale* « une science de tous les principes *à priori* de la sensibilité », conteste ainsi le néologisme baumgarténien : « Les Allemands sont les seuls à se servir du mot *esthétique*

d'une esthétique comme « science de la connaissance sensible » semblait se heurter au mouvement parallèle qui, toujours à la même époque mais en récupérant et en reconfigurant un héritage de deux mille ans, focalisait la réflexion esthétique sur les thèmes du beau et de l'art. La codification, par Charles Batteux, d'un « système des beaux-arts » soutenu par un seul principe représenta dans ce sens un événement qui fit date, dont l'influence fut peut-être supérieure – au moins dans un premier temps – à celle qu'exerça Baumgarten ; du reste, elle postulait à son tour l'existence d'un contexte homogène, fondamentalement autonome et séparé, sur lequel axer une théorisation spécifique[17]. Toutefois, bien que souvent perçues comme alternatives, les deux lignes contribuèrent à former les trames complexes de l'esthétique moderne, c'est-à-dire d'un savoir qui, pour la pluralité des modèles heuristiques au fur et à mesure utilisés, semble difficile de ramener à une seule et unique matrice. En France aussi, patrie de Batteux, la recherche basée sur le problème des beaux-arts devait coexister et parfois se mêler avec l'analyse du sentiment esthétique, objet d'une

---

pour désigner ce que d'autres appellent la critique du goût. Cette dénomination se fonde sur une espérance déçue, que conçut l'excellent analyste Baumgarten, celle de soumettre le jugement critique du beau à des principes rationnels, et d'en élever les règles à la hauteur d'une science. Mais cet effort est vain. En effet, ces règles ou critères sont purement empiriques en leurs principales sources, et par conséquent ne sauraient jamais servir de lois *a priori* et déterminées propres à diriger le goût dans ses jugements » (I. Kant, *Kritik der reinen Vernunft*, 1781[1] et 1787[2], dans *Kant's gesammelte Schriften*, herausgegeben von der Königlich Preußischen Akademie der Wissenschaften, Berlin, Reimer, 1902 et suiv., t. III-IV ; trad. fr. J. Barni revue et corrigée par A.J.-L. Delamarre, F. Marty, *Critique de la raison pure*, dans *Œuvres philosophiques*, publiées sous la direction de F. Alquié, 3 vol., Paris, Gallimard, 1980-1986, t. I. p. 783). Pour les éléments de continuité qui existent cependant entre les deux philosophes, voir H. Parret, « De Baumgarten à Kant : sur la beauté », *Revue Philosophique de Louvain*, 4e série, XC, 87, 1992, p. 317-343.

[17] Cf. Ch. Batteux, *Les Beaux-Arts réduits à un même principe* (1746), Paris, Desaint et Saillant, 1773 (Genève, Slatkine Repr., 1969). Sur le rôle décisif joué par Batteux, voir P.O. Kristeller, « The Modern System of the Arts », art. cit. ; F. Bollino, *Teoria e sistema delle belle arti. Charles Batteux e gli* esthéticiens *del sec. XVIII*, Modena, Mucchi, 1976.

attention particulière du moins à partir des *Réflexions critiques sur la poésie et sur la peinture* de Jean-Baptiste Du Bos[18].

Dans ce chapitre, nous nous arrêterons sur l'École médicale de Montpellier, dont les conceptions nous semblent cruciales pour comprendre l'apparition d'un courant de pensée qui, au cours du XIXe siècle, marquera une alliance singulière entre le biologique et l'esthétique. Nous allons détecter notamment les liens entre certains principes élaborés par cette École et certaines catégories qui avaient ou prenaient une grande importance dans la culture esthétique française de l'époque. Nous verrons ainsi que, si certains modèles utilisés dans l'explication du vivant semblent plus proches de la constellation de l'*aísthesis* (nous pensons à la théorie de la sensibilité organique de Bordeu), d'autres se révèlent au contraire plus près de la constellation du beau et de l'art (comme cela se vérifie de manière exemplaire chez Barthez, quand il insiste sur la cohésion et la fonctionnalité de l'organisme). Avec cela, nous n'entendons pas tracer le contour d'une esthétisation de la biologie naissante ou, vice-versa, d'une biologisation de l'esthétique *in fieri* ; notre analyse vise plutôt à mettre en évidence que, dans le processus de construction des paradigmes respectifs, esthétique et biologie trouvent des points de connexion et se fournissent mutuellement certains supports.

1.2. *Mécanisme et animisme*

Nous avons fait allusion à l'importance attribuée par Canguilhem et Duchesneau au personnage de Georg Ernst Stahl (1660-1734) – collègue et rival de Friedrich Hoffmann (1660-1742) à l'université de Halle dans les années à cheval sur le XVIIe et le XVIIIe siècle – dans la définition de celle qui sera reconnue comme une science spécifique du vivant. Maintenant, comment expliquer ce rôle, compte tenu que déjà au XVIIIe la doctrine de Stahl semblait, à certains égards, anachronique,

[18] J.-B. Du Bos, *Réflexions critiques sur la poésie et sur la peinture* (1719), 3 vol., Paris, Pissot, 1770 (Genève, Slatkine Repr., 1967).

c'est-à-dire empreinte d'un animisme lourdement scolastique ? Pour répondre à cette question, il faut s'arrêter au moins un instant sur l'orientation qui était alors dominante et dont la perspective de Stahl fournit une contestation radicale : l'« iatromécanisme », autrement dit le mécanisme médical d'inspiration cartésienne apparu dans la seconde moitié du XVIIe et qui a ensuite prospéré pendant environ un siècle avec des personnages tels que Borelli, Baglivi et Boerhaave.

On sait que la physique cartésienne se propose d'expliquer tous les phénomènes qui appartiennent à la *res extensa* (y compris donc ceux qui concernent les organismes vivants) en termes mécaniques, supprimant toute référence à des structures substantielles ou à des qualités occultes. Descartes lui-même propose un schéma interprétatif où les fonctions organiques aussi bien de l'animal que de l'homme sont assimilées aux mouvements d'une machine, par exemple d'une horloge ou d'un automate. En utilisant des analogies tirées de dispositifs mécaniques (où les nerfs sont comparés aux tubes des machines hydrauliques, les muscles aux outils qui servent à les bouger, etc.) Descartes essaie de démontrer qu'il n'y a nul besoin de recourir à l'hypothèse d'une âme végétative ou sensitive (à part prévoir, uniquement dans le cas de l'homme, la présence d'une âme rationnelle préposée à l'activité de pensée, et de la célèbre épiphyse qui sert de médiatrice entre l'âme et le corps). De cette manière, toute différence qualitative de la nature vivante par rapport à la grande machine de l'univers est niée[19].

En continuant sur cette voie, mais en lui donnant une direction plus expérimentale qui reflète l'influence de Galilée et de Newton, la physiologie du XVIIIe siècle perfectionne l'analogie entre les mouvements vitaux et ceux qui se déroulent à l'intérieur de certaines machines : « Comme le mouvement progressif des fluides, dans une machine hydraulique, dépend

[19] Cf. R. Descartes, *Traité de l'Homme* (1664), dans *Œuvres de Descartes*, 11 vol., édition établie par Ch. Adam, P. Tannery, Paris, Cerf, 1896-1909, t. XI, p. 119-215. Voir à ce propos A. Bitbol-Hespériès, *Le Principe de vie chez Descartes*, Paris, Vrin, 1990 ; mais cf. aussi M. Spallanzani, *L'Arbre et le Labyrinthe. Descartes selon l'ordre des Lumières,* avec une Préface de J. Dagen, Paris, Honoré Champion, 2009.

de la progression à laquelle ils sont exposés, de même la circulation, qui se fait dans le corps, de fluides de différentes espèces par une multitude infinie de vaisseaux de différentes grandeurs, et de différents genres, s'opère par des fibres douées d'une force motrice qui font l'effet de leviers et de ressorts, au moyen du mouvement alternatif de contraction et de dilatation, dont elles sont sans cesse agitées »[20]. Cependant, l'iatro-mécanisme ne contemplait pas les propriétés non traduisibles en termes quantitatifs ni ces *forces* organiques (comme l'*irritabilité* déjà théorisée par Francis Glisson dans un traité de 1672) dont les recherches expérimentales reconnaissaient désormais l'existence. De plus, privilégiant l'analyse statique et structurelle (la déduction anatomique), il ne facilitait pas l'accès à une physiologie générale : imaginer l'organisme comme un simple assemblage de parties élémentaires, sans prévoir aucun principe d'intégration globale, signifiait négliger la corrélation entre les différents mouvements vitaux (circulation du sang, sécrétion, excrétion, etc.) et les liens complexes entre les structures anatomiques et les fonctions correspondantes.

Malgré cela, l'élaboration d'un nouveau modèle d'interprétation rencontre de grandes difficultés. Pour les surmonter, Stahl n'hésite pas à récupérer une tradition métaphysique déjà discréditée, en identifiant les principes inspirateurs de son animisme dans les concepts aristotéliques de *finalité organique* et d'*âme*. Le concept de finalité organique sert à Stahl pour proposer une image synergique de l'organisme : ce qui distingue l'être vivant d'une machine, c'est la programmation de ses actes selon un modèle d'ordre régi par une idée directrice, par une finalité. L'organisme constitue l'outil adéquat de cette finalité car, avec l'adaptation des structures aux fonctions, il se comporte et se conserve comme un tout. Le concept d'âme, en revanche, sert à expliquer cette cohésion : en tant que composé hétérogène de corps mixtes, l'organisme a

[20] F. Hoffmann, *Medicinae rationalis systematicae*, 8 vol., Venetiis, apud Ballionem, 1730-1739 ; trad. fr. J.-J. Bruhier, *La Médecine raisonnée*, 9 vol., Paris, Briasson, 1739-1743, t. I, p. 96-97. Cf. Fr. Duchesneau, *La Physiologie des Lumières*, *op. cit.*, p. 32-64.

une tendance naturelle à l'instabilité ; il serait en effet condamné à se dissoudre rapidement s'il n'existait une cause immatérielle (précisément l'âme, absente dans les corps mixtes non vivants) capable de garantir sa conservation dans le temps grâce à l'harmonie entre les différents processus et les différentes parties[21]. L'âme a ainsi une position incertaine. D'un côté, possédant tous les attributs de l'intelligence, elle apparaît comme séparée du corps ; de l'autre, dirigeant les fonctions organiques involontaires et inconscientes, elle semble représenter une force innée et caractéristique de l'organisme[22]. Dans tous les cas, l'animisme de Stahl sert à tracer une ligne de démarcation entre l'organique et l'inorganique. Tout mouvement volontaire ou involontaire de l'être vivant est déterminé par l'âme. Par exemple, le déplacement des humeurs et du sang dans l'organisme dépend d'une force qui n'a rien à voir avec les forces ou les pressions mécaniques : la *tonicité* vitale, entendue comme propriété universelle d'excitabilité et de réactivité des

[21] G.E. Stahl, *Demonstratio de mixti et vivi corporis vera diversitate*, Halle, Sumptibus & Impensis Orphanotrophei, 1707 ; trad. fr. *Véritable distinction à établir entre le Mixte et le Vivant du corps humain*, dans *Œuvres médico-philosophiques et pratiques de G.E. Stahl*, traduites et commentées par Th. Blondin, 6 vol., Paris, J.-B. Baillière et fils, 1859-1863, t. II : *Traités divers*, p. 253-387. Sur Stahl, nous renvoyons à A. Lemoine, *Le Vitalisme et l'Animisme de Stahl*, Paris, G. Baillière, 1864 ; J.-E. Chancerel, *Recherches sur la pensée biologique de Stahl*, Paris, Imprimerie Dubois et Bauer, 1934 ; G. Canguilhem, « Du singulier et de la singularité en épistémologie biologique », *loc. cit.* ; H. Metzeger, *Newton, Stahl, Boerhaave et la doctrine chimique*, Paris, Blanchard, 1974 ; T. Cheung, « Tonische Bewegung, Energie und *ratio* : Georg Ernst Stahls Agentenmodell des *Organismus* und die kategorielle Differenz zwischen Lebendigem und Unlebendigem », *Early Science and Medecine*, XII, 4, 2007, p. 337-375.

[22] Quelques chercheurs ont en effet observé que l'âme ne se réduit pas à une simple entité métaphysique, mais qu'elle se configure plutôt comme un principe-guide de l'« instrumentation » organique : voir Fr. Duchesneau, *La Physiologie des Lumières*, *op. cit.*, p. 1-31, où on souligne que Stahl distingue le *logos* (l'intellect spontané et sans représentation, sorte d'instinct de la raison) et le *logismos* (l'intellect accompagné de la représentation consciente). L'âme en mesure d'informer la multiplicité des fonctions vitales serait donc une raison « instinctive », sans la représentation consciente qui caractérise les actes volontaires.

tissus[23], qui, tout en conditionnant les mouvements concrets du corps, échappe à une définition purement matérielle.

Stahl ne se soucie pas d'appuyer ses thèses sur des données expérimentales : du point de vue de la recherche scientifique, son approche est méthodologiquement arriérée par rapport aux niveaux atteints par la physiologie de l'époque. Mais du point de vue épistémologique, sa doctrine – bien qu'elle implique une métaphysique – se révèle innovante pour deux raisons essentielles. En posant le problème d'un principe fonctionnel global, elle dénonce une des limites les plus graves du modèle mécaniste ; en affirmant que l'être vivant se comporte et se conserve comme un tout, elle propose une nouvelle image de l'organisme dont on percevait depuis longtemps l'importance pour faire évoluer la physiologie vers une recherche autonome.

De même Albrecht von Haller (1708-1777), élève à Leyda de l'iatromécanicien le plus important du XVIIIe siècle, Hermann Boerhaave (1668-1738), tente de surmonter les apories inhérentes à la doctrine du maître, en avançant un modèle physiologique plus attentif à la spécificité des fonctions organiques[24]. Contrairement à Stahl, dont il critique vertement l'hypothèse animiste, il essaie de fonder ses thèses sur une base expérimentale solide, obtenant une série de succès dans la dissection anatomique qui feront de sa méthodologie un point de référence indispensable. Son œuvre monumentale, *Elementa physiologiae corporis humani,* parue en huit volumes de 1757 à

---

[23] La notion de tonicité comme propriété vitale fondamentale, qui ne saurait être réduite à une simple composition d'effets mécaniques, est suggérée à Stahl par Francis Glisson (1597-1677), qui avait distingué une *perceptio naturalis* (l'excitabilité directe du tissu) et une *perceptio sensitiva* (où la réaction locale de contractilité est transmise des nerfs au cerveau). Contrairement à Glisson, Stahl ne sépare pas la réactivité locale de la réactivité centrale, car les deux sont l'expression de l'âme en tant que principe vital indivis : G. Canguilhem, « La physiologie animale », dans M. Savorelli, L. Tullio (éds), *Storia generale delle scienze*, t. II : *La scienza moderna dal 1450 al 1800*, Firenze, Edizioni Casini, 1965, p. 526-530.

[24] Sur la position de Haller, voir S. Moravia, *Il pensiero degli Idéologues. Scienza e filosofia in Francia (1780-1815)*, Firenze, La Nuova Italia, 1974, p 187-210 ; Fr. Duchesneau, *La Physiologie des Lumières*, *op. cit.*, p. 126-170 ; M.T. Monti, *Congettura ed esperienza nella fisiologia di Haller*, Firenze, Olschki, 1990.

1766, devient très vite un texte classique et contribue à faire de la physiologie (qui pour Haller est l'« *anatome animata* ») une recherche indépendante, liée à un enseignement spécialisé. Choisissant le profil de l'anatomie descriptive, Haller établit une corrélation étroite entre structures et fonctions, jusqu'à trouver dans les fibres du corps humain les éléments organiques de base qui vont expliquer les mouvements organiques. Dans un essai paru en 1752 et traduit en français en 1755, *De partibus corporis humani sensibilibus et irritabilibus*, il distingue les parties *irritables* de l'organisme (les fibres musculaires qui, lorsqu'elles sont excitées, se contractent sans provoquer de réaction de douleur) des parties *sensibles* (les fibres nerveuses, qui transmettent l'excitation à l'âme, provoquant ainsi une réaction de douleur).

L'*irritabilité* et la *sensibilité* deviennent ainsi les propriétés spécifiques des structures correspondantes, qui ne sont pas les organes mais les muscles et les nerfs[25]. De toute évidence, c'est la notion d'irritabilité qui a les conséquences les plus importantes : étant circonscrite aux fibres musculaires, elle peut justifier les mouvements organiques sans avoir à recourir à l'âme et aux nerfs. Par exemple, la cause du battement de cœur se trouve dans la stimulation exercée par le sang sur le cœur, qui est le plus irritable de tous les muscles ; de même, toutes les réactions corporelles sont attribuées à l'irritabilité des différents organes. La contractilité du tissu musculaire, qui réagit lorsqu'il est excité, est par conséquent une propriété organique originale ; en même temps, son caractère autonome l'empêche de s'intégrer avec la sensibilité, compromettant l'aboutissement à une conception unitaire de l'organisme. Le problème de l'organisation du vivant reste donc sur le fond et Haller ne veut pas avancer au-delà des fonctions spécifiques exercées par les

---

[25] A. von Haller, *Dissertation sur les parties irritables et sensibles des animaux*, trad. fr. M. Tissot, Lausanne, Bousquet, 1755. Voir aussi Id., *Primae lineae physiologie*, Gottingae, Vandenhoeck, 1747 ; trad. fr. P. Tarin, *Éléments de physiologie, ou Traité de la structure et des usages des différentes parties du corps humain*, Paris, Prault fils, 1752, réimpr. Hildesheim-New York, G. Olms, 1974, où on énonce pour la première fois l'aphorisme : La physiologie, c'est l'*anatome animata*.

fibres spécifiques ; mais de cette manière, la définition de la physiologie comme *anatome animata* laisse apparaître quelques fissures rapportables à la prééminence effective du point de vue dynamique et fonctionnel sur le point de vue statique et structurel, donc au dépassement réel du modèle mécaniste de Boerhaave. Dans le débat suivant, la question de l'irritabilité et de la sensibilité prendra une grande importance, soulevant de nombreuses interrogations tant sur le plan expérimental que sur le plan théorique, jusqu'à remettre en discussion l'interprétation hallerienne de la recherche physiologique.

De toute manière, malgré leurs limites et leurs divergences, les doctrines de Stahl et de Haller auront une énorme influence sur la physiologie du XVIIIe siècle, formulant de nouveaux modèles de l'organisme humain qui ne manqueront pas de se refléter aussi sur des théories ayant mûri dans d'autres secteurs disciplinaires. Ce phénomène se manifeste surtout dans l'aire culturelle allemande et implique notamment le territoire de l'esthétique qui, à cause de la démarche baumgartenienne, ne pouvait pas ne pas impliquer un côté nettement physiologique[26]. Du reste, c'est dans l'environnement de Halle – celui-là même où avait opéré Stahl – que Baumgarten met au point ses *Meditationes*, tandis que viennent, toujours de Halle, les premiers disciples du philosophe, comme Georg Friedrich Meier. Grâce à ce double voisinage théorique et géographique les conceptions de Stahl exerceront une influence durable sur les développements de l'esthétique allemande, par exemple sur les essais que Mendelssohn et Sulzer ont dédiés au problème de l'origine des sentiments, ainsi que sur les écrits de Herder concernant le connaître et le sentir[27]. En effet, en proposant une

---

[26] Voir S. Tedesco, *Studi sull'estetica dell'illuminismo tedesco*, Palermo, Fondazione Nazionale « Vito Fazio-Allmayer », 1998, auquel nous renvoyons pour une reconstruction des rapports existant entre certains représentants de l'esthétique allemande du milieu du XVIIIe siècle et les théories physiologiques de Stahl et Haller.

[27] M. Mendelssohn, *Briefe über die Empfindungen* (1755), dans *Gesammelte Schriften. Jubiläumsausgabe*, t. I : *Schriften zur Philosophie und Ästhetik*, édition établie par F. Bamberger, Berlin, Akademie Verlag, 1929, réimpr. Stuttgart-Bad Cannstatt, Frommann-Holzboog, 1971, p. 41-123 ; J.G Sulzer, *Untersuchung über den Ursprung der angenehmen und unan-*

sorte d'identification entre l'âme et la sensibilité (entendue, dans l'acception physiologique, comme mouvement des nerfs en réaction au milieu) et en ramenant par conséquent la sensation à une tension inhérente à tout le système nerveux, elles offraient des « idées très importantes pour solutionner ce qui apparaît peut-être comme étant le problème fondamental de l'esthétique d'inspiration psychologique du XVIIIe siècle : qu'est-ce qui rend agréable une sensation, en admettant que la simple intensité mise en cause déjà à partir de Descartes est un critère parfaitement insuffisant pour distinguer entre sensations agréables et désagréables ? »[28]. D'autre part, la doctrine de Haller devient elle aussi un point de référence important dans ce contexte : on retrouve des traces profondes de son influence dans la seconde édition de *Erkennen und Empfinden* (1775), où Herder réserve une place importante aux rapports entre irritabilité et sensibilité et, plus généralement dans l'analyse herdérienne du rôle de la sensibilité en vue d'une réflexion sur l'origine et la nature esthétique de la connaissance humaine[29].

L'esthétique française, par contre, se montre moins réceptive aux doctrines de Stahl et de Haller. Leurs doctrines principales s'inscriront dans ce cadre, mais surtout dans la version critique qui en est fournie par la perspective qui devait condenser les exigences de renouveau de la physiologie en France : l'École de Montpellier.

1.3. *Vers un nouveau modèle explicatif*

Lorsque, dans la seconde moitié du XVIIIe siècle, elle devient le centre de rayonnement du vitalisme français, l'École médicale de Montpellier peut vanter une longue tradition con-

gehnemen Empfindungen, dans *Vermischte philosophische Schriften*, Aus den Jahrbüchern der Akademie der Wissenschaften zu Berlin gesammelt, Leipzig, 1773, réimpr. Hildesheim-New York, G. Olms, 1974, p. 1-98 ; J.C. Herder, *Übers Erkennen und Empfinden in der menschlichen Seele* (1774[1] et 1775[2]), dans *Werke*, t. II, édition établie par W. Pross, München-Wien, Hanser, 1987.

[28] S. Tedesco, *Studi sull'estetica dell'illuminismo tedesco*, *op. cit.*, p. 101.

[29] *Ibid.*, p. 107-153.

solidée, dont la renommée est diffusée dans toute l'Europe[30]. Dans sa Faculté de Médecine, qui a le statut d'université indépendante, il coexiste des enseignements et des doctrines de matrice différente, au nom d'un empirisme éclectique qui confère un rôle prééminent à des exigences de caractère thérapeutique. La réceptivité à des pratiques innovantes renforce davantage son prestige, auquel l'adoption d'une approche vitaliste ne porte nullement atteinte. Le succès du vitalisme montpelliérain est prouvé par le fait qu'il va bientôt dépasser le cadre de Montpellier pour conquérir les milieux intellectuels de la capitale. En effet, ce n'est pas un hasard si la plupart des articles médicaux de l'*Encyclopédie* sont signés par des représentants de cette École : par les figures les plus connues, Théophile de Bordeu et Paul-Joseph Barthez, mais aussi par des personnages moins illustres comme Ménuret de Chambaud, auteur à lui seul d'une centaine d'articles[31]. Bien que l'École de

---

[30] Pour une vision globale de l'École de Montpellier, considérée dans son évolution historique, voir L. Dulieu, *La Médecine à Montpellier*, 4 vol., Avignon, Les Presses Universelles, 1975-1990. Sur le vitalisme montpelliérain, voir J. Roger, *Les Sciences de la vie dans la pensée française du XVIIIe siècle*, Paris, Colin, 1971², p. 614-641 ; S. Moravia, *Filosofia e scienze umane nell'età dei Lumi*, Firenze, Sansoni, 1982, p. 27-56, 129-154 ; Fr. Duchesneau, *La Physiologie des Lumières*, *op. cit.*, p. 361-430 ; E.A. Williams, *The Physical and the Moral. Anthropology, Physiology, and Philosophical Medicine in France, 1750-1850*, Cambridge, Cambridge University Press, 1994, p. 20-66 ; Id., *Cultural History of Medical Vitalism in Enlightenment Montpellier*, Farnham, Ashgate Publishing, 2003 ; R. Rey, *Naissance et développement du vitalisme en France*, *op. cit.* ; C.T. Wolfe, M. Terada, « The Animal Economy as Object and Program in Montpellier Vitalism », *Science in Context*, XXI, 4, 2008, p. 537-579 ; T. Lavabre-Bertrand, « Le vitalisme de l'École de Montpellier », dans P. Nouvel (éd.), *Repenser le vitalisme. Histoire et philosophie du vitalisme*, Paris, PUF, 2011, p. 57-71.

[31] Voir P. Astruc, « Les sciences médicales et leurs représentants dans l'*Encyclopédie* », *Revue d'histoire des sciences*, IV, 3-4, 1951, p. 359-368 ; R.N. Schwab, W.E. Rex, J. Lough, *Inventory of Diderot's Encyclopédie*, 7 vol., Oxford, Voltaire Foundation, 1971-1972, 1984 ; R. Rey, *Naissance et développement du vitalisme en France*, *op. cit.*, qui s'attache tout particulièrement à élucider l'importance de la figure de Ménuret, le considérant comme un représentant exemplaire de l'École de Montpellier et des vitalistes qui ont collaboré à l'*Encyclopédie* ; C. Duflo, « Diderot et Ménuret de Chambaud », *Recherches sur Diderot et sur l'Encyclopédie*, 34, 2003, p. 25-

Montpellier ne soit pas une orientation monolithique, de remarquables convergences s'esquissent entre ses membres sur plusieurs points, comme l'adhésion à une forme renouvelée d'hippocratisme, la vision holistique de l'organisme et le refus de transférer à la physiologie les modèles étrangers de la physique et de la chimie. Par ailleurs, il serait restrictif d'identifier le vitalisme montpelliérain avec une opération rétrograde ; sa fonction fut plutôt séminale puisque, en mettant radicalement en question les principes de l'iatromécanisme, il déclencha une révolution théorique riche en apports scientifiques et annonciatrice d'ultérieurs développements.

C'est en 1730 que l'approche vitaliste entre dans le milieu de Montpellier. François Boissier de Sauvages, botaniste et médecin, expose alors dans ses cours universitaires la doctrine de Stahl[32]. Celle-ci avait déjà eu un succès considérable en Allemagne, faisant naître une tradition vitaliste que développèrent ensuite Caspar F. Wolff (1733-1794) et Johann F. Blumenbach (1752-1840). Cependant, il existe quelques divergences de fond entre les deux vitalismes : le vitalisme français ne s'engage pas dans le problème de la génération (avec l'alternative préformation/épigenèse) qui constitue en revanche un motif conducteur du vitalisme allemand[33] ; par conséquent, ce dernier est plus attiré par des questions telles que l'origine de la vie et il prend une orientation plus explicative que descriptive. Tandis que le vitalisme français est lié à un empirisme d'inspiration baconienne et lockéenne, le vitalisme allemand porte en lui une tension spéculative qui est ensuite récupérée et approfondie par la *Naturphilosophie* romantique. En d'autres

---

44 ; F. Pépin, « Vitalisme, chimie et philosophie autour de l'*Encyclopédie* et de Diderot », dans P. Nouvel (éd.), *Repenser le vitalisme*, *op. cit.*, p. 131-143.

[32] E.A. Williams, *Cultural History of Medical Vitalism in Enlightenment Montpellier*, *op. cit.*, p. 80-111.

[33] Les doctrines de l'École de Montpellier affectent néanmoins le cours des théories de la génération, disqualifiant le préformationnisme et corroborant les conceptions épigénétiques qu'adoptèrent Diderot et les Encyclopédistes. Comme le remarque R. Rey, *Naissance et développement du vitalisme en France*, *op. cit.*, p. 3-4, on comprend en effet que le vitalisme s'accorde mieux avec l'idée d'un authentique développement de l'embryon qu'avec l'idée d'une structure rigide préformée.

termes, bien qu'étant apparentés par une option anti-mécaniste commune, les vitalismes allemand et français donnent lieu à deux traditions de recherche autonomes dont les caractéristiques définissent également deux différentes orchestrations des rapports entre l'esthétique et le biologique.

Considérons, en premier lieu, la manière dont est accueillie la doctrine de Stahl dans le contexte de l'École de Montpellier. Ses représentants sont d'accord pour attribuer à cette doctrine un rôle théorique fondamental : le fait d'avoir compris la vitalité irréductible des corps organisés et l'exigence connexe « d'en analyser les manières et les manifestations les plus saillantes (à commencer par la sensibilité, tellement négligée par les iatromécaniciens) au sein même de l'*organisation* vivante ». Cependant, « les maîtres de Montpellier sont généralement très éloignés de la culture mêlée de scolastique finissante et d'alchimie paracelsienne qui avait été si chère à Stahl »[34]. Cela veut dire qu'ils expriment plusieurs réserves à l'égard de l'animisme, dont ils critiquent notamment le recours à l'âme pour expliquer les phénomènes vitaux ou pathologiques. Ainsi, la leçon de Stahl est intégrée à celle de Haller, qui ramène la recherche physiologique sur un terrain plus scientifique. L'iatromécanisme lui-même est refoulé, non pas en totalité ni même sur la base d'un préjugé idéologique, mais parce qu'il présente des hypothèses et des généralisations qui ne sont pas confirmées par des vérifications empiriques. Donc, vu la fonction médiatrice de l'École dans l'accueil du stahlisme en France, on explique les rares retombées de celui-ci dans le cadre de l'esthétique où l'on ne parvient pas à élaborer, contrairement à ce qui se produit en Allemagne, une « physique de l'âme ».

D'autre part, justement l'attitude équilibrée qui distingue le vitalisme montpelliérain en facilite la diffusion dans les milieux voisins et empreints de matérialisme – nous pensons à celui de l'*Encyclopédie* –, rendant plus efficace sa critique des doctrines iatromécanistes. En conjuguant l'innovation théorique avec la rigueur méthodologique, l'École de Montpellier contribue de manière décisive à l'affirmation de la physiologie comme

[34] S. Moravia, *Filosofia e scienze umane nell'età dei Lumi*, *op. cit.*, p. 33.

science autonome : si l'organisme ne peut pas être décrit comme une machine, mais qu'il est parcouru par des forces et des interactions qui échappent aux schémas cinématiques de la physique, il devient nécessaire de repérer une frontière épistémologique entre le savoir qui l'étudie et les sciences qui ont pour objet le monde inorganique. Il ne s'agira plus d'opposer philosophie et empirisme, hypothèses et faits avérés, mais d'assurer le passage des théories de l'être vivant à une physiologie générale et de celle-ci à une science unitaire du vivant qui s'appellera biologie. Comme nous le verrons, c'est en fonction de cet objectif que l'École de Montpellier, en voulant chercher ses modèles de référence en dehors de la physique ainsi que de la métaphysique, va croiser des catégories esthétiques.

1.4. *Goût esthétique et sensibilité des organes*

Théophile de Bordeu naît en 1722 à Izeste, petite bourgade près de Pau, et il meurt à Paris en 1776. Issu d'une famille de médecins, il s'inscrit à l'Université de Médecine de Montpellier en 1739 et obtient son doctorat en 1743. Chez les spécialistes de la philosophie des Lumières, il est célèbre surtout parce que Denis Diderot a fait de lui le personnage du *Rêve de D'Alembert*. Mais, chez les spécialistes de l'histoire de la médecine, Bordeu est fameux pour sa nouvelle approche physiologique – l'*organicisme* – qui, tout en constituant la première formulation théorique du vitalisme montpelliérain, exerce une grande influence également sur les milieux médicaux de la capitale. En effet, même si sa formation et la voie que prennent ses recherches le rangent parmi les maîtres de l'École de Montpellier, sa carrière se déroule essentiellement à Paris, où il s'installe dès 1752. À Paris, il se crée bientôt une clientèle importante et une réputation de premier ordre ; de plus, il établit des rapports avec le groupe des Encyclopédistes et en particulier avec Diderot, pour lequel il rédige en 1754 un article intitulé « Crise »[35].

Médecin-philosophe, Bordeu ajoute à sa préparation scientifique une culture philosophico-littéraire considérable[36]. Ses intérêts restent cependant limités au domaine de la physiologie. À la différence de Buffon et de Maupertuis[37], Bordeu n'aborde pas le problème de la génération des animaux ; à la différence de Diderot, il n'essaie pas d'édifier un système de la nature et il admet ne pas savoir si la force qui dirige tous les mouvements vitaux est « de l'essence d'une portion de la matière, ou un attribut nécessaire de ses combinaisons »[38]. Le rôle que lui attribue Diderot dans le *Rêve*

---

[35] Th. de Bordeu, article « Crise », dans D. Diderot, J.-B. D'Alembert *et alii*, *Encyclopédie, ou Dictionnaire raisonné des sciences, des arts et des métiers* (1751-1780), nouv. impr. en facs. de la 1re éd. en 35 vol., Stuttgart-Bad Cannstatt, Frommann-Holzboog, 1966, t. IV, p. 471-489. Dorénavant, nous ferons référence à cette édition sous l'abréviation *Enc.*, suivie de l'indication du tome et du numéro de page.

[36] Pour ces détails d'ordre biographique, on renvoie à Th. de Bordeu, *Correspondance*, édition critique présentée et annotée par M. Fletcher, 4 vol., Montpellier, Centre national de la Recherche scientifique et Université Paul Valéry, 1977-1979. Voir aussi D. Boury, *La Philosophie médicale de Théophile de Bordeu (1772-1776)*, Paris, Honoré Champion, 2004.

[37] Dans l'*Histoire naturelle* de Buffon, la thèse du processus épigénétique suivi par les molécules organiques coexiste avec l'idée d'un *moule intérieur* qui reproduit en chaque individu la forme de l'espèce à laquelle il appartient : G.-L. L. de Buffon, *Histoire générale des animaux* (1749), dans *Œuvres philosophiques*, édition établie par J. Piveteau, Paris, PUF, 1954. Par contre, Maupertuis aboutit à une monadologie physique. Concevant les parties élémentaires de la matière organique comme étant dotées de quelque degré d'intelligence, il ne justifie pas seulement la doctrine de l'épigenèse (le « souvenir », que les particules organiques des deux parents conservent de leur situation ancienne, suffit à expliquer la transmission au fœtus des caractères héréditaires), mais il introduit aussi, à l'intérieur de l'assemblage des particules, une contingence destinée à justifier les modifications potentiellement infinies des formes vivantes : cf. P.-L. Moreau de Maupertuis, *Système de la nature* (1751), dans *Œuvres*, nouv. éd. corrigée et augmentée, 4 vol., Lyon, Jean-Marie Bruyset, 1768, t. II. Ce texte avait été publié à l'origine en latin par Maupertuis, sous le pseudonyme de Docteur Baumann, et sous le titre de *Dissertatio inauguralis metaphysica de universali naturae systemate*.

[38] Th. de Bordeu, *Recherches anatomiques sur la position des glandes et sur leur action* (1751 ; dorénavant en abrégé *Recherches anatomiques*), dans *Œuvres Complètes de Bordeu*, précédées d'une Notice sur sa vie et sur ses

de D'Alembert (celui du savant qui, à partir d'une certaine explication de la vitalité organique, formule des hypothèses sur l'origine et la cause de la vie universelle) est par conséquent inexact[39]. Cette généralisation, qui est une opération de Diderot lui-même, risque de ne pas nous faire comprendre le but fondamental de la nouvelle physiologie de Bordeu : mettre en évidence la spécificité des phénomènes vitaux par rapport à ceux de la nature inerte et la nécessité qui s'ensuit d'un modèle explicatif tout aussi spécifique, donc autonome par rapport au cadre explicatif fourni par le mécanisme physique.

Bordeu s'était formé à l'Université de Médecine de Montpellier au moment où la doctrine de Stahl venait d'y être introduite et soulevait des discussions passionnées chez les étudiants et les professeurs, partagés entre les mécaniciens et les animistes. Les échos de ces discussions résonnent clairement dans la thèse de baccalauréat de Bordeu, *Dissertatio Physiologica de Sensu Generice Considerato*, soutenue en 1742 et consacrée au problème du « sentiment » en tant que faculté spécifique du corps vivant[40]. La notion de « sentiment » à laquelle on se réfère ici comprend la perception des objets extérieurs (donc la sensation proprement dite), la perception que

---

ouvrages, par M. le Chevalier Richerand, 2 vol., Paris, Caille et Ravier, 1818 (désormais OCB, suivi de l'indication du tome et du numéro de page), t. I, p. 163, note 1.

[39] Cf. Fr. Duchesneau, *La Physiologie des Lumières*, *op. cit.*, p. 363-364. Sur l'influence exercée par Bordeu sur la pensée de Diderot, nous signalons : H. Dieckmann, « Théophile de Bordeu und Diderots *Rêve de D'Alembert* », *Romanische Forschungen*, LII, 1938, p. 55-122 ; J. Roger, *Les Sciences de la vie dans la pensée française du XVIIIe siècle*, *op. cit.*, p. 613-630 ; T. Kaitaro, *Diderot's Holism. Philosophical Anti-Reductionism and its Medical Background*, Frankfurt a. Main, P. Lang, 1997 ; D. Boury, « Théophile de Bordeu : source et personnage du *Rêve de D'Alembert* », *Recherches sur Diderot et sur l'Encyclopédie*, 34, 2003, p. 11-34 ; P. Quintili, « Introduction » à D. Diderot, *Éléments de physiologie*, texte établi, présenté et commenté par P. Quintili, Paris, Honoré Champion, 2004, p. 11-101 ; A. Ibrahim, *Diderot. Un matérialisme éclectique*, Paris, Vrin, 2010.

[40] Cette thèse ainsi que la thèse de doctorat *Chilificationis Historia* (1743) ont été publiées par Bordeu dans la 1re éd. des *Recherches anatomiques* (1751) et ensuite rééditées dans OCB, t. I, p. 1-13 et 14-35. Pour une analyse ponctuelle des questions débattues dans les deux thèses, voir D. Boury, *La Philosophie médicale de Théophile de Bordeu (1772-1776)*, *op. cit.*, p. 61-82.

l'on peut avoir de certaines fonctions organiques (surtout dans les états pathologiques) et la capacité par les organes mêmes de réagir aux stimulations qui proviennent de l'intérieur du corps.

Après avoir résumé les arguments – empruntés aux observations des anatomistes – qui marquent l'impuissance des théories mécanistes à rendre compte de tous ces phénomènes, Bordeu en conclut que l'action du système nerveux, responsable de la faculté de sentir, doit être l'œuvre d'une « âme », entendue comme force ou impulsion vitale. Il puise donc dans l'animisme stahlien le principe explicatif à opposer au mécanisme, même si l'importance accordée au lien entre l'action de l'âme et la disposition des nerfs laisse déjà présager la possibilité de substituer à cette action le rôle régulateur exercé par la sensibilité des fibres nerveuses. Dans les œuvres suivantes, Bordeu rejette l'hypothèse de l'âme comme base de tous les mouvements volontaires et involontaires de l'organisme, l'estimant incompatible avec la rigueur d'une méthode scientifique, et il développe la thèse d'une sensibilité polymorphe, présente en chaque partie du corps vivant et à tous les degrés de l'organisation : dans la fibre la plus élémentaire comme dans la glande la plus complexe ; dans les organes députés à la digestion et à la sécrétion, mais aussi dans les bras du polype qui capture sa proie. Il conserve pourtant l'essentiel des critiques adressées au mécanisme, et il confirme que l'autorégulation d'un corps organisé ne sera jamais celle d'une machine artificielle, « parce qu'une montre ne peut pas d'elle-même augmenter son mouvement »[41].

Contemporain d'Albrecht von Haller, dont il connaît les recherches et les travaux, Bordeu poursuit un objectif analogue : affirmer la spécificité des fonctions organiques, en les ramenant à des propriétés vitales qu'on ne trouve pas dans les corps inertes. Cependant, alors que la perspective de Haller demeure anatomique-descriptive, l'enquête de Bordeu se concentre directement sur les processus fonctionnels, sur leur ordre et leur dynamique ; alors que Haller refuse complètement la doctrine de Stahl, Bordeu en tire des idées importantes pour la

[41] *Recherches anatomiques*, dans OCB, t. I, p. 204.

mise en question des modèles mécanistes. Sans retomber dans les erreurs de Stahl et de ses disciples, il faudra donc transformer la conception mécaniste et trouver un modèle explicatif réellement approprié aux caractéristiques des phénomènes vitaux[42].

On a observé qu'avec Bordeu il se profilait une nouvelle théorie non seulement de l'organisme et de ses processus de fonctionnement, mais également de l'homme et de la science de l'homme. Tant que le corps humain était considéré comme un simple agrégat de ressorts mécaniques, il était impossible de sortir du dualisme anthropologique de matrice cartésienne ; paradoxalement, l'iatromécanisme non seulement ne niait pas mais imposait le maintien de l'âme ou d'un quelconque principe vital qui justifierait le finalisme chez l'être humain. Bordeu, au contraire, en montrant que le corps vivant est un ensemble dynamique et sensitif, fait un bond théorique qui – par l'intermédiaire de penseurs tels que Diderot et Cabanis, tous deux influencés par la physiologie vitaliste de l'École de Montpellier – ne sera pas sans conséquences pour la réflexion philosophique : dorénavant, la sensibilité étant considérée comme force inhérente à l'organisation corporelle, il ne sera plus nécessaire de postuler une âme ou d'autres organismes métaphysiques pour expliquer les fonctions intellectuelles et affectives. En d'autres termes, le vitalisme du médecin-philosophe Bordeu constitue un chapitre important de cette réhabilitation de la sensibilité, de la vie du corps qui, en rupture avec le rationalisme du XVIIe et début XVIIIe, ouvre (déjà avec Diderot, puis de manière accomplie avec Cabanis) une nouvelle saison de la recherche scientifico-philosophique sur l'humain[43].

D'autre part, au cours du XVIIIe siècle, la question de la sensibilité – de son statut et de son extension, de ses rapports avec la raison et les autres facultés – n'est pas marginale au sein de la réflexion esthétique française. De Crousaz à Batteux, de Du Bos

[42] Th. de Bordeu, *Recherches sur les crises* (1756), dans OCB, t. I, p. 224.

[43] Voir S. Moravia, *Filosofia e scienze umane nell'età dei Lumi*, *op. cit.*, surtout le chapitre II, « Dall'*homme machine* all'*homme sensible :* modelli dell'uomo nel XVIII secolo », p. 27-43.

à Diderot, l'exigence de donner des réponses plus rigoureuses aux problèmes (ressentis désormais comme complémentaires) du beau et des arts s'ajoute à celle d'éclaircir le rôle des passions et des sentiments dans la formation aussi bien du jugement de goût que de l'œuvre d'art. Ainsi, s'il semble restrictif de lire la philosophie des Lumières sous le signe d'un état conflictuel radical, d'une nette opposition entre *raison* et *sensibilité* (qui donnent lieu plutôt à une polarité dialectique, différemment accentuée d'un auteur à l'autre[44]), il est d'autre part évident que l'apparition d'une esthétique autonome, imprégnée de forts intérêts théoriques, va de pair avec l'attribution d'une légalité *sui generis* au domaine du sensible. Essayons donc de reconstruire la perspective de Bordeu et, en particulier, sa vision de la sensibilité organique, et d'identifier les liens possibles avec l'idée d'une faculté non assimilable à la sphère des jugements logiques, bien que susceptible de donner lieu à une modalité spécifique de connaissance.

Il existe deux théories centrales de Bordeu, qui découlent de ses recherches sur les tissus muqueux, les processus sécréteurs, l'action des glandes, les dysfonctionnements pathologiques. En premier lieu, l'équation vie = sensibilité : toutes les formes de vie (y compris la végétale[45]) et toutes les parties de l'organisme sont caractérisées par une certaine propriété sensitive, c'est-à-dire par la capacité d'apporter une réponse adaptée aux stimulations. La sensibilité n'est donc pas une attitude passive mais bien le principe de l'activité que nous trouvons à tous les niveaux de la nature vivante, la racine commune de chaque mouvement vital. Bordeu cite l'exemple des polypes d'eau douce, les définissant comme des « végétaux animalisés » ; les

---

[44] Cf. F. Bollino, *Teoria e sistema delle belle arti*, *op. cit.*, p. 9.

[45] « On pourroit encore en appeler à ce qui se passe dans les plantes, dont certaines parties, souvent aussi grêles que peuvent l'être les nerfs d'une plante, se plient, se contournent, et se disposent de mille manières pour travailler au développement du fruit, et à tout ce qui regarde la génération et les différentes distributions de la sève. Ces mouvements ne sont pas moins étonnants, et doivent être aussi prompts, aussi délicats et aussi bien dirigés que tout ceux que nous avons avancé que pouvoient faire les nerfs dans les glandes » (*Recherches anatomiques*, dans OCB, t. I, p. 165).

petits prolongements dont ils sont munis, bien que pourvus d'une sensibilité très élémentaire, exercent une fonction analogue à celle qu'exercent certains organes des animaux supérieurs. La sensibilité, malgré l'extrême variété de ses manifestations, bâtit à tel point l'unité du vivant que même chez les animaux les plus parfaits nous pouvons trouver des parties qui approchent du règne végétal ou qui seraient intermédiaires entre les deux règnes[46]. En second lieu, la conception *fédérative* de l'organisme : la vie générale est la somme des vies particulières qui animent les différents organes ; l'organisation physiologique découle de la coopération – sur le plan fonctionnel – d'organismes plus ou moins élémentaires intégrés dans l'organisme global[47].

La première théorie laisse filtrer quelques traces de l'influence de Stahl ; la seconde lui est suggérée par Van Helmont, médecin et alchimiste du XVIIe siècle qui, opposé à l'iatromécanisme naissant, avait attribué à chaque organe un principe énergétique spirituel – l'*archeo* – capable d'en justifier l'autonomie au sein d'un système fédéré unitaire[48]. Les deux théories, du reste, acquièrent chez Bordeu une formulation scientifique, amenant à une conclusion confirmée, selon lui, par de nombreux faits que l'on peut observer du point de vue empirique : contrairement à la matière inerte, la matière vivante est parcourue par une force dans une certaine mesure « intelligente », par une sensibilité qui permet aux phénomènes organiques de s'autoréguler, de se dérouler pour atteindre certains buts. Par conséquent, le fonctionnement de l'organisme est à la fois unitaire et décentré.

Dans les *Recherches anatomiques sur la position des glandes et sur leur action*, Bordeu tente d'éclaircir les processus fonctionnels liés à la sécrétion et à l'excrétion glandulaires. Le choix de cet argument n'est pas casuel : les fins processus de réglage exercés par les glandes en relation étroite avec le

---

[46] *Ibid.*, p. 166. Voir aussi Th. de Bordeu, *Recherches sur les pouls* (1754), dans OCB, t. I, p. 420-421.

[47] *Recherches anatomiques*, dans OCB, t. I, p. 186.

[48] Cf. Th. de Bordeu, *Recherches sur l'histoire de la médecine* (1768), dans OCB, t. II, p. 671, où on reconnaît en termes explicites cette influence.

système nerveux suggèrent une interprétation dynamique de toutes les fonctions organiques, interprétation qui échappe à une physiologie restrictivement mécaniste. Bordeu démontre par l'investigation anatomique que l'excrétion ne se réduit pas à un mécanisme de compression, ni la sécrétion à un mécanisme hydrostatique. Par exemple, il ne faut pas croire que la production de salive dépend exclusivement des mouvements de la mâchoire pendant la mastication et de la pression ainsi exercée sur les glandes salivaires. L'excrétion et la sécrétion impliquent plutôt une action propre de l'organe glanduleux qui dépend du grand nombre de fibres nerveuses repérables dans ce dispositif anatomique.

Le cas des glandes prend donc une valeur paradigmatique, en soulignant la manière dont la sensibilité peut régler également des phénomènes très complexes comme l'assimilation ou l'expulsion des humeurs présentes dans le sang. Bordeu établit même un rapport analogique entre fonction de sensibilité et fonction glandulaire. Il dit que la sécrétion correspond à une espèce de *sensation*, en vertu de laquelle l'organe décide la substance à séparer du sang, la laissant filtrer par de petits trous ; pour élucider la nature de cette sensation, et le genre d'action qui peut en découler, il ajoute que chaque glande a son *goût* particulier[49].

Bordeu recourt ainsi à une catégorie qui, dans la culture de l'époque, avait déjà reçu une caractérisation esthétique, jouant un rôle clé dans l'apparition d'un secteur de la connaissance autre que celui du jugement logique ou de la raison morale ; par exemple, chez Du Bos, qui avait souligné l'affinité entre le jugement sur l'œuvre d'art et le jugement donné par notre palais : « Raisonne t'on pour savoir si le ragoût est bon ou s'il est mauvais [...] ? On goûte le ragoût, et même sans savoir ces règles [de la cuisine], on connoît s'il est bon. Il est en de même

[49] *Recherches anatomiques*, dans OCB, t. I, p. 163. Apparemment, la théorie de Bordeu est semblable à celle de Stahl, qui avait lié le déplacement des humeurs dans l'organisme à l'action d'un mouvement tonique né de l'âme ; en réalité, en approchant les glandes des organes des sens, Bordeu s'éloigne d'un modèle d'explication psychologique pour lequel l'idée d'une âme raisonnante restait centrale.

en quelque manière des ouvrages d'esprit et des tableaux faits pour nous plaire en nous touchant »[50]. Or, le goût que Bordeu attribue aux glandes est proche d'un goût esthétique de ce genre : un discernement prompt, différent d'une appréciation intellectuelle et qui peut se passer du psychisme supposé aussi bien par Stahl que par Maupertuis[51]. Sensible à l'égard du bon, le goût des glandes refuse avec répugnance ce qui est mauvais et choisit les humeurs à assimiler ou à expulser. De plus, Bordeu accentue la non passivité de l'action des glandes et, plus généralement, de tous les organes sensitifs : si les glandes « s'érigent » ou « entrent en érection » avant d'agir, « l'œil se prépare à recevoir la lumière [...]. L'oreille se tend, s'ouvre, se dispose enfin à recevoir les rayons sonores »[52]. Il n'est pas nécessaire de supposer l'intervention d'une âme, d'une finalité extrinsèque à la vie corporelle, parce que la sensibilité est déjà active, la nature vivante est déjà parcourue par un dynamisme qui – comme avait remarqué Diderot[53] – présente quelques affinités avec les opérations de l'art.

Bordeu reconnaît explicitement que, lorsqu'il parle de « goût » à propos des glandes, il utilise une expression métaphorique ; mais il s'agit d'un détour nécessaire, vu la difficulté à définir conceptuellement la « force qui dirige avec

---

[50] J.-B. Du Bos, *Réflexions critiques sur la poésie et sur la peinture*, *op. cit.*, p. 225.

[51] En effet, la sensibilité dont parle Bordeu est désormais indépendante de toute entéléchie de matrice leibnizienne et, donc, bien différente de la sensibilité supposée par Maupertuis lorsqu'il confie aux particules organiques « quelque chose de semblable à ce que nous appelons désir, aversion, mémoire » (P.-L. Moreau de Maupertuis, *Système de la nature*, *op. cit.*, t. II, p. 147). De plus, tandis que chez Maupertuis la distance restait énorme entre les sensibilités élémentaires et la sensibilité globale, chez Bordeu se dessine un modèle d'intégration entre les parties et le tout.

[52] *Recherches anatomiques*, dans OCB, t. I, p. 165.

[53] « Le *beau* n'est pas toûjours l'ouvrage d'une cause intelligente : le mouvement établit souvent, soit dans un être considéré solitairement, soit entre plusieurs êtres comparés entr'eux, une multitude prodigieuse de rapports surprenans. Les cabinets d'histoire naturelle en offrent un grand nombre d'exemples. Les rapports sont alors des résultats de combinaisons fortuites, du moins par rapport à nous. La nature imite, en se joüant, dans cent occasions, les productions de l'art » : D. Diderot, article «Beau» (1751), *Enc.*, t. II, p. 181.

tant de justesse mille mouvements singuliers du corps de l'homme et de ses parties »[54]. Recourir à un modèle analogique veut dire reconnaître le caractère énigmatique de cette force et l'exigence qui y est liée de ne pas l'hypostasier sous forme de principe substantiel ou d'agent psychique.

Le problème des fonctions glandulaires s'inscrit dans un problème plus vaste : comment concevoir l'organisation physiologique ? À ce propos, Bordeu introduit le concept de *département*, désignant par là toutes les parties (et les fonctions corrélatives) impliquées dans le fonctionnement d'un organe. Un organisme est sain lorsque chaque département subordonne l'ordre de ses opérations aux procès d'équilibration qui régissent l'ordre global et il est malade lorsqu'une de ses parties devient « un organe particulier qui a son action, sa circulation et toutes ses fonctions indépendantes[55] ». La célèbre métaphore de la grappe d'abeilles (reprise par Diderot[56] et devenue l'image

---

[54] *Recherches anatomiques*, dans OCB, t. I, p. 163, note 1.

[55] *Ibid.*, p. 194.

[56] D. Diderot, *Le Rêve de D'Alembert* (1769), texte établi par G. Dulac, présentation et commentaire par J. Varloot, dans *Œuvres complètes*, édition établie par. H. Dieckmann, J. Proust, J. Varloot *et alii*, Paris, Hermann, 1975 et suiv. (désormais DPV), t. XVII : *Idées IV*, p. 120-121. On a longtemps discuté sur le sens que prend cette image dans le *Rêve*, et sur les sources dont s'inspire Diderot pour la remodeler sous le signe d'une étrange conjecture : « Voulez-vous transformer la grappe d'abeilles en un seul et unique animal ? Amollissez les pattes par lesquelles elles se tiennent, de contiguës qu'elles étaient, rendez-les continues ». Par exemple, C. Duflo (« Diderot et Ménuret de Chambaud », art. cit., p. 32) y décèle l'influence de Ménuret de Chambaud, qui dans l'article « Observation » (1765), *Enc.*, t. XI, p. 318, avait repris l'image de la grappe en mettant l'accent sur la solidarité des parties. Selon A. Ibrahim (« Maupertuis dans *Le Rêve de D'Alembert :* l'essaim d'abeilles et le polype », *Recherches sur Diderot et sur l'Encyclopédie*, 34, 2003, p. 71-83), l'influence déterminante reste celle de Maupertuis, tel que Diderot le commentait dans les *Pensées sur l'interprétation de la nature*, où les abeilles venaient servir d'image aux molécules sensibles. En effet, Diderot évoque pour la première fois l'image de la grappe dans cet ouvrage, dont la première édition paraît en 1753, alors qu'il discute les thèses de Maupertuis (D. Diderot, *Pensées sur l'interprétation de la nature*, texte établi et présenté par J. Varloot, commentaire de H. Dieckmann, J. Varloot, dans DPV, t. IX : *Idées III*, p. 80). Ici, Diderot semble ignorer les *Recherches anatomiques* de Bordeu, et se référer plutôt à ce passage du *Système de la nature*, *op. cit.*, t. II, p. 170-171 : « [...] c'est ainsi qu'un essaim d'abeilles, lorsqu'elles se sont

par excellence de la physiologie organiciste) sert à confirmer que le corps vivant est quelque chose de plus que la simple somme de ses parties et que, donc, chaque département ne peut fonctionner que s'il est harmonieusement intégré dans la totalité organique :

> Ainsi pour suivre la comparaison de la grappe d'abeilles, elle est un tout collé à une branche d'arbre, par l'action de bien des abeilles qui doivent agir ensemble pour se bien tenir ; il y en a qui sont attachées aux premières et ainsi de suite ; toutes concourent à former un corps assez solide, et chacune cependant a son action particulière à part ; une seule qui viendra à céder ou à agir trop vigoureusement, dérangera toute la masse d'un côté : lorsqu'elles conspireront toutes à se serrer, à s'embrasser mutuellement, et dans l'ordre et les proportions requises, elles composeront un tout qui subsistera jusqu'à ce qu'elles se dérangent. L'application est aisée ; les organes du corps sont liés les uns avec les autres ; ils ont chacun leur district et leur action ; les rapports de ces actions, l'harmonie qui en résulte, font la santé[57].

Il se pose alors une autre question : quels sont les rapports entre la vie globale de l'organisme et celle de chaque partie ? Quelle est la cause de l'intégration fonctionnelle ? Nous avons déjà vu que, pour Bordeu, l'organisme devait être conçu à la lumière des phénomènes d'équilibre et d'interaction, vérifiables dans les structures anatomiques ; or, c'est le système nerveux qui régit ces fonctions, en exerçant une activité à la fois unitaire et décentrée. D'un côté, toutes les fonctions ont une origine cérébrale : le cerveau est le siège d'une force nerveuse, irritante et stimulante, liée aux mouvements de pulsation du cerveau même. De l'autre, chaque département est parcouru par des ramifications nerveuses qui lui assurent une autonomie relative

---

assemblées et unies autour de la branche de quelque arbre, n'offre plus à nos yeux qu'un corps qui n'a aucune ressemblance avec les individus qui l'ont formé ». La *Dissertatio* (qui, une fois traduite en français, s'appellera *Système de la nature*) de Maupertuis et les *Recherches anatomiques* de Bordeu sortent la même année, en 1751 (mais ces dernières au début de l'année) ; on ne peut donc pas établir avec certitude lequel des deux auteurs a élaboré cette image le premier ni si l'un l'a empruntée à l'autre.

[57] *Recherches anatomiques*, dans OCB, t. I, p. 187.

puisqu'elles dirigent ses fonctions spécifiques sensitives et motrices. Initialement, le cerveau transmet l'irritation aux nerfs, qui en représentent autant de prolongements ; à leur tour, les nerfs communiquent l'irritation aux différents organes dans lesquels ils se ramifient, mais en respectant leurs conditions et leurs structures spécifiques. De plus, les organes possèdent une condition de tonicité (que Bordeu définit *passive*, pour la distinguer de la tonicité *active* du système nerveux) qui, en contribuant aux mouvements vibratoires des nerfs (imaginés comme des filaments élastiques dotés de deux extrémités : une cérébrale et l'autre organique), fournit un support décisif dans le déploiement de la force nerveuse[58].

Le rôle réservé à la sensibilité et le problème connexe des rapports entre sensibilité et mouvements organiques viennent compliquer ce schéma. Nous avons vu la thèse selon laquelle les glandes auraient une sensibilité et un goût ; mais comment concilier cette thèse avec celle de l'origine cérébrale des fonctions ? Et encore, comment échapper à une caractérisation psychologique de l'action des nerfs, vu qu'ils sont dépositaires non seulement d'une sensibilité typiquement physiologique, mais également du sentiment et des passions de l'âme ? Bordeu ne partage pas la distinction hallerienne entre sensibilité et irritabilité : telle que la définit Haller (en tant que contractilité des fibres musculaires) l'irritabilité ne suffit pas à expliquer le fonctionnement des organes, et encore moins l'activité globale de l'organisme ; et la sensibilité est réduite à une simple perception de la douleur, qui se produirait dans l'âme en se fondant sur les impulsions transmises par les nerfs. Selon Bordeu, il faut sortir de cette vision dichotomique et concevoir conjointement ces forces – la sensibilité et la motricité – qui constituent la vie : les fonctions de l'organisme sont capables d'autorégulation parce que la sensibilité en est la fonction de coordination générale[59]. Il suppose une sensibilité polymorphe, variante d'intensité selon le rapport entre structure anatomique

---

[58] *Ibid.*, p. 200-206.

[59] Th. de Bordeu, *Recherches sur l'histoire de la médecine*, dans OCB, t. II, p. 668.

et structure nerveuse : chaque organe possède une certaine sensibilité, même si la direction du dynamisme vital revient au cerveau, et que la force nerveuse est proportionnelle au nombre de nerfs en jeu[60]. Les glandes, par exemple, ne fonctionneraient pas sans la tension qui vient du cerveau ; cependant, elles exercent une série d'opérations physiologiques internes largement indépendantes du centre cérébral conscient.

L'hypothèse d'une sensibilité vitale n'est peut-être pas sans rapports avec la théorisation contemporaine d'une sensibilité liée au génie et au goût, à la création et à la jouissance esthétique. Du Bos avait souligné la base organique du jugement de goût en en faisant une sorte de sixième sens privé de déductions et de raisonnements logiques ; cependant, alors que Du Bos identifiait encore goût et sentiment, les compilateurs de l'*Encyclopédie* distinguent, dans le sentiment entendu comme synonyme de sensibilité, une sensibilité de type physiologique et une de type moral. Le développement du premier aspect est confié à un médecin de l'École de Montpellier, Henri Fouquet, qui embrasse explicitement la conception de Bordeu ; il ramène toutes les forces qui agissent dans l'organisme vivant à la sensibilité, définie comme « la faculté de sentir, le principe sensitif, ou le sentiment même des parties, la base et l'agent conservateur de la vie, l'animalité par excellence, le plus beau, le plus singulier phénomène de la nature » [61]. Ne pouvant être réduite ni à une propriété de l'âme ni à des lois physico-mécaniques, la sensibilité est typique de l'organisme vivant, où elle exerce différentes actions : la sensation, la mobilité et le sentiment de soi. Il est vrai que, dans le même article de l'*Encyclopédie*, le thème de la sensibilité n'est pas développé en référence aux problèmes qui constitueront plus tard (et qui en partie constituaient déjà) les objets privilégiés de la réflexion esthétique. Toutefois, la nouvelle définition donnée à ce thème peut avoir contribué à caractériser

---

[60] Th. de Bordeu, *Recherches sur les pouls*, dans OCB, t. I, p. 421.

[61] H. Fouquet, article «Sensibilité, Sentiment» (1766), *Enc.*, t. XV, p. 38. Cf. L. Dulieu, « Les articles d'Henri Fouquet dans l'*Encyclopédie* », *Revue d'histoire des sciences*, V, 1, 1952, p. 18-25.

dans un sens moins intellectualiste les notions d'art, de beau, de goût, d'imitation de la nature correspondant non seulement à autant d'articles de l'*Encyclopédie*, mais également aux principales questions débattues par les esthéticiens français de cette période.

L'exemple le plus significatif est celui de Diderot, notoirement influencé dans sa conception de l'homme et de la nature par l'organicisme de Bordeu, qu'il connaissait dans ses grandes lignes dès 1752[62]. Déjà la définition du beau comme « perception de rapports », proposée d'abord dans la *Lettre sur les sourds et muets* puis dans l'article « Beau » de l'*Encyclopédie* (« J'appelle donc *beau* hors de moi, tout ce qui contient en soi de quoi réveiller dans mon entendement l'idée de rapports ; et *beau* par rapport à moi, tout ce qui réveille cette idée »[63]) constitue une première tentative pour dépasser le finalisme implicite dans le principe de l'imitation de la belle nature sans mettre en discussion l'exemplarité de la nature, le fait qu'elle est une norme pour l'art[64]. Même si le beau dans la nature peut bien être produit par hasard, la forme naturelle reste un idéal de cohérence ; par ailleurs, comme nous le montre l'article « Composition », la forme naturelle en question est la forme de la vie, qui nous semble belle dans la mesure où elle reflète l'auto-organisation de microstructures interdépendantes, c'est-à-dire un tout qui fait système[65]. Dans l'organisme vivant, il y a effectivement un ordre et même une finalité, mais cette finalité est à l'intérieur de l'organisme (la synthèse de ses processus d'autoréglage) et elle ne suppose par conséquent aucun plan providentiel ni aucun dessein divin.

---

[62] Voir J. Roger, *Les Sciences de la vie dans la pensée française du XVIIIe siècle*, *op. cit.*, p. 630.

[63] D. Diderot, article « Beau », *Enc.*, t. II, p. 176.

[64] Cf. C. Duflo, « La nature ne fait rien d'incorrect. Forme artistique et forme naturelle chez Diderot », dans A. Ibrahim (éd.), *Diderot et la question de la forme*, Paris, PUF, 1999, p. 61-86.

[65] « Un tableau bien composé est un tout renfermé sous un seul point de vue, où les parties concourent à un même but, et forment par leur correspondance mutuelle un ensemble aussi réel, que celui des membres d'un corps animal » : D. Diderot, article « Composition (en Peinture) » (1753), *Enc.*, t. III, p. 772.

Dans les écrits suivants, dans les *Salons* et dans les *Essais sur la peinture*, soit dans la phase de la pensée diderotienne la plus marquée par les idées de Bordeu, l'unité particulière de la forme vivante (dans la matière inorganique, il y a une contiguïté, mais pas de continuité) demeure la norme de la forme artistique. La forme de la vie devient cependant « sensible » donc dynamique, capable de créer l'organisation d'elle-même, sans interventions extérieures. Par exemple, dans les *Essais sur la peinture*, Diderot polémique avec l'enseignement donné à l'Académie des Beaux-Arts, lui opposant une recherche artistique qui étudierait les formes et les fonctions dynamiques de la nature : « Ce n'est pas dans l'école qu'on apprend la conspiration des mouvements, conspiration qui se sent, qui se voit, qui s'étend et serpente de la tête aux pieds »[66]. Parallèlement, les *Salons* focalisent le regard moins sur la chose à imiter ou sur le produit de l'imitation que sur le processus qui les sous-tend[67]. Pour ce motif, la forme de la vie devient également le modèle selon lequel représenter n'importe quelle forme naturelle. En effet, si pour Diderot c'est la matière en général qui possède sa propre force ou énergie intérieure, seule la matière vivante nous permet de voir une forme *en formation*, c'est-à-dire en mouvement, sujette à des métamorphoses permanentes. Autrement dit, la nouvelle image de la physiologie que propose Bordeu pourrait constituer le référent implicite de la philosophie de l'art matérialiste à laquelle Diderot finit par aboutir.

---

[66] D. Diderot, *Essais sur la peinture* (1766), texte établi et présenté par G. May, dans DPV, t. XIV : *Beaux-Arts I*, p. 347.

[67] D. Diderot, *Salon de 1767*, texte établi par A. Lorenceau, commentaire de E.M. Bukdahl, M. Denon, dans DPV, t. XVI : *Beaux-Arts III*, p. 55-77. Voir à ce sujet J. Chouillet, « Esthétique et philosophie dans l'œuvre de Diderot », *Revue Internationale de Philosophie*, CXLVIII, 9, 1984, p. 140-157 ; M. Mazzocut-Mis (éd.), *Entrare nell'opera : I* Salons *di Diderot. Sezione antologica e analisi critica*, Firenze, Le Monnier Università, 2012.

1.5. *La théorie du principe vital*

La renommée de Paul-Joseph Barthez (1734-1806) reste liée au traité sur les *Nouveaux éléments de la Science de l'Homme* (1778), qui constitue aussi bien une synthèse qu'une reformulation de la pensée médicale de Montpellier, rapidement devenue influente au point d'être le modèle principal de référence dans la définition du vitalisme français entre la fin du XVIIIe et la première moitié du XIXe siècle. L'expression « Science de l'Homme » apparaît pour la première fois dans ce traité, où elle indique le caractère holistique de la médecine (conformément à la tradition hippocratique dont continuait de s'inspirer l'École) et la relation étroite existant entre le physiologique et le mental. Constituant la base de la thérapeutique ou « l'art de guérir », la physiologie joue un rôle crucial au sein de la science de l'homme ; pour lui assurer un statut scientifique, Barthez développe une réflexion épistémologique de grande ampleur, axée sur le choix du modèle théorique à utiliser dans l'explication des phénomènes vitaux : si l'on veut rénover en profondeur la physiologie, il ne suffit pas de proposer une nouvelle doctrine, il faut plutôt faire un bilan de celles qui ont été proposées jusqu'à présent, à la lumière des « principes fondamentaux de la Méthode de Philosopher dans les Sciences Naturelles »[68].

Dans l'élaboration de cette approche, Barthez fut sans doute facilité par l'assurance qu'il avait acquise quant à la culture aussi bien scientifique que littéraire. Né à Montpellier d'un père ingénieur, il développe dès l'enfance une véritable passion pour la lecture, passant tout son temps libre à dévorer les livres des libraires ou de ses amis, si bien qu'à l'âge de dix ans il s'est déjà familiarisé avec les grands poètes et historiens de l'Antiquité et avec les textes élémentaires de physique et de

[68] P.-J. Barthez, *Nouveaux éléments de la Science de l'Homme*, 2e éd. élargie et revue, 2 vol., Paris, Goujon-Brunot, 1806 (désormais en abrégé : *Nouveaux éléments*), t. I, p. 4. Nous rappelons qu'il existe également une 3e éd. de l'ouvrage (identique à la 2e) publiée en 1858 par l'éditeur Germer Baillière.

mathématiques[69]. Inscrit à l'Université de Médecine de Montpellier en 1750, alors qu'il n'a que 16 ans, il obtient son doctorat en 1753. Tout de suite après il séjourne à Paris, où il se lie avec Camille Falconet, ancien docteur de Montpellier, qui lui accorde l'accès à son immense bibliothèque et l'introduit dans les milieux culturels les plus qualifiés ; cette relation lui permet aussi de connaître D'Alembert et donc de collaborer, dans les années suivantes, à la rédaction de plusieurs articles de l'*Encyclopédie*[70]. En 1756, il est nommé médecin ordinaire des hôpitaux militaires, ce qui l'amène en Normandie ; durant ce séjour, tandis qu'il effectue des observations sur l'épidémie qui s'était propagée dans le Cotentin[71], il participe à un double concours ouvert par l'Académie des Inscriptions et Belles-Lettres sur des sujets où il n'y avait rien de médical (le paganisme dans les Gaules, et la condition politique de la Grèce depuis sa réduction en province romaine jusqu'à la bataille d'Actium), mais il remporte les deux prix. En 1761, il conquiert une chaire de médecine à Montpellier et se concentre quelques temps sur ce domaine, recevant des distinctions prestigieuses ainsi que des charges officielles (par exemple, il sera d'abord

[69] Nous tirons ces notes biographiques des ouvrages suivants : J. Lordat, *Exposition de la doctrine médicale de P.-J. Barthez et mémoires sur la vie de ce médecin*, Paris, Gabon, 1818 ; article « Barthez », dans A.-J.-L. Jourdan (éd.), *Dictionnaire des sciences médicales : Biographie médicale*, t. I, Paris, Panckoucke, 1820, p. 572-588 ; L. Dulieu, « Paul-Joseph Barthez », *Revue d'histoire des sciences*, XXIV, 2, 1971, p. 149-176 ; T. Lavabre-Bertrand, « Barthez et le vitalisme », dans L. Dulieu (éd.), *La Médecine à Montpellier du XIIe au XXe siècle*, Paris, Hervas, 1990, p. 142-144. Cf. aussi A. Barthez, « Vie de l'Auteur », préambule à P.-J. Barthez, *Théorie du beau dans la nature et les arts*, ouvrage posthume mis en ordre et publié par son frère A. Barthez, Paris, Colin, 1807, p. 1-42.

[70] Voir à ce sujet F. Di Trocchio, « Paul-Joseph Barthez et l'*Encyclopédie* », *Revue d'histoire des sciences*, XXXIV, 2, 1981, p. 123-136, qui essaie aussi d'évaluer l'influence de la pensée des « philosophes » sur Barthez. Selon Di Trocchio (*ibid.*, p. 128), « Barthez doit sa formation philosophique à D'Alembert, comme le démontre d'ailleurs la tendance méthodologique de ses théorie et comme lui-même le reconnaît dans les premières pages des *Nouveaux éléments* ».

[71] P.-J. Barthez, « Observations sur la Constitution épidémique de l'année 1756 dans le Cotentin », dans *Mémoires de Mathématiques et de Physique de l'Académie royale des Sciences*, t. III, 1760, p. 438.

chancelier adjoint puis chancelier titulaire de l'Université de Médecine de Montpellier). La première exposition de sa doctrine physiologique date de 1772 : l'*Oratio academica de principio vitali hominis,* suivie en 1774 de la *Nova doctrina de functionibus naturae humanae* et, en 1778, de son principal ouvrage, les *Nouveaux éléments de la Science de l'Homme*[72]. Mais cela ne l'empêche pas d'élargir encore son champ intellectuel : ayant commencé des études juridiques à l'Université de Montpellier, il obtient son doctorat en droit en 1780. Il se livre en outre à des recherches de pure érudition, qu'il communique dans plusieurs mémoires à l'Académie des Inscriptions et Belles-Lettres à partir de 1783. Un de ces écrits a pour sujet l'art de sculpter sur les métaux tel que les Anciens le pratiquaient. Dans un autre, lu en 1787, il recueille les passages d'Homère relatifs à la physiologie. Vers la fin de sa vie, il reprend ses recherches sur l'Antiquité et publie, dans le *Magazine Encyclopédique*, quatre articles sur la littérature gréco-romaine[73]. Il consacrera ses derniers efforts à une nouvelle édition accrue des *Nouveaux éléments* (1806) et à la rédaction d'un traité sur le beau, publié à titre posthume par son frère en 1807 et intitulé *Théorie du beau dans la nature et les arts*. En somme, nous sommes face à une figure complexe de savant et de chercheur, capable non seulement de mettre côte à côte la réflexion esthétique et la recherche biologique, mais de faire interagir les paradigmes tirés de différents savoirs.

---

[72] Au-delà de ces œuvres théoriques, qui dénotent une bonne connaissance de la philosophie moderne et notamment de la nouvelle épistémologie élaborée par les « philosophes », Barthez publie de nombreux écrits dans lesquels il rassemble ses observations médicales personnelles et où il essaie d'éclaircir certains points de la physiologie et de la pathologie : voir par exemple P.-J. Barthez, *Traité des maladie goutteuses*, 2 vol., Paris, Déterville, 1802.

[73] Ils s'intitulent : « Nouvelles recherches sur la déclamation théâtrale des anciens Grecs et Romains », *Magasin encyclopédique*, janvier 1801, p. 209 ; « Réponse à M. de Villoison sur le *Diverbium* », *Magasin encyclopédique*, juin 1805, p. 109 ; « Littérature grecque. Suite des nouvelles recherches sur la déclamation théâtrale des anciens Grecs et Romains », *Magasin encyclopédique*, novembre 1805, p. 1-19 ; « Nouvelles remarques sur le rythme chez les Grecs et les Latins », *Magasin encyclopédique*, janvier 1806, p. 1-20.

Comme Bordeu, Barthez refuse d'assimiler les lois de la vie à celles de la nature inerte : malgré l'utilité de leurs outils et les applications variées qu'on peut en tirer, la physique et la chimie ne peuvent pas fournir les principes constitutifs ni les systèmes explicatifs de la physiologie. En même temps, Barthez s'écarte également de l'organicisme de Bordeu, attaquant tantôt la conception fédérative des organes issue de Van Helmont, tantôt l'orientation des physiologistes qui font dépendre « les principaux phénomènes du corps vivant de la sensibilité, de l'irritabilité, ou bien d'une force innée de ressort des fibres »[74]. La raison de ce recul est double : d'un côté, la théorie des « vies séparées » des organes compromet à son avis la vision unitaire de l'organisme sans laquelle il n'est pas possible d'en comprendre le fonctionnement réel ; de l'autre, ancrer la spécificité du vivant sur la sensibilité et la motricité des organes veut dire mal interpréter le sens de cette spécificité, en assimilant erronément l'ordre fonctionnel (en lequel consiste la véritable autonomie du vivant) à l'ordre des structures anatomiques. Pour Barthez, les fonctions physiologiques ne résultent pas de la simple organisation des parties, puisqu'elles possèdent un dynamisme qu'on ne peut pas réduire au dispositif impulsion-réponse, c'est-à-dire aux actions et réactions mécaniques des organes les uns sur les autres[75]. Pour expliquer ce dynamisme, il ne recourt cependant pas à une hypothèse métaphysique comme celle élaborée par Stahl : rien ne prouve, en effet, que les mouvements involontaires de l'organisme soient causés par l'âme pensante, celle-là même qui en détermine les mouvements volontaires. Barthez suppose plutôt un principe de coordination globale, le « Principe de la Vie »,

---

[74] *Nouveaux éléments*, t. I, p. 22. Cf. D. Raynaud, « La controverse entre organicisme et vitalisme : étude de sociologie des sciences », *Revue Française de Sociologie*, XXXIX, 4, 1998, p. 721-750.

[75] Cette critique, adressée par Barthez aux différents « Auteurs Solidistes » (chez qui il dénote « un vice semblable à celui des théories des Médecins Mécaniciens, tels que Bellini et Boerhaave »), affecte aussi la physiologie de Haller : cf. *Nouveaux éléments*, t. I, p. 181. Barthez s'oppose en effet à toute forme de physiologie où les lois régissant les phénomènes pourraient être ramenées aux principes de la mécanique.

dont dépendrait aussi bien chaque fonction (par exemple la digestion) que l'activité globale de l'organisme[76].

La théorie du principe vital[77] comme cause des fonctions physiologiques introduit une notion qui a été souvent mal comprise, parce qu'interprétée à la manière d'une entité métaphysique, d'un principe explicatif qui n'explique rien puisqu'il n'est susceptible ni de vérification ni de contrôle. En réalité, l'intention de Barthez est précisément le contraire. Dans l'Introduction théorico-méthodologique des *Nouveaux éléments*, il affirme que le savoir scientifique a effectivement pour objet « la recherche des causes des phénomènes de la Nature ; mais seulement en tant qu'elles peuvent être connues d'après l'expérience »[78]. C'est le rappel à l'expérience – établi par la référence à Bacon et par la reprise de la thèse de Hume qui nie le caractère objectif ou inné de l'idée de causalité – qui fait fonction de critère restrictif quant aux prétentions de validité du savoir scientifique : puisque l'expérience ne permet pas d'établir en quoi consiste essentiellement l'action causale, mais qu'elle se limite plutôt à manifester l'ordre implicite dans la production des effets, connaître les causes « générales ou expérimentales » signifie découvrir les règles qui régissent la succession des phénomènes, sans aucune prétention d'en vérifier la substance ou la nature intrinsèque. La cause expérimentale est en soi inconnaissable, mais son identification comme principe, force, faculté etc. permet de simplifier la recherche scientifique, où elle peut exercer une fonction comparable à celle de l'inconnue dans le calcul algébrique. Elle permet, de plus, de construire des modèles théoriques dotés de

[76] *Ibid.*, p. 20. Pour une reconstruction globale de la physiologie de Barthez, destinée à en souligner la distance de Stahl et les aspects de continuité avec la mécanique newtonienne filtrée par D'Alembert, voir F. Di Trocchio, *Automa e vita. Saggio sulla fisiologia di P.-J. Barthez*, Roma, Edizioni Studium, 1981.

[77] Sur cette théorie, cf. R. Bernier, « La notion de principe vital chez Barthez », *Archives de philosophie*, XXXV, 3, 1972, p. 423-441 ; F. Di Trocchio, « Fisiologia e meccanica newtoniana in Paul-Joseph Barthez », *Medicina nei secoli*, XV, 1, 1978, p. 93-108 ; E.A. Williams, *Cultural History of Medical Vitalism in Enlightenment Montpellier*, *op. cit.*, p. 255-286.

[78] *Nouveaux éléments*, t. I, p. 5.

valeur heuristique et basés sur des procédures de type inférentiel : « Expliquer un phénomène, se réduit toujours à faire voir que les faits qu'il présente se suivent dans un ordre analogue à l'ordre de succession d'autres faits qui sont plus familiers, et qui dès-lors semblent être plus connus »[79]. In fine, et c'est peut-être l'aspect le plus important, attribuer la même cause expérimentale à toute une série de phénomènes signifie reconnaître la racine commune qui les unifie et les différencie de phénomènes d'un autre genre.

Pour Barthez, le principe vital représente une cause « générale ou expérimentale » dans le sens indiqué plus haut. Pour délégitimer une interprétation métaphysique de ce principe, il le définit comme l'équivalent, en milieu physiologique, du *principe d'attraction* supposé par la mécanique de Newton. De ce point de vue, il faut se résigner à un « Scepticisme invincible » sur la nature du principe vital[80] : inutile de se demander s'il s'agit d'une substance ou d'une manière d'être de l'organisme vivant, vu que sa capacité explicative ne dépend pas de cela. L'hypothèse d'un principe vital sert à designer le facteur inconnu qui détermine l'ordre et la connexion des processus physiologiques, mais également à comprendre où et comment orienter la recherche : à élaborer un modèle de recherche spécifique et à définir un champ d'observation distinct de celui des phénomènes mécaniques ou des affections de l'âme. On trouve également dans les corps organiques des mouvements qui peuvent être ramenés à plusieurs forces (comme la force d'attraction, par exemple) ; cependant, les mouvements nécessaires aux fonctions de la vie – qu'elle soit végétale ou animale – sont plus complexes et liés à l'action de deux types de forces – motrices et sensitives – que l'on ne trouve pas dans la matière inerte. De plus, au fur et à mesure que nous passons des végétaux aux animaux, et des animaux inférieurs à l'homme, la complexité augmente : dans les organes du corps humain, nous observons une grande diversité de mouvements, dont la fonctionnalité exige un niveau

[79] *Ibid.*, p. 8.
[80] *Ibid.*, p. 27.

supérieur d'intégration. L'unité ne saurait être assurée par une âme pensante puisqu'il s'agit de mouvements involontaires, inconscients, constants ; la fonctionnalité complexe de l'organisme humain suggère donc l'exigence d'un principe explicatif *sui generis*, commun à tous les organismes vivants : le principe vital, précisément, dont les forces motrices et sensitives constituent les manifestations[81]. Le rôle de coordination du principe vital émerge de deux propriétés des organismes, particulièrement évidents dans le cas des organismes animaux : l'« intime correspondance » qui relie toutes les parties du corps et les fait poursuivre un but identique, c'est-à-dire le déroulement des fonctions indispensables à la vie, et l'individualité qui marque chaque organisme et lui permet de préserver ses caractéristiques morphologiques et fonctionnelles malgré le renouvellement continu de chaque partie que requiert l'usure constante de celles-ci[82]. Barthez parle même d'une sorte d'« harmonie préétablie » entre les moyens et le but, c'est-à-dire entre l'organisation du corps vivant et la fonctionnalité particulière vers laquelle elle semble orientée dès les premières phases de son développement : comme si le principe vital portait en soi un plan préétabli capable de diriger l'activité des organes même lorsque ceux-ci ne sont pas encore entièrement formés[83].

Le principe vital demeure en tout cas un principe téléonomique uniquement régulatif : il n'affirme pas l'existence d'une substance métaphysique comme substrat de la vie, mais il indique la nécessité d'adopter un *point de vue* qui permette de comprendre le sens des différents processus de coordination et d'en expliquer l'intégration harmonieuse dans une totalité complexe et structurée. Dans la construction de ce point de vue, le concept de *sympathie organique* apparaît décisif et, distinct du concept stahlien de *synergie*, il représente un élément crucial de la physiologie de Barthez. Tandis que la synergie découle du concours de différents organes à exercer une fonction vitale ou

[81] *Ibid.*, p. 47-57.
[82] *Ibid.*, p. 108-109.
[83] *Ibid.*, p. 101-102.

à causer un genre de maladie, la sympathie se produit également entre des organes qui n'entretiennent aucune relation apparente et qui décèlent même une profonde influence réciproque ; de plus, les rapports de sympathie relient chaque organe au reste de l'organisme, instituant une « liaison universelle » entre les forces motrices et les forces sensitives qui agissent dans toutes les parties du corps[84]. Si l'interdépendance des forces motrices et sensitives constitue déjà l'unité dynamique du corps vivant, les phénomènes de sympathie outrepassent les bornes d'activité strictement corrélatives d'un simple agencement anatomique[85]. La sympathie organique semble donc conforme à un type de légalité *sui generis*, qui n'exclut pas une grande diversité dans ses effets. Barthez en tente une phénoménologie en dressant la liste de toutes les formes possibles de sympathie ; du reste, il apparaît ici une autre retombée de la notion de principe vital : assurer une marge de spontanéité à l'activité physiologique afin qu'elle ne puisse absolument pas être réduite à l'action d'une machine. Et précisément en analysant les formes de sympathie organique, Barthez confirme la nécessité de considérer l'organisme (et notamment l'organisme humain) non pas « comme un ouvrage de Mécanique, ou comme une Machine Hydraulique », mais comme « un Être *essentiellement animé* par des forces Vitales dont l'action est soumise à des lois primordiales de sympathie ou de synergie »[86]. Une machine aussi peut comporter la présence de parties différenciées qui collaborent au fonctionnement du tout ; ce qu'elle ne peut en aucun cas comporter, c'est la présence d'une finalité interne, d'un ordre qui revêt les caractères de la spontanéité.

---

[84] *Nouveaux éléments*, t. II, p. 1.

[85] Barthez écrit : « La sympathie particulière de deux organes a lieu, lorsqu'une affection de l'un occasionne sensiblement et fréquemment une affection correspondante de l'autre ; sans que cette succession puisse être rapportée au hazard, au mécanisme des organes, ni à leur concours d'action dans une forme générique de fonction ou d'affection du corps vivant » (*ibid.*, p. 1-2). Voir à ce propos Fr. Duchesneau, *La Physiologie des Lumières*, *op. cit.*, p. 396.

[86] *Nouveaux éléments*, t. II, p. 11-12. Souligné par nous-mêmes.

Il se profile ainsi un modèle théorique dont il est impossible de ne pas voir l'analogie avec la définition contemporaine du beau comme « unité dans la diversité »[87]. L'analogie est renforcée par le fait que, dans les deux cas, l'idée d'unité dans la diversité se soude à celle de conformité des moyens à une fin : un objet beau n'est pas un simple agencement des parties, mais une diversité des parties qui ne compromet pas l'harmonie de l'ensemble, chacune d'elles concourant spontanément à atteindre le même but[88] ; pareillement, un organisme sain ne se réduit pas à de simples connexions structurales, mais il ne fonctionne que si les parties qui le constituent et les forces qui l'animent s'intègrent harmonieusement les unes aux autres, si chaque activité concourt au développement et à la conservation de l'organisme tout entier.

Du reste, la présence d'un modèle esthétique émerge dans les *Nouveaux éléments*, quand Barthez souligne l'importance de la contribution de l'anatomie comparée pour une évaluation correcte du rapport entre structures et fonctions organiques. Si nous nous limitons à considérer ce rapport dans l'organisme humain, probablement la conformité des moyens à une fin nous échappera : souvent le dessin qui a sous-tendu à la conformation d'un organe n'est qu'ébauché, et nous pouvons donc l'attribuer au hasard et n'y voir aucune utilité. Par contre, si nous confrontons les structures du corps humain et celles qui sont présentes dans les différentes espèces animales, nous nous rendons compte qu'une extrême simplicité des fins se combine avec une immense diversité des moyens : les mêmes analogies

---

[87] La formule du beau comme « unité dans la diversité », empruntée à Saint Augustin, avait été exploitée par Jean-Pierre de Crousaz dans le *Traité du beau* (1714), en se fondant sur un rationalisme d'inspiration aussi bien cartésienne que leibnizienne. Elle avait eu une chance inouïe dans la réflexion esthétique du XVIIIe siècle, où elle avait été utilisée également dans le cadre de différentes perspectives théoriques (voir E. Migliorini, *Studi sul pensiero estetico del Settecento*, Firenze, Fiorino, 1966, p. 78-90 ; S. Malinowski-Charles, « Entre rationalisme et subjectivisme. L'esthétique de Jean-Pierre de Crousaz », *Revue de Théologie et de Philosophie*, CXXXVI, 1, 2004, p. 7-21).

[88] Cf. J.-P. de Crousaz, *Traité du Beau*, 2e éd. revue et augmentée, 2 vol., Amsterdam, L'Honoré & Chatelain, 1724 (Genève, Slatkine Repr., 1970), t. I, p. 17-26 et 72-100, où l'exemple choisi est celui du corps humain.

structurelles paraissent compatibles avec une série de transformations dans la grandeur ou dans la forme d'un organe, qui sont dues aux exigences fonctionnelles de chaque type d'organisme animal. Ainsi, « le dessein fondamental se découvre par cette diversité d'exécution »[89]. Barthez affirme explicitement que la combinaison de la *simplicité* des fins avec l'immense *variété* des moyens rend beaux les dispositifs anatomiques, en leur attribuant une valeur esthétique supérieure à la perfection présumée inhérente à la forme de chacun des organes. De plus, il compare la nature vivante à un grand tableau que l'on peut admirer dans son intégralité juste en se mettant à la bonne distance : si nous nous approchons trop, nous ne voyons que des traits grossiers et confus ; nous perdons cette vision d'ensemble qui nous permet de voir aussi bien les objets représentés que le dessin plus ample conçu par le peintre.

1.6. *Activité vitale et création géniale*

La *Théorie du beau dans la nature et les arts* est une sorte d'abrégé des études philosophiques et historico-littéraires poursuivies par Barthez dès ses jeunes années. Le volume atteste une maîtrise considérable de la matière, fruit de lectures qui vont des auteurs classiques aux esthéticiens du XVIIIe siècle ; il révèle aussi une certaine originalité[90], à laquelle on doit peut-être sa réédition, en 1895, chez l'éditeur parisien Vigot.

Il existe un parallélisme entre l'option théorique et méthodologique qui introduit les *Nouveaux éléments* et celle par laquelle commence la *Théorie du beau*. Ici aussi on adopte une perspective de matrice empiriste : Barthez cite Henry Home, mais les termes dans lesquels la question est présentée évoquent les thèses exposées par David Hume dans *La Règle du goût*[91].

[89] *Nouveaux éléments*, t. I, p. 38.

[90] Comme le constate T.M. Mustoxidi, *Histoire de l'esthétique française 1770-1900*, Paris, Honoré Champion, 1920, p. 84-86.

[91] D. Hume, *Of the Standard of Taste* (1757), dans *The Philosophical Works of David Hume*, t. III, édition établie par T.H. Green, T.H. Grose, Darmstadt, Scientia Verlag Aalen, 1964.

Barthez affirme en effet que la beauté n'existe pas en soi, mais seulement dans le sentiment que nous en éprouvons, car elle représente une qualité relative et secondaire de certains objets (comme le chaud et le froid)[92]. Par conséquent, il critique la tentative – commune aux philosophes anciens et modernes – de fixer a priori une définition universelle du beau, estimant plus approprié de déterminer les conditions particulières auxquelles doivent se conformer plusieurs types d'objets pour pouvoir stimuler en nous le sentiment de leur beauté[93]. Bien que l'on propose d'établir des constantes, des connexions qui se répètent régulièrement, aussi bien dans l'étude des organismes vivants que dans celle du beau, il faut se reporter à l'expérience et suivre la méthode d'observation.

Une autre analogie entre les deux essais concerne l'exigence, qui leur est commune, de garantir l'autonomie des objets d'enquête respectifs. De même qu'il refuse d'assimiler les lois de la vie à celles de la nature inerte, Barthez insiste sur la nécessité de distinguer le beau de l'agréable et le sentiment qui l'accompagne de la simple sensation ; en même temps, il conteste l'opinion (typique de l'école leibnizienne-wolffienne) selon laquelle la beauté consisterait en la perfection de l'objet. L'attention doit au contraire se concentrer sur le *sentiment* du beau qui, contrairement au beau lui-même, possède une consistance réelle, puisqu'il est effectivement capable de toucher l'âme dans certaines circonstances en présence d'objets définis. Maintenant, comment expliquer ce sentiment ? Comment identifier ces objets et ces circonstances ? Autrement dit, comment tracer un plan unitaire qui – sans déboucher sur un rationalisme abstrait – justifierait une approche théorique, et non seulement pragmatique, du problème du beau ?

Pour répondre à ces questions, Barthez fait un bilan critique des principales positions qui avaient caractérisé la réflexion esthétique du XVIIIe siècle, en citant des auteurs français tels que Crousaz, André et Batteux, mais également des théoriciens britanniques (Francis Hutcheson, Henry Home, Edmund Burke)

---

92 P.-J. Barthez, *Théorie du beau dans la nature et les arts*, *op. cit.*, p. 59.
93 *Ibid.*, p. 63-64.

et allemands (Christian Wolff, Alexander Baumgarten, Moses Mendelssohn, Johann Sulzer)[94]. Il refuse l'idée, avancée par Hutcheson[95], d'un sens intérieur qui nous permettrait d'éprouver du plaisir lorsque nous entrons en contact avec quelque chose de beau, considérant cette idée comme un obstacle à la reconnaissance d'une différence de nature entre le sentiment du beau et la sensation : ce sentiment exige la coprésence d'une multiplicité de sensations, qui doivent être agréables, liées aux sens de la vue et de l'ouïe, et capables d'impliquer les différentes facultés de l'âme (l'imagination, l'intelligence et la sensibilité morale). Bien que ces sensations varient d'un individu à l'autre et d'un peuple à l'autre, il existe une prédisposition innée au sentiment du beau, qui dépend de la structure psychophysique de l'homme ; le sentiment du beau doit donc être distingué du goût, qui est dû à une réflexion prolongée, à l'habitude de raisonner sur les œuvres d'art et à émettre des jugements sur leur valeur. De même, le sentiment du beau ne se développe que dans l'état de société, reflétant le progrès historico-culturel atteint par une certaine époque et une certaine civilisation ; lui aussi évolue par degrés, tirant profit du commerce assidu avec les beautés littéraires et artistiques. Ce que Barthez entend souligner c'est que nous pouvons sentir la beauté d'une œuvre d'art, même si nous n'avons pas la compétence pour la juger.

Apparemment, nous sommes près de l'approche de Du Bos ; en réalité, la sensibilité esthétique n'est pas dissociée de la connaissance tout court, mais plutôt d'une connaissance spécialisée ; d'une manière analogue, le sentiment du beau n'est pas dissocié de chaque genre de jugement, mais plutôt d'un jugement lié à l'érudition. À certains égards, la position de Barthez est plus proche de celle de Burke, qui avait distingué

[94] En ce qui concerne les théories esthétiques élaborées dans la première moitié du XVIIIe siècle (et notamment les théories de Crousaz, André, Batteux, Wolff et Hutcheson), Barthez semble remonter aux critiques que Diderot leur avait formulées dans l'article « Beau » de l'*Encyclopédie.*

[95] Cf. F. Hutcheson, *An Inquiry into the Original of Our Ideas of Beauty and Virtue in Two Treatises* (1725), édition établie par W. Leidhold, Indianapolis, Liberty Fund, 2008.

une évaluation immédiate et spontanée d'une évaluation médiate et réflexive, ou un goût en tant qu'aptitude naturelle d'un goût basé sur un certain patrimoine de connaissances[96]. Tout comme Burke, Barthez refuse la thèse émotionnaliste : le sentiment du beau n'est pas une simple réaction émotive, autrement, toutes les réactions seraient légitimes et on glisserait dans un relativisme sceptique. Cependant, alors que Burke ramène la composante objective du goût à l'uniformité des sens, c'est-à-dire à une structure psychophysique commune à tous les hommes[97], Barthez affirme que le sentiment du beau naît du rapport entre un sujet et un objet, c'est-à-dire entre cette structure psychophysique-là et certains caractères présents dans les objets qui nous semblent beaux. Pour préciser ces caractères, et les réactions qu'ils suscitent, il reprend certaines théories rationalistes dont il avait déjà critiqué les ambitions d'universalité : une fois dépouillées de leur dogmatisme, elles peuvent suggérer quelques critères selon lesquels identifier les causes qui produisent le plus fréquemment le sentiment du beau.

Barthez récupère en premier lieu la théorie du beau comme unité dans la diversité, dont il sonde les applications dans la musique et dans les arts visuels. En analysant les combinaisons de sons qui sont agréables à l'ouïe dans leurs accords (l'harmonie) et dans leurs successions (les modulations de la mélodie), il y trouve une caractéristique de fond : la compé-

[96] Cf. E. Burke, *A Philosophical Enquiry into the Origin of Our Ideas of the Sublime and Beautiful* (1759^2), édition établie par J.T. Boulton, London, Routledge and Kegan Paul, 1958. Barthez cite l'*Introduction on Taste*, qui avait été ajoutée à l'*Enquiry* dans la seconde édition de 1759, mais il critique le fait qu'on assimile le sentiment du beau au jugement de goût (P.-J. Barthez, *Théorie du beau dans la nature et les arts*, *op. cit.*, p. 72). Barthez critique aussi la distinction – que fait Burke – entre le beau et le sublime, ainsi que le lien privilégié institué entre ce dernier et certains spectacles de la nature : à son avis, le sublime représente au contraire le plus haut degré de la beauté qui peut être atteint par les arts et en particulier par la poésie (*ibid.*, p. 294).

[97] Sur la recherche, menée par la réflexion esthétique du XVIIIe siècle, d'une règle du goût capable d'en atténuer l'aspect arbitraire, la nature instable et subjective, cf. G. Morpurgo-Tagliabue, *Il Gusto nell'estetica del Settecento*, Palermo, Aesthetica - Supplementa, 2002.

nétration des différents sons que la présence du rythme rend encore plus unie. Barthez adopte la formule déjà utilisée pour désigner l'union entre les parties du corps nécessaire pour en assurer la fonctionnalité[98] : il observe que les sons d'une mélodie se rappellent les uns les autres en vertu d'une « intime correspondance »[99] ; la variété des modulations qui, autrement, produirait un effet chaotique, est ainsi facilement saisie tant par le sens de l'ouïe que par les facultés de l'âme. Le même principe s'étend aux arts visuels, où les combinaisons de formes, couleurs et proportions doivent tout de même produire des ensembles harmonieux, dans lesquels la diversité des éléments en jeu s'accorde avec leur unité. Dans de nombreux cas cependant, la conjonction diversité-unité ne suffit pas à nous faire considérer comme beau un objet : l'erreur de Crousaz consiste donc à attribuer à ce principe un statut absolu et objectif. Semblablement, Barthez accepte l'idée d'un lien possible entre beauté et perfection, donc d'un sentiment du beau étroitement lié à la sphère du savoir, pourvu qu'il soit circonscrit aux cas dans lesquels nous connaissons effectivement la destination d'un objet : c'est ce qui se passe avec les organismes vivants, qui nous apparaissent souvent beaux précisément en raison de leur fonctionnalité. Du reste, dans ce cas aussi il y a des exceptions : il existe des parties de l'organisme ou des espèces entières d'animaux qui nous semblent laides même en dépit du fait que la conformation des organes est avantageuse pour l'accomplissement des différentes fonctions. Plus généralement, il faut redimensionner l'importance attribuée aux caractères objectifs du beau, reconnaissant le rôle joué par la génialité de l'artiste, par sa créativité.

Ce dernier aspect est exploré dans le troisième chapitre de la *Théorie du beau*, où Barthez reprend de façon critique les thèses de Batteux. Il ne faut pas croire que tous les arts se proposent d'imiter la nature : les seuls arts imitatifs sont la peinture et la sculpture ; il ne faut pas croire non plus que toutes les règles de la peinture et de la sculpture se réduisent à tromper le regard à

---

[98] *Nouveaux éléments*, t. I, p. 108.

[99] P.-J. Barthez, *Théorie du beau dans la nature et les arts*, *op. cit.*, p. 80.

travers la ressemblance, à le convaincre que l'objet représenté est réel. L'imitation artistique a la particularité d'associer à la fidélité de la représentation une beauté idéale, générée par les idées de l'artiste, capable de susciter une émotion plus grande que celle que nous éprouverions en présence de l'objet imité[100]. Batteux lui-même n'entendait pas réduire l'art à une simple copie : la réalité à imiter était en effet une « belle nature » c'est-à-dire une nature dont on devait sélectionner les traits les plus exemplaires et significatifs. On constatait cependant chez lui une oscillation entre l'exigence de s'en tenir à un idéal de beauté objectivement inscrit dans la nature et la possibilité de concevoir l'imitation comme un processus sélectif et constructif. Barthez, au contraire, opte plus franchement pour une imitation créative, soulignant l'originalité de l'artiste-génie et le rendant protagoniste du processus idéalisant[101]. Il n'existe aucun modèle idéal de beauté, commun à tous les objets de la même espèce et présent sous forme innée dans l'esprit de l'artiste ; il existe plutôt des types particuliers de beauté, engendrés par l'imagination de l'artiste par rapport à chaque objet dont il voudrait fournir une représentation. « Le génie de l'artiste peut seul produire ces chefs-d'œuvre, après qu'il a été convenablement préparé »[102].

Par le terme *génie*, l'esthétique du XVIIIe siècle avait indiqué la capacité productive et innovante que demandait la création des œuvres d'art[103]. Barthez semble suivre, en particulier, la caractérisation qui en avait été donnée dans l'article correspondant de l'*Encyclopédie*, où le génie était ramené à « l'étendue de l'esprit, la force de l'imagination, et

[100] *Ibid.*, p. 108.

[101] Peut-être Barthez puise-t-il quelques suggestions dans la pensée esthétique de Diderot qui, dans le *Salon de 1767*, *op. cit.*, avait contesté avec sa théorie du modèle idéal le principe de l'imitation de la belle nature.

[102] P.-J. Barthez, *Théorie du beau dans la nature et les arts*, *op. cit.*, p. 110.

[103] Cf. E. Franzini, *L'estetica del Settecento*, Bologna. Il Mulino, 1995, p. 93-114 ; G. Moretti, *Il Genio*, Bologna, Il Mulino, 1998 ; L. Russo (éd.), *Il Genio. Storia di un'idea estetica*, Palermo, Aesthetica Edizioni, 2008.

l'activité de l'âme »[104]. Par ailleurs, alors que cet article oppose la spontanéité du génie à la conventionalité des règles et du goût, Barthez remarque que la capacité inventive de l'artiste se base sur les connaissances qu'il a acquises au cours de ses études : des connaissances liées aussi bien à l'observation de la nature qu'aux techniques artistiques et aux modalités selon lesquelles certains artistes ont représenté certains objets. Par conséquent, le génie artistique peut produire un type original de beauté même en synthétisant en une seule figure plusieurs formes jugées exemplaires : l'important est qu'il ne se limite pas à assembler mécaniquement chaque segment mais qu'il sache les fusionner dans une totalité organique et unie. En même temps, à travers la critique du principe d'imitation, Barthez s'approche de la notion – typiquement romantique – de la génialité artistique comme capacité de modifier artistiquement la nature[105]. La beauté idéale est engendrée par l'artiste en transformant les traits de l'objet imité ; alors l'imitation ne concernera plus l'objet mais l'image que l'artiste s'en est construit. Du reste, la créativité du génie consiste précisément dans la faculté de connecter d'une nouvelle manière les connaissances apprises, en générant des combinaisons jusque-là inconnues[106]. Pour souligner l'activité secrète d'où provient la création artistique, Barthez institue une analogie avec le processus alchimique qui informe la fonction physiologique de la nutrition :

---

[104] Article « Génie » (1757), *Enc.*, t. VII, p. 582. La critique a désormais établi que l'article, longtemps attribué à Diderot, a été en réalité rédigé par Saint-Lambert, même si Diderot est ensuite intervenu sur le texte pour y apporter une série de variantes (voir M. Modica, « Nota ai testi », dans D. Diderot, J.-B. D'Alembert *et alii*, *L'estetica dell'*Encyclopédie, trad. it. M. Modica, Roma, Editori Riuniti, 1988, p. 67-68).

[105] Pour le lien, dans le débat esthétique français, entre la critique du principe d'imitation et la polarisation du problème du beau sur celui d'une activité artistique conçue comme création originale, nous renvoyons à A. Becq, *Genèse de l'esthétique française moderne. De la Raison classique à l'Imagination créatrice (1680-1814)*, Paris, Albin Michel, 1994.

[106] P.-J. Barthez, *Théorie du beau dans la nature et les arts*, *op. cit.*, p. 111.

Il me semble qu'il se fait dans l'esprit de l'artiste un travail insensible, comme analogue au travail de la nutrition des corps vivants, qui se répète assidûment dans tout le cours de ses études ; que cet esprit, après avoir reçu par les sens diverses idées et de formes et d'expressions de mouvement plus ou moins parfaites, se pénètre de ces idées, et en est profondément modifié ; enfin, qu'il est ainsi disposé à créer des formes et des expressions analogues qui sont d'autant plus belles, qu'il possède à un plus haut degré le génie ou la faculté génératrice de conceptions grandes et nouvelles[107].

De plus, de même que la notion de principe vital rend inutile le recours à des hypothèses métaphysiques, l'idée de création originale permet une approche plus empirique du problème du beau : l'activité créatrice du génie étant reconnue, il n'est plus nécessaire d'hypostasier un beau essentiel, objectif et absolu, et il est possible – sans retomber dans le mimétisme ou dans le sensualisme esthétique – d'apprécier le rôle de l'expérience sensible dans la genèse de la beauté artistique[108].

Cette dernière relation entre les deux paradigmes – esthétique et physiologique – nous semble assez riche en implications sur le plan théorique, où elle va constituer un mélange complexe. D'un côté, le dépassement de la conception mimétique semble se baser sur une autre vision de la nature vivante : une vision qui en accentue le dynamisme, la présence de forces motrices et sensitives coordonnées par un principe vital beaucoup plus libre et imprévisible que les agents physiques, même s'il est capable d'assurer la fonctionnalité correcte des structures organiques. Dans ce sens, imiter la nature veut dire en imiter la capacité productive, la spontanéité réglée, la finalité interne : le tournant romantique qui émerge de certains passages de la *Théorie du beau* semble impliquer l'idée que l'art est, autant que la nature vivante, une force créatrice autonome[109]. De l'autre côté, le dépassement de la conception de la physiologie comme *anatome animata* semble être

---

[107] *Ibid.*, p. 112.

[108] *Ibid.*, p. 113-114.

[109] Cf. P. D'Angelo, *L'estetica del Romanticismo*, Bologna, Il Mulino, 1997.

soutenue par une théorie du beau de plus en plus axée sur l'artistique. Pour Barthez, les nombreux éléments qui concourent à produire le sentiment de beau et l'œuvre d'art ne suffisent à expliquer ni l'un ni l'autre, parce que le véritable principe unifiant c'est l'activité créatrice de l'artiste ; ainsi, les dispositifs anatomiques n'expliquent pas, en soi, l'activité complexe de l'organisme, car les mouvements qui s'y exercent dépendent d'un principe dynamique capable de coordonner les structures sur lesquelles il opère tout en les orientant vers une fin commune. Le principe vital semble conçu sur le modèle du génie artistique, c'est-à-dire d'une activité originale, qu'on ne peut pas réduire au schéma impulsion-réponse ni à l'application mécanique de règles universelles et objectives. De ce point de vue, le fait que Barthez traite du beau naturel seulement après avoir analysé le beau artistique n'est pas privé de sens : la nature ne représente plus une norme pour l'art, mais c'est plutôt ce dernier qui guide l'évaluation esthétique de la nature, dont la beauté implique les mêmes caractères (l'unité dans la diversité, l'ordre, l'harmonie des parties, le rapport moyens-fin) et les mêmes processus (une activité spontanée, qui crée constamment de nouvelles formes) déjà élucidés à propos du beau artistique[110].

En parlant de la beauté des organismes animaux, Barthez cite un passage de la traduction française de l'essai de Hutcheson : « Peut-on s'empêcher d'être surpris de l'unité du mécanisme des animaux, quand on considère la variété presque infinie de leurs mouvements, leur manière de marcher, de courir et de nager, etc., tous mouvements qui s'exécutent par une simple contraction de muscle, laquelle est variée en une infinité de façons différentes pour satisfaire à ces fin ? »[111]. La matrice esthétique de l'image utilisée dans les *Nouveaux éléments*, quand Barthez écrivait qu'un seul principe vital « produit dans

[110] P.-J. Barthez, *Théorie du beau dans la nature et les arts*, *op. cit.*, p. 326-376.

[111] *Ibid.*, p. 338. Cf. F. Hutcheson, *Recherches sur l'origine des idées que nous avons de la beauté et de la vertu*, trad. fr. M.-A. Eidous, 2 vol., Amsterdam, Durand, 1750, t. I, p. 45.

les organes du corps humain une infinité de mouvements nécessaires aux fonctions de la vie »[112] est ainsi confirmée.

1.7. *De Montpellier à Paris*

Comme le remarque Roselyne Rey, les études les plus récentes ont montré l'inconsistance d'une lecture historico-critique opposant le vitalisme des XVIIIe et XIXe siècles à la biologie expérimentale naissante : la même précaution avancée par les maîtres de Montpellier à l'égard de l'expérimentation, à laquelle ils préfèrent la méthode de l'observation, a pour seul objectif de préserver l'intégrité et la spécificité de l'organisme, évitant de plaquer la recherche sur les procédures analytiques (la décomposition des corps dans leurs éléments et leur recomposition) utilisées par les sciences physico-chimiques[113]. Dans ce sens, la caractérisation négative de l'École comme centre conservateur ou réactionnaire est due à un préjugé qui mûrira dans les premières décennies du XIXe, lorsque l'École de Paris, la rivale, tentera d'en disputer le prestige, et qui se renforcera au cours des décennies suivantes, lorsque vitalisme deviendra synonyme d'attitude métaphysique, de fermeture aux méthodologies les plus innovantes et de refus opposé à l'idée d'un déterminisme physiologique. En réalité, si le vitalisme n'était pas sans implications philosophiques (à tel point que ses représentants sont souvent définis comme des *médecins-philosophes*), la physiologie d'inspiration mécaniste se fondait également sur une certaine « métaphysique », sur une théorie générale de l'homme et de la nature : réduire le vital au physique, comme le faisaient de nombreux représentants de l'École de Paris, n'était pas plus scientifique que d'en affirmer la spécificité. Par ailleurs, pendant toute la seconde moitié du XVIIIe siècle, le milieu médical de la capitale sera trop

[112] *Nouveaux éléments*, t. I, p. 108.

[113] R. Rey, « Lignes de force et tendances actuelles des études sur le vitalisme », dans G. Cimino, Fr. Duchesneau (éds), *Vitalisme from Haller to the Cell Theory*, *op. cit.*, p. 19-30.

conditionné par des modèles physico-mécaniques pour pouvoir développer sa propre tradition de recherche et l'École de Montpellier aura un rôle moteur précisément sur le plan de l'innovation théorico-méthodologique, comme en témoigne la forte influence exercée sur Xavier Bichat (1771-1802), acteur principal de la renaissance de l'École de Paris entre le XVIIIe et le XIXe siècle[114].

Grand anatomiste, Bichat est connu surtout pour sa doctrine des *tissus* (selon laquelle l'examen de l'organe n'est qu'un premier pas dans l'identification des structures élémentaires de l'organisation vitale : les tissus, précisément), qui renouvela en profondeur les études anatomiques en jetant les bases aussi bien de l'analyse histologique que de la morphologie fonctionnelle. Mais on a souvent tendance à opposer son activité de savant à son vitalisme, établissant une dichotomie déjà présente dans l'interprétation d'Auguste Comte et de Claude Bernard[115]. Nous estimons au contraire que Bichat permet de réaliser emblématiquement l'union entre le domaine de l'observation expérimentale et l'exigence d'un tableau théorique global des fonctions du vivant : loin d'avoir entravé son activité scientifique, les conceptions vitalistes ont plutôt poussé Bichat à réfléchir sur le sens à attribuer à la décomposition de l'organisme en tissus, sur le type d'organisation prédominante chez ces derniers et sur les fonctions qui leur sont associables. Dans ce but, l'œuvre plus philosophique de Bichat semble décisive, les célèbres *Recherches physiologiques sur la vie et la mort*

---

[114] Sur le plan biographique, Bichat est lié par un rapport indirect avec le milieu de Montpellier : un rapport établi par la médiation de son père qui, précisément dans cette Université, avait suivi les cours de Barthez et s'était diplômé en médecine en 1869. Mais, sur le plan théorique, le rapport est plus étroit à tel point que la majeure partie des chercheurs voient en Bichat un continuateur direct des perspectives de Bordeu et de Barthez, et même celui qui aurait « importé » à Paris le vitalisme de Montpellier : voir notamment G. Canguilhem, « L'École de Montpellier jugée par Auguste Comte » (1961), dans *Études d'histoire et de philosophie des sciences*, *op. cit.*, p. 75-80 ; E.V. Haigh, *Roots of the Vitalism of Xavier Bichat*, The University of Wisconsin, Ph. Dissertation, 1973 ; E.A. Williams, *The Physical and the Moral*, *op. cit.*, p. 73-77.

[115] Voir *infra*, chapitres 2 et 3.

(1800) qui, avec la théorie des *propriétés vitales,* récupèrent un point fondamental du vitalisme de Montpellier : l'exigence de ne pas plaquer l'analyse des processus fonctionnels sur celle des dispositifs organiques. Bien que critiquant le recours à un principe vital[116], Bichat est effectivement convaincu qu'il est nécessaire de relier les activités des différents organes à deux propriétés fondamentales : la sensibilité (ou faculté de recevoir une impression) et la contractilité (ou faculté d'exercer un mouvement). À leur tour, ces deux propriétés se déclinent différemment selon qu'elles concernent la *vie organique* (interne, inconsciente) ou la *vie animale* (externe, de relation).

Bichat insiste également sur la nécessité de reconnaître les caractères originaux du vivant : sa spontanéité, sa capacité de réagir aux forces du monde inorganique, mais aussi l'existence d'une relation fonctionnelle entre les parties de l'organisme, d'un *consensus* absent dans les combinaisons de la nature inerte ; comme d'ailleurs la variabilité des phénomènes vitaux et l'impossibilité qui s'ensuit de les soumettre aux processus quantitatifs utilisés dans l'étude des phénomènes physiques. Grâce à sa réputation de savant rigoureux, Bichat pourra ainsi transmettre à la biologie expérimentale du XIXe siècle l'enseignement principal de l'École de Montpellier : la science des corps organisés ne peut pas copier les théories et les procédures adoptées par les sciences qui ont pour objet les corps inorganiques ; il faut forger des modèles spécifiques et même un langage différent, parce que la majorité des termes que nous importons des sciences physico-chimiques nous suggèrent des idées qui ne s'accordent pas avec les phénomènes du monde végétal ou animal[117].

---

[116] À ce point de vue, Bichat critique aussi bien Stahl que Barthez : cf. X. Bichat, *Recherches physiologiques sur la vie et la mort*, *op. cit.*, p. 61.

[117] *Ibid.*, p. 62-64.

Chapitre II
LA PHILOSOPHIE BIOLOGIQUE DE COMTE

2.1. *Histoire et philosophie de la science*

Le *Cours de philosophie positive* qu'Auguste Comte publie en six volumes en plus de dix ans (1830-1842)[1] poursuit deux objectifs : le premier est scientifique et consiste à fonder un nouveau domaine du savoir – *la physique sociale* – pour compléter le système des « sciences d'observation » en soumettant également les phénomènes du monde humain à des lois naturelles invariables ; le second est philosophique et consiste à définir une systématique rationnelle où les diverses connaissances scientifiques apparaissent « comme autant de branches d'un tronc unique »[2]. Bien que le premier objectif soit une condition nécessaire au second, seul ce dernier caractérise clairement le statut théorique du *Cours*, qui veut être un cours non pas de sciences positives mais de philosophie positive[3] : *philosophie*, c'est-à-dire une réflexion sur les méthodes essentielles et les résultats généraux des sciences capables d'en assurer une vision d'ensemble, de les coordonner tout en

---

[1] A. Comte, *Cours de philosophie positive*, in *Œuvres d'Auguste Comte*, nouv. éd. en 12 volumes, présentée par S. Pérignon, Paris, Éditions Anthropos, 1968-1971, tomes I-VI, réimpr. anastatique de la 5e éd. (identique à la 1re) parue en 1893. Dorénavant, nous ferons référence à cette édition sous l'abréviation *Cours*, suivie de l'indication du tome – dont la numérotation correspond à celle des six volumes de l'édition originale – et du numéro de page.

[2] *Cours*, I, p. 19.

[3] *Ibid*, p. 20.

soulignant l'autonomie de chacune ; *positive*, c'est-à-dire capable d'en déceler l'ordre aussi bien logique qu'historique, conférant à celui-ci le caractère d'une progression nécessaire et irréversible[4].

Dans ce sens, le rapport de complémentarité entre la loi des trois états et la classification hiérarchique des sciences devient plus clair. Dans la première des deux leçons d'introduction au *Cours*, Comte souligne que la philosophie positive est le résultat inévitable d'un développement historique, d'un parcours évolutif de l'intelligence humaine marqué par la succession de trois modèles généraux d'explication de la réalité : un état *théologique* ou fictif, qui équivaut à l'enfance de la raison, où domine la recherche des causes intimes des phénomènes ramenés à l'intervention d'agents surnaturels ; un état *métaphysique* ou abstrait (qui n'est au fond qu'une simple modification du premier et ne sert que de transition au troisième) où les agents surnaturels sont remplacés par des entités conceptuelles tout autant privées de vérification expérimentale ; un état *positif* ou scientifique (qui représente pour Comte la phase désormais proche et conclusive de toute l'évolution intellectuelle) où l'esprit humain, renonçant à connaître les essences des phénomènes, ne prétend plus parvenir à un savoir absolu, conscient qu'il faut s'en tenir aux

---

[4] Les problèmes que pose le *Cours* sont complexes et la bibliographie qui s'y rapporte est très vaste (pour celle-ci, cf. L. Fedi, *Comte*, Paris, Les Belles Lettres, 2000). Sur les thèmes traités dans les deux premiers paragraphes de ce chapitre, voir notamment : P. Arnaud, *La Pensée d'Auguste Comte*, Paris, Bordas, 1969 ; A. Negri, *Augusto Comte e l'umanesimo positivistico*, Roma, Editori Riuniti, 1971 ; P. Macherey, *Comte, la philosophie et les sciences*, Paris, PUF, 1989 ; J. Grange, *La Philosophie d'Auguste Comte : science, politique, religion*, Paris, PUF, 1996 ; A. Kremer-Marietti, *Philosophie des sciences de la nature*, Paris, PUF, 1999 ; M. Bourdeau, F. Chazel, *Auguste Comte et l'idée de science de l'homme*, Paris, L'Harmattan, 2002 ; L. Clauzade, « Auguste Comte et la naturalisation de l'esprit », *Methodos* [En ligne], 2, 2002, mis en ligne le 02 avril 2002, consulté le 08 décembre 2014 (URL : http://methodos.revues.org/61 ; DOI : 10.4000/methodos.61) ; M. Bourdeau, *Les Trois États : science, théologie et métaphysique chez Comte*, Paris, Cerf, 2006. Voir aussi A. Comte, *Cours de philosophie positive : leçons 46-51*, édition réalisée et commentée par M. Bourdeau, L. Clauzade, F. Dupin, Paris, Hermann, 2012.

faits pour n'en rechercher que les rapports constants ou les lois[5]. L'état positif se distingue des précédents par le fait qu'il impose une nouvelle disposition mentale et celle-ci, en se répercutant sur la méthode utilisée pour connaître et sur le choix même des objets à observer, conditionne en même temps chaque branche du savoir et sa globalité, sa systématisation philosophique[6]. Cependant, vu la complexité plus ou moins grande des phénomènes observés, les différents secteurs de la connaissance ne sont pas passés d'un état à l'autre de manière uniforme et ils n'ont pas atteint non plus l'état positif en même temps. Voilà pourquoi la grande loi évolutive de l'esprit humain « ne peut être convenablement entendue, si on ne la combine point dans l'application avec la formule encyclopédique que nous venons d'établir »[7] : seul l'ordre, suivi des sciences dans leur progression, en permet une vérification réelle aussi bien historique qu'épistémologique.

Fruit du « chemin naturel de l'esprit humain », la philosophie positive correspond à l'étape actuelle de son développement : après avoir contrôlé les phénomènes astronomiques, physico-chimiques et biologiques, la science est en train de conquérir les phénomènes intellectuels, moraux et sociaux. Quand ce processus sera achevé, la philosophie positive prendra une forme définitive parce que sa réflexion s'exercera d'un bout

[5] *Cours*, I, p. 3-4.

[6] Toute connaissance, pour être vraiment telle, doit être issue de l'usage combiné du raisonnement et de l'observation. Par suite, un domaine du savoir devient scientifique dans la mesure où l'explication des faits « n'est plus désormais que la liaison établie entre les divers phénomènes particuliers et quelques faits généraux, dont les progrès de la science tendent de plus en plus à diminuer le nombre » (*ibid.*, p. 4). D'ailleurs, « le caractère fondamental de la philosophie positive est de regarder tous les phénomènes comme assujettis à des *lois* naturelles invariables, dont la découverte précise et la réduction au moindre nombre possible sont le but de tous nos efforts, en considérant comme absolument inaccessible et vide de sens pour nous la recherche de ce qu'on appelle les *causes*, soit premières, soit finales » (*ibid.*, p. 11-12). P. Macherey, *Comte, la philosophie et les sciences*, *op. cit.*, p. 32, souligne l'affinité de cette position avec celle de Kant ; mais cf. ce qu'observait déjà Ch. Renouvier, *Essais de critique générale*, t. I : *Analyse générale de la connaissance*, Paris, Ladrange, 1854, p. XV-XVI.

[7] *Cours*, I, p. 83.

à l'autre du système encyclopédique, y découvrant finalement une unité méthodologique et une homogénéité théorique. Et quelle sera la contribution la plus originale de cette réflexion, au-delà de la fonction de coordination du savoir scientifique ? Comte répond à cette question alors qu'il expose les principaux avantages découlant du fait que la philosophie positive s'impose comme explication générale de l'homme et du monde. Un de ces avantages est la possibilité de mettre en lumière les « lois logiques de l'esprit humain », c'est-à-dire les lois de fonctionnement de notre intelligence. En appliquant au domaine spirituel la distinction – formulée par Henri Ducrotay de Blainville par rapport aux études biologiques – entre une approche statique-anatomique et une approche dynamique-physiologique[8], Comte affirme que, du point de vue statique, l'étude des fonctions intellectuelles rentre dans le territoire de la biologie et se résout dans la détermination des conditions organiques (cérébrales) de la pensée. Du point de vue dynamique, en revanche, elle consiste à élucider les opérations effectives de la pensée en examinant les procédés rationnels utilisés avec succès pour obtenir des connaissances exactes. Nous avons donc affaire à un problème philosophique pour lequel s'annonce cependant une solution différente de celle qu'adoptait la philosophie traditionnelle. Cette dernière choisissait généralement la stratégie de l'introspection psychologique, sur la base de la supposition que l'esprit pourrait se contempler directement et obtenir, par une analyse intérieure, une connaissance objective des processus mentaux. En réalité, selon Comte, une connaissance de ce genre ne s'obtient qu'en adoptant un point de vue extérieur : en se déplaçant sur le plan des effets, des faits[9]. Et les vrais faits, dans ce cas, ne sont pas

---

[8] *Ibid.*, p. 27. Cf. H. Ducrotay de Blainville, *De l'organisation des animaux, ou Principes d'anatomie comparée*, 4 vol., Paris, Levrault, 1822, t. I, p. VIII-X.

[9] *Cours*, I, p. 28-33. Bien qu'il polémique en général avec le modèle de l'introspection psychologique, Comte se réfère plus particulièrement à la psychologie éclectique et spiritualiste de Victor Cousin, partisan de l'observation intérieure comme moyen de remonter des phénomènes intellectuels à l'âme et de l'âme à Dieu ; de cette manière, il justifiait le passage de la

les soi-disant « faits de la conscience » mais les différentes théories scientifiques, les méthodes qui en ont assuré la réussite. En réfléchissant sur celles-ci et en les encadrant dans une dimension historique, la philosophie positive peut observer le fonctionnement réel de l'esprit : l'histoire des sciences devient une sorte de « biographie de la raison »[10], dont la valeur épistémologique est assurée par le rapport indissociable qui lie l'étude des méthodes et des domaines de recherche sur lesquels ces méthodes mêmes s'exercent.

Par ailleurs, nous aurons ainsi bien sûr une nouvelle « logique » mais nous n'aurons toujours pas de théorie complète de la connaissance et encore moins d'unification authentique du savoir. Selon Comte, il faut se méfier de l'élaboration d'un modèle abstrait de rationalité qui réduirait tous les phénomènes à une seule loi identique, à un seul et unique principe absolu. Pour sauvegarder la relativité (donc la positivité) de la science, il faut reconnaître l'hétérogénéité des phénomènes, l'existence de plusieurs niveaux de réalité et les insérer dans un ordre structurel qui ne dépende pas exclusivement des opérations du sujet mais également du genre des objets observés. Autrement dit, il s'agit d'unir le principe diachronique de développement (la loi des trois états) et le principe synchronique d'organisation du savoir. La classification hiérarchique des sciences, dont le dessin global est exposé dans la deuxième leçon introductive du *Cours*, satisfait à cette exigence.

2.2. *L'unité systématique du savoir*

En premier lieu, Comte délimite l'espace de la classification qui concernera non pas les sciences appliquées, mais les sciences théoriques et, à l'intérieur de celles-ci, seulement les

---

psychologie à l'ontologie, sur la base de « faits de conscience » immédiatement observés et expérimentés (cf. V. Cousin, *Fragments philosophiques*, Paris, Ladrange, 1833²).

[10] H. Gouhier, « Introduction » aux *Œuvres choisies d'Auguste Comte*, Paris, Aubier-Montaigne, 1943, p. XV.

sciences « abstraites », plus générales et à même de découvrir les lois qui régissent les différents domaines phénoméniques. Ensuite, il distingue deux manières de considérer les sciences fondamentales et les connaissances humaines dans leur ensemble : un ordre *historique*, progressif et descriptif, qui essaie de reconstruire les différentes étapes suivies par chaque science dans l'arc de son développement, et un ordre *logique*, qui consiste à récapituler ce processus à la lumière des relations intérieures qui le rendent intelligible, en lui fournissant un sens non plus chronologique mais philosophique. Bien sûr, l'ordre logique n'annule pas l'ordre historique. Il le soumet plutôt à cette perspective épistémologique qui constitue l'inspiration la plus profonde de la philosophie positive. C'est un ordre logique qui fonde la série encyclopédique sur la « dépendance réelle des diverses études scientifiques », découlant à son tour des relations entre les phénomènes correspondants[11] : plus les phénomènes sont généraux, plus ils sont indépendants de tous les autres ; vice-versa, plus les phénomènes sont complexes, plus ils dépendent de ceux qui les précèdent dans l'ordre de succession logique (et qui ont reçu les premiers une définition positive[12]), donc ils doivent être étudiés après eux. Les sciences sont aussi classées selon le double critère de la généralité décroissante et de la complexité croissante de leurs objets, le long d'une ligne caractérisée par la diminution progressive du caractère abstrait et du degré de prévision au fur et à mesure qu'augmentent le concret et le degré de proximité du monde de l'homme. Voyons maintenant comment se construit l'échelle encyclopédique, selon quelles partitions et quels rapports de dépendance.

Comte opère une première subdivision entre deux grandes classes de phénomènes naturels : organiques et inorganiques.

---

[11] *Cours*, I, p. 71.

[12] Quant à leur ordre historique, les sciences fondamentales sont également soumises à une évolution graduelle qui va de l'état théologique à l'état positif, selon des temps et des modalités qui diffèrent en fonction de leur plus ou moins généralité : c'est pourquoi la science mathématique se situe historiquement – et non seulement logiquement – à la première place, et la physique sociale à la dernière (cf. *ibid.*, p. 69).

En effet, « on observe dans les corps vivants tous les phénomènes, soit mécaniques, soit chimiques, qui ont lieu dans les corps bruts, plus un ordre tout spécial de phénomènes, les phénomènes vitaux proprement dits, ceux qui tiennent à l'*organisation* »[13]. Il y a une différence objective entre phénomènes inorganiques et phénomènes organiques : ces derniers ont une complexité et une spécificité supérieures qui obligent logiquement à diviser la philosophie naturelle en deux branches fondamentales – la *physique inorganique* et la *physique organique*. On a remarqué que cette distinction possède un sens épistémologique et non ontologique : il ne s'agirait pas de séparer la réalité en deux ordres d'existence opposés, dotés de lois complètement différentes et d'une autonomie absolue, mais de faire ressortir le problème spécifique de la nature vivante et l'autonomie relative de son domaine de recherche[14].

Déjà, le fait que les phénomènes physiologiques soient étudiés après les phénomènes inorganiques indique que les premiers ne peuvent pas être réduits aux seconds, mais qu'ils en dépendent, aussi bien de leurs lois que de leurs conditions générales. De plus, en se référant au débat qui était alors en cours entre réductionnistes et vitalistes, Comte souligne que la philosophie positive ne peut et n'entend établir s'il existe ou non une différence *essentielle* entre des corps organisés (pourvus de structures ordonnées et homogènes) et des corps bruts. Du reste, même si nous parvenions à démontrer que les phénomènes physiologiques se réduisent complètement à leurs conditions physico-chimiques, la distinction entre les deux cadres d'études serait toujours valable, parce que nous ne pourrions pas nier leur différence sur le plan du rapport général/particulier, simple/complexe. Cela n'empêche pas Comte de définir les phénomènes de la nature vivante comme « un ordre tout spécial de phénomènes » caractérisé par l'organisation. Or, entre *spécial* et *original* il n'y a qu'un pas, distance que réduit davantage l'adverbe *tout*. En renvoyant la discussion de ce problème aux paragraphes suivants, nous nous

[13] *Ibid.*, p. 73.

[14] P. Machery, *Comte, la philosophie et les sciences*, *op. cit.*, p. 101-104.

limitons à signaler que la fracture la plus significative au sein de la philosophie naturelle coïncide à la ligne de séparation entre les phénomènes inorganiques et organiques. C'est à l'intérieur de ces deux branches que Comte établira d'autres subdivisions correspondant enfin aux différentes sciences fondamentales.

La physique inorganique peut être subdivisée en deux sections distinctes : la physique céleste, ou astronomie, qui étudie les phénomènes généraux de l'univers, et la physique terrestre qui étudie les phénomènes les plus particuliers de notre planète. Dans ce cas encore, le critère suit le degré de généralité des phénomènes étudiés : les phénomènes astronomiques étant les plus généraux (donc également les plus simples et abstraits) la physique céleste constitue le point de départ de la philosophie naturelle. Par conséquent, ses lois conditionneront immédiatement les phénomènes situés à l'échelon suivant – ceux de la physique terrestre – et indirectement tous les autres genres de phénomènes (cela est valable pour chaque degré de l'échelle, ce qui assure l'enchaînement logique entre les différents niveaux de réalité et entre les différentes sections du savoir). La physique terrestre est à son tour subdivisée en physique proprement dite et en chimie, « selon qu'elle envisage les corps sous le point de vue mécanique, ou sous le point de vue chimique »[15]. Le principe de subdivision reste inchangé et d'ailleurs, on ne peut pas ne pas remarquer qu'il s'adapte mieux aux subdivisions internes de la physique inorganique qu'à la « grande division » entre cette dernière et la physique organique. Dans les limites de la physique inorganique, un critère quantitatif prévaut incontestablement : qu'est-ce qui distingue l'astronomie, la physique et la chimie si ce n'est le point de vue plus ou moins simple, le nombre plus ou moins grand de « circonstances déterminantes » qui agissent sur les objets observés respectifs[16] ? Même si Comte insiste sur

[15] *Cours*, I, p. 76.

[16] *Ibidem*. « Dans tous les phénomènes de la physique terrestre, on observe d'abord les effets généraux de la gravitation universelle, plus quelques autres effets qui leur sont propres et qui modifient les premiers. Il s'ensuit que, lorsqu'on analyse le phénomène terrestre le plus simple, non seulement en prenant un phénomène chimique, mais en choisissant même un

l'hétérogénéité des phénomènes astronomiques, physiques et chimiques (ainsi que sur l'autonomie des sciences correspondantes), il existe une gradation insensible des uns aux autres qui en consacre la continuité essentielle.

Il n'en va pas de même en revanche dans la physique organique où prévaut de nouveau un critère plus qualitatif : la distinction entre deux ordres de phénomènes, l'un concernant l'individu (objet d'étude de la physiologie) et l'autre l'espèce humaine (objet d'étude de la physique sociale). Comte affirme que, bien que la physique sociale dépende de la physiologie et soit fondée sur elle, leurs phénomènes « ne sont point identiques, et la séparation des deux sciences est d'une importance vraiment fondamentale »[17]. Ces mots, dans lesquels se reflète le souci d'assurer à la physique sociale en voie de constitution un statut autonome et un rôle crucial, apparaissent tout autant motivés par le vaste terrain de recherche accordé à la physiologie : la connaissance des lois de la vie, que celle-ci soit animale ou végétale. Mais, puisque les conditions sociales modifient l'action des lois physiologiques, il serait impossible de traiter l'étude de l'espèce comme un appendice de l'étude de l'individu biologique. La physique sociale sera la seule science qui étudiera exclusivement l'existence de l'homme et en explorera les structures et les dynamiques collectives dans des sociétés historiquement définies.

Il reste à établir la fonction réservée à la science mathématique, que Comte a jusqu'à présent omise intentionnellement du système encyclopédique, bien qu'elle en constitue la base authentique. Comte explique cette omission par la particularité de cette discipline : dans sa partie concrète (la géométrie et la mécanique rationnelle), elle est une science naturelle comme toutes les autres et occupe le premier degré de l'échelle hiérarchique uniquement en vertu de l'extrême généralité de ses objets (les phénomènes quelconques, avant toute autre éventuelle définition) ; dans sa partie abstraite (les procédures de

---

phénomène purement mécanique, on le trouve constamment plus composé que le phénomène céleste le plus compliqué » (*ibid.*, p. 75).

[17] *Ibid.*, p. 78.

calcul), elle représente en revanche l'outil méthodologique par excellence, le plus puissant que l'intelligence humaine ait à disposition dans l'étude des phénomènes naturels[18]. Cela soulève inévitablement une question de fond : la possibilité d'étendre les procédures de calcul à tous les secteurs scientifiques fait-elle de la science mathématique le modèle universel de tout le savoir ? En d'autres termes, l'exigence d'unifier les sciences dans une systématique rationnelle ne comporte-t-elle pas une mathématisation du réel, une réduction de celui-ci à des rapports purement quantitatifs ?

Dans les pages qui précèdent les brèves considérations sur la science mathématique, Comte opère une longue réflexion méthodologique qui peut éclairer ce problème. Il affirme que le degré de précision des différentes sciences dépend de leur degré de généralité et de simplicité. Par conséquent, la possibilité d'appliquer l'analyse mathématique à l'étude des différents phénomènes se trouve exactement déterminée par le rang qu'occupent ces phénomènes mêmes dans l'échelle encyclopédique[19]. Comte avertit toutefois que cela ne veut pas dire que quelques sciences seulement (celles qui rentrent dans la physique inorganique) peuvent utiliser une méthode vraiment positive. En distinguant la précision de la certitude, il observe que chaque science peut offrir des résultats certains, pourvu que ses conclusions se basent sur des faits bien établis. Le point est que, si l'objectif est le même, les manières de l'atteindre changent : la méthode positive ne correspond pas à la méthode mathématique mais à l'ensemble des procédures (du calcul à l'observation, de l'expérimentation à la comparaison) qui sont activées par le savoir scientifique dans son ensemble. Chacune d'elles trouve dans une certaine science son champ d'application privilégié, le modèle exemplaire dont il faut tenir compte si on veut éventuellement l'extrapoler. La position d'hégémonie de la science mathématique dépend du fait que sa

---

[18] *Ibid.*, p. 92. Comme le précisera la troisième leçon du *Cours*, « sous le point de vue purement logique, cette science est, par elle-même, nécessairement et rigoureusement universelle » (*ibid.*, p. 121).

[19] *Ibid.*, p. 84.

méthode, hautement formalisée, est particulièrement extrapolable et fournit d'ailleurs le point de départ, la base commune, des différentes entreprises scientifiques. Sur le plan de l'éducation positive, elle détient une fonction propédeutique parce qu'un savant ne peut pas savoir ce qu'est une loi ou un raisonnement logique tant qu'il n'en a pas considéré les exemples parfaits, ceux que seule la science la plus « simple » peut montrer. Cependant, une fois qu'il a achevé sa formation, le savant devra se concentrer sur son domaine de recherche et élaborer ou sélectionner les procédures les plus adéquates. Autrement, les six sciences fondamentales n'auraient pas de réelle autonomie à travers et au-delà de leurs rapports essentiels de dépendance.

L'unité systématique du savoir ne consistera pas, par conséquent, en une imposition de modèle de rationalité abstraite, mais en une hiérarchie naturelle et invariable des phénomènes, en une connexion *organique* des connaissances, assurée par leur ordre logique et historique. Nous verrons que la classification comtienne des sciences semble sous-tendre un modèle biologique qui aboutira à une explicitation dans la quarantième leçon du *Cours*, lorsque les rapports de dépendance ne suivront plus un ordre rigoureusement univoque et que les différents secteurs apparaîtront vraiment « comme autant de branches d'un tronc unique ».

2.3. *La nouvelle science biologique*

> Depuis environ un siècle que la biologie fait effort pour se constituer dans la hiérarchie rationnelle des sciences fondamentales, elle a été en quelque sorte incessamment ballottée entre la métaphysique qui s'efforçait de la retenir et la physique qui tentait de l'absorber, entre l'esprit de Stahl et l'esprit de Boerhaave. Ce déplorable tiraillement, qui est encore très sensible, quoique heureusement fort atténué, ne saurait être entièrement dissipé que par un examen direct du vrai caractère de la science biologique [...][20].

[20] *Cours*, III, p. 213-214.

Ce passage, au début de la quarantième leçon du *Cours* (la première des six dédiées à l'exposition de la philosophie biologique), résume d'une manière exemplaire les exigences complexes qui sollicitent la réflexion comtienne : définir le caractère positif de la biologie en l'insérant dans le système encyclopédique des sciences fondamentales ; en souligner le statut autonome, qui est encore problématique et incertain ; la soustraire aux spéculations métaphysiques aussi bien qu'aux ambitions annexionnistes des sciences inorganiques, c'est-à-dire à l'alternative stérile entre vitalisme et mécanisme[21]. En renvoyant aux leçons suivantes l'examen de questions plus détaillées, Comte entend s'arrêter sur l'« ensemble de la biologie », pour en définir les objets, les structures et les objectifs théoriques, les outils méthodologiques.

À ce propos, l'utilisation du terme *biologie* est significatif, mot créé simultanément et séparément par Lamarck et par Trevinarus en 1802, mais encore peu diffusé dans la culture scientifique de l'époque ; en l'utilisant pour désigner la science générale du vivant et comprendre dans son vaste contexte un grand nombre de sujets jusqu'alors séparés, Comte en accélère la diffusion, scellant en même temps l'autonomie et la spécificité de ce domaine de recherche[22]. L'adoption du terme, qui n'apparaissait pas dans les leçons introductives du *Cours*, est également le signe d'une nouvelle démarche[23], dans laquelle se reflète la familiarité croissante de Comte avec les études de quelques-uns des plus grands anatomistes et physiologistes de son temps – de Blainville à Lamarck, de Barthez à Bichat, d'Étienne Geoffroy Saint-Hilaire à Cuvier. Comme l'a observé Paul Tannery, la philosophie de Comte est plus contemporaine

---

[21] Voir à ce sujet J.-F. Braunstein, *La Philosophie de la médecine d'Auguste Comte*, Paris, PUF, 2009 ; L. Clauzade, *L'Organe de la pensée, biologie et philosophie chez Auguste Comte*, Besançon, Presses Universitaires de Franche-Comté, 2009.

[22] R.. Morgue, *La Philosophie biologique d'Auguste Comte*, Lyon, A. Rey, 1909.

[23] Par ailleurs, le tome III du *Cours de philosophie positive* (tome contenant l'exposition de la philosophie biologique) paraît en 1838, c'est-à-dire huit ans après la parution du tome I.

de la science du temps pour ce qui concerne la biologie, où il s'est forgé une instruction sur des connaissances de première main, que pour ce qui concerne les mathématiques et la physique, où il s'en est remis à la formation reçue pendant ses années de Polytechnique. Dans ce sens, la science biologique serait le secteur où la contribution de la philosophie positive apparaît plus originale et son influence plus importante[24]. En effet, Comte suit plusieurs fois des cours d'anatomie et de physiologie : en 1816, à la faculté de Médecine de Montpellier, où l'enseignement de Jacques Lordat lui permet de se familiariser avec la doctrine de Barthez, et de 1829 à 1832 à Paris, avec Blainville, représentant d'une adresse antifonctionnaliste qui rejette le vitalisme montpelliérain, le jugeant substantiellement identique à l'animisme de Stahl. C'est Blainville qui sera, en biologie, le véritable maître de Comte, mais celui-ci montrera toujours une capacité de jugement autonome, jusqu'à récupérer plusieurs sollicitations théoriques et méthodologiques de matrice vitaliste[25].

L'objectif préliminaire de la quarantième leçon est de fixer les fondements, la nature, les limites et les conditions de validité de la biologie, en soulignant les critères généraux qui permettent de distinguer les jugements scientifiques des jugements théologiques et métaphysiques. Conformément aux principes de la classification encyclopédique, Comte expose la philosophie biologique après avoir tout dit des mathématiques, de la physique et de la chimie. Il sent le besoin de confirmer la subordination de la biologie à la physique inorganique, précisant qu'il ne s'agit pas seulement d'une question de hiérarchie mais également du « premier fondement nécessaire de sa positivité rationnelle ». Il existe en effet deux modèles opposés de recherche philosophique : l'un, théologique ou métaphysique, qui prend l'homme comme point de départ, comme principe d'explication des phénomènes naturels (par

[24] P. Tannery, « Auguste Comte et l'Histoire des sciences », *Revue Générale des Sciences*, 16, 1905, p. 410-417.

[25] G. Canguilhem, « L'École de Montpellier jugée par Auguste Comte », *loc. cit.*

exemple, en anthropomorphisant le monde jusqu'à concevoir les évènements comme les reflets de certaines volontés) et l'autre, positif, qui explique l'homme à partir du monde, à la lumière des lois naturelles tirées de l'étude des phénomènes extérieurs. Jusqu'au début du dix-neuvième siècle, la biologie est restée liée au premier modèle de recherche, exprimant l'idée d'une autonomie totale du vivant : Comte cite le *grand* Bichat (épithète dont il fait toujours précéder le nom de ce savant), mais la référence à l'« esprit de Stahl », plus bas dans le texte, indique qu'il pense à l'école vitaliste dans son ensemble, qui explique la vie à partir de forces ou de propriétés vitales sans tenir compte des processus physico-chimiques du monde inorganique[26]. Bien que défendant à son tour l'originalité scientifique de la discipline, il estime que la biologie a pris le chemin de la recherche positive uniquement « depuis l'époque, presque contemporaine, où les phénomènes vitaux ont enfin été regardés comme assujettis aux lois générales, dont ils ne présentent que de simples modifications »[27]. L'affirmation est forte : si les phénomènes organiques n'obéissent pas à des lois spécifiques, qu'est-ce qui empêche de les expliquer d'un point de vue mécaniste ? En réalité, Comte n'entend pas proposer de nouveau l'« esprit de Boerhaave », mais assimiler la science du vivant aux autres disciplines positives, évitant que son imperfection (due à l'extrême complexité de ses objets) ne soit considérée comme une difficulté insurmontable. Lorsqu'à la fin de la leçon on précisera les rapports entre la biologie et les sciences qui la précèdent dans la hiérarchie, la dépendance sera contrebalancée par la spécificité du domaine de recherche.

Comte est conscient que la biologie ne s'est pas encore coupée de la médecine et de l'histoire naturelle et qu'elle n'a pas atteint le statut de discipline pleinement autonome et suffisamment institutionnalisé au sein de la communauté scienti-

---

[26] Comme nous le verrons aux pages suivantes, Comte accentue le lien entre Bichat et le vitalisme montpelliérain ; cette option, qui d'un point de vue historiographique semble aujourd'hui un peu restrictive, lui permet de remonter – à travers Bichat – à Barthez, c'est-à-dire à une image de l'organisme et de sa fonctionnalité complexe dont il reconnaît la valeur théorique.

[27] *Cours*, III, p. 212.

fique. Voilà pourquoi il faut adopter une optique théorique, spéculative, qui délimite le plus strictement possible son secteur de recherche et en établisse l'objet général. Après avoir vérifié que cet objet consiste à étudier les lois de la vie, il faudra donner une définition positive de celle-ci. Bichat a été le premier à s'engager dans ce sens et Comte loue sa tentative de baser la notion de vie sur une vision générale des phénomènes qui appartiennent aux corps vivants. Cependant l'idée – typiquement vitaliste – d'un antagonisme radical entre nature inerte et nature vivante a fourvoyé Bichat, l'amenant à voir le caractère fondamental de la vie dans son indépendance du milieu extérieur. Mais Comte objecte que si « tout ce qui entoure les corps vivants tendait réellement à les détruire, leur existence serait, par cela même, radicalement inintelligible : car, où pourraient-ils puiser la force nécessaire pour surmonter, même temporairement, un tel obstacle ? »[28]. Pour Comte, opposer le monde organique au monde inorganique, comme le faisait encore Bichat, signifie opposer les propriétés vitales aux lois physico-chimiques et la science du vivant aux sciences de la matière inerte. Il ne substitue pas pour autant à la célèbre thèse de Bichat (« La vie est l'ensemble des fonctions qui résistent à la mort »[29]) celle d'une passivité, d'une déformabilité de l'organisme en contact avec le milieu extérieur ; la relation organisme-milieu[30] doit plutôt être comprise comme équilibre

---

[28] *Ibid.*, p. 225.

[29] X. Bichat, *Recherches physiologiques sur la vie et la mort*, *op. cit.*, p. 11.

[30] Sur la formation du concept de *milieu* à partir du XVIIIe siècle et sur la contribution apportée par Comte à son introduction dans le domaine de la biologie, voir G. Canguilhem, « Le vivant et son milieu », dans *La Connaissance de la vie*, *op. cit.*, p. 129-154 ; A. Kremer-Marietti, « L'homme biologique selon Comte et les théories nouvelles », dans C. Cassina (éd.), *Sociologia, politica e religione : la filosofia di Comte per il diciannovesimo secolo*, Pisa, Edizioni Plus Università di Pisa, 2001, p. 21-30. Dans la quarantième leçon du *Cours*, Comte donne déjà une définition du terme dans laquelle on explique qu'il s'agit d'un néologisme : « Il serait superflu, j'espère, de motiver expressément l'usage fréquent que je ferai désormais, en biologie, du mot *milieu*, pour désigner spécialement, d'une manière nette et rapide, non seulement le fluide où l'organisme est plongé, mais, en général, l'ensemble total des circonstances extérieures d'un genre quelconque,

réciproque, par conséquent plus le premier dépend du second (fait que l'on observe lorsqu'on passe des organismes les plus simples aux plus complexes, dont la survie est liée à un plus grand nombre de circonstances favorables) plus il voit augmenter sa capacité de réagir, de transformer le milieu à son avantage[31]. Il faut remarquer dès maintenant que cette thèse est riche en conséquences théoriques : si les processus du monde organique peuvent conditionner à leur tour les processus du monde inorganique, la relation entre les deux ordres de phénomènes (et entre les sciences qui les étudient) ne sera plus univoque, mais réciproque.

---

nécessaires à l'existence de chaque organisme déterminé. Ceux qui auront suffisamment médité sur le rôle capital que doit remplir, dans toute biologie positive, l'idée correspondante, ne me reprocheront pas, sans doute, l'introduction de cette expression nouvelle. Quant à moi, la spontanéité avec laquelle elle s'est si souvent présentée sous ma plume, malgré ma constante aversion pour le néologisme systématique, ne me permet guère de douter que ce terme abstrait ne manquât réellement jusqu'ici à la science des corps vivants » (*Cours*, III, p. 235, note 1).

[31] Cette thèse de Comte peut paraître en contradiction avec l'orientation de la recherche biologique suivante qui, à partir déjà de Claude Bernard, remarquera une plus grande indépendance des organismes dotés d'une organisation plus complexe, en mesure de compenser les variations du milieu extérieur par des variations du milieu physiologique intérieur. Mais Comte entend ici souligner que, dans tous les degrés de l'échelle biologique, quand la dépendance du système ambiant est moindre en un sens, elle est plus grande en un autre : ainsi, s'il est vrai que les animaux supérieurs sont susceptibles de supporter, à l'égard du milieu extérieur, des limites de variation plus étendues, leur existence exige néanmoins un plus grand nombre de conditions extérieures favorables, soit atmosphériques, soit terrestres, sous les divers aspects physiques et chimiques. Vice-versa, au dernier rang de la hiérarchie biologique, « se trouvent les végétaux, et les animaux fixés, qui, ne pouvant presque aucunement modifier la constitution du milieu correspondant, subissent nécessairement la fatale influence de ses plus légères altérations, mais dont l'existence serait, par cela même, impossible, si, d'un autre côté, elle n'était point inévitablement liée au concours d'un très-petit nombre d'actions extérieures distinctes » (*Cours*, III, p. 227-228). Il est toutefois évident que, pour Comte, un organisme est d'autant plus indépendant de chaque influence prise à part qu'il est capable de réagir sur le système ambiant : ne disposant pas du concept de *milieu intérieur*, il ne peut pas supposer qu'une plus grande indépendance soit plutôt due à la présence, dans l'organisme même, d'un système d'autorégulation qui servirait à maintenir inchangé son propre équilibre.

En cherchant une notion de *vie* suffisamment restreinte pour exclure les corps inorganiques mais assez vaste pour inclure tous les organismes possibles, Comte adopte la formule de Blainville, qui définissait la vie comme étant un mouvement continu de composition et de décomposition[32]. En distinguant la *vie organique* ou végétative de la *vie animale* ou consciente, Bichat avait déjà ramené la première à ce double mouvement, c'est-à-dire à deux ordres de fonctions : celles qui transforment et assimilent les molécules destinées à nourrir l'organisme, et celles qui lui enlèvent les molécules devenues étrangères à son organisation[33]. Contrairement à Bichat, Blainville reconnaît toutefois la nature physico-chimique des fonctions de la vie organique et il ne postule pas un ensemble de propriétés vitales comme « un principe permanent de réaction » aux forces extérieures[34] ; on peut donc compléter sa définition en y ajoutant l'harmonie entre l'être vivant et son milieu, qui représente la condition essentielle pour qu'un organisme puisse se procurer les substances nutritives à assimiler (composition) et en rejeter les déchets (décomposition)[35]. Pour Comte, le problème essentiel de la biologie consiste donc à lier constamment la double idée d'*organe* et de *milieu* à l'idée de *fonction*, soit d'activité organique : une fois que nous connaissons les circonstances extérieures dans lesquelles se trouve un organisme, il faut remonter de l'organe à la fonction, et vice-versa.

Bien que Comte entende dépasser l'opposition entre un point de vue statique et un point de vue dynamique, c'est-à-dire entre l'anatomie (en tant qu'étude des lois de l'organisation) et la physiologie (en tant qu'étude des lois de la vie), sa perspective sera considérée comme un héritage de la vieille conception hallerienne de la physiologie comme *anatome animata*[36]. En

[32] H. Ducrotay de Blainville, *op. cit.*, vol. I, p. 21.

[33] X. Bichat, *Recherches physiologiques sur la vie et la mort*, *op. cit.*, p. 12-15.

[34] *Ibid.*, p. 11.

[35] *Cours*, III, p. 230-231.

[36] Voir, par exemple, les critiques faites à Comte par l'école néo-criticiste : Ch. Renouvier, « Le *Cours de philosophie positive* est-il encore au

effet, Comte préserve le rôle de la déduction anatomique : vu l'organe ou la modification organique, on peut trouver la fonction ; il lit la corrélation organe-fonction comme un rapport de cause à effet tellement étroit qu'il finit par subordonner l'idée de vie à celle d'organisation. À travers Claude Bernard, la biologie suivante renversera ce rapport, affirmant que le physiologiste doit partir des fonctions vitales pour en chercher l'explication dans la structure de l'organisme, autrement nous ne pourrions pas parvenir à une physiologie générale, mais nous aurions autant de physiologies que de genres différents d'organisme[37]. Il faut remarquer cependant que la perspective comtienne obéit à une exigence que sentira également Bernard : celle d'établir le déterminisme des facteurs qui conditionnent la manifestation des phénomènes vitaux. Pour Comte, seule la découverte du rapport nécessaire entre le phénomène et la cause (entendue comme antécédent immédiat) qui le provoque garantit le caractère prévisionnel de la science correspondante[38]. Pour ne pas retomber dans la conception de la vie comme entité métaphysique mystérieuse, il lui semble indispensable d'ancrer l'activité vitale sur une structure organique objectivement définie. De ce point de vue, son plus grand souci est de ne pas redonner de place à l'hypothèse d'une instabilité constitutive des processus physiologiques[39] : méconnaître qu'un certain organisme, situé dans un certain milieu, agira toujours d'une certaine manière veut dire interdire à la biologie de rechercher

courant de la science ? », *La Critique philosophique*, VI, 33, 1877, p. 97-106 ; Fr. Pillon, « Claude Bernard. Sa conception de la vie comparée à celle de l'école positiviste », *La Critique philosophique*, VII, 4, 1878, p. 54-64 ; Id., « La biologie selon Auguste Comte et selon Claude Bernard », *La Critique philosophique*, VII, 5, 1878, p. 72-77 ; Id., « La méthode en biologie. Cuvier, Blainville, Auguste Comte », *La Critique philosophique*, VII, 9, 1878, p. 129-135.

[37] Sur ce point et sur d'autres éléments de divergence ou d'affinité entre Comte et Bernard, nous renvoyons au chapitre 3 de cet ouvrage.

[38] *Cours*, III, p. 237.

[39] Cette instabilité avait été confirmée également par X. Bichat, *Anatomie générale, appliquée à la physiologie et à la médecine*, 4 vol., Paris, Brosson, Gabon et Cie, 1801, t. I, p. 14.

des lois naturelles invariables et lui refuser le statut de science positive.

Autrement dit, la science biologique doit englober l'anatomie, la physiologie et une théorie générale des milieux organiques et les considérer comme des parties intercommunicantes, des modalités différentes d'approcher une même problématique. La biologie peut ainsi asséner un coup décisif à la philosophie théologique et métaphysique car, en fondant sur des bases scientifiques le rapport entre le moyen (l'organisation) et le but (la vie), elle transforme le dogme des causes finales et en fait le principe des conditions d'existence qui établit tout simplement la contribution nécessaire de chaque organe à l'ensemble des fonctions vitales[40].

2.4. *L'organisme comme un tout*

La tension qui existe, dans la réflexion comtienne, entre le souci d'assurer à la biologie un caractère positif et le soin de lui attribuer un statut autonome touche aussi bien les rapports avec les autres sciences que les méthodologies applicables à l'étude du vivant. Les deux questions se rattachent d'ailleurs à une interrogation de fond : comment concevoir concrètement l'organisme ? Comment rendre compte à la fois de sa base objective, matérielle, et de sa fonctionnalité spécifique ?

Selon Comte, les fonctions de la vie organique ne diffèrent pas essentiellement des actes de composition et de décomposition observables dans le monde organique et, comme eux, ils peuvent se référer à des phénomènes physico-chimiques : physiques en ce qui concerne le mouvement des molécules que l'organisme assimile ou rejette, et chimiques en ce qui concerne les modifications successives de ces diverses substances[41]. Cela ne semble pas être valable pour la vie animale, ni pour ses phénomènes les plus élémentaires (la sensibilité et l'irritabilité), ni pour les plus complexes (les fonctions cérébrales). La vie

---

[40] *Cours*, III, p. 362.
[41] *Ibid.*, p. 531, 554.

organique constitue cependant l'inévitable fondement de la vie animale, qui ne peut pas subsister sans elle. De plus, la vie animale apparaît comme un simple perfectionnement, comme une extension de la vie organique, destinée à en renforcer les fonctions (par exemple, la locomotion permet à l'animal de réagir plus efficacement au milieu extérieur que ne pourrait le faire un végétal) : il n'y a pas de séparation nette entre les deux vies et les lois auxquelles est soumise la vie organique régissent aussi – directement ou indirectement – la vie animale[42].

Par conséquent, la biologie doit se subordonner aux sciences qui la précèdent dans l'échelle encyclopédique : elle doit en admettre les résultats et baser sur ceux-ci ses hypothèses explicatives. Son lien le plus direct est établi avec la chimie, dont les lois fournissent aussi bien le point de départ de toutes les théories scientifiques qui concernent les fonctions de la vie organique (par exemple, nous ne pouvons pas expliquer la digestion si nous ne savons pas comment se produit une réaction chimique) que le trait d'union entre la philosophie inorganique et la philosophie organique. Vient ensuite le lien avec la physique, du fait que l'organisme est aussi conditionné par les lois qui régissent les grands phénomènes du mouvement, de la chaleur et de l'électricité ; dans ce cas, ce sont précisément les fonctions de la vie animale qui demandent un apport plus consistant : par exemple, nous ne pouvons pas expliquer la vue et l'ouïe sans nous référer aux principes de l'optique et de l'acoustique. Des rapports moins directs mais non moins significatifs lient la biologie à l'astronomie et aux mathématiques : en effet, les lois astronomiques influencent la vie terrestre (la loi de la gravitation universelle le montre) tandis que les lois mathématiques qui régissent la mécanique rationnelle sont applicables également aux différents phénomènes (statiques et dynamiques) de la mécanique animale (du mouvement à l'état de repos). Il existe aussi une dépendance de

---

[42] *Ibid.*, p. 232-234, 561-565. On observera quand même que Comte accepte la distinction de Bichat entre la vie organique et la vie animale, et qu'il en assimile également les principales caractéristiques qui leur sont attribuées (comme la constance de la vie organique opposée à l'intermittence de la vie animale).

caractère méthodologique, due au degré d'exemplarité que certaines procédures ont atteint dans ces sciences : en chimie, l'usage de nomenclatures scientifiques ; en physique, le recours à l'observation et à l'expérimentation ; en astronomie, l'élaboration d'hypothèses et de prévisions rationnelles ; en mathématiques, l'application de procédés basés sur l'analyse et sur le calcul. La science du vivant doit chercher à se doter de tous ces outils, même si la complexité majeure de ses objets n'en permet pas encore un usage complet et systématique. Sous cet aspect, le statut positif de la biologie apparaît inséparable de sa pleine insertion dans la hiérarchie encyclopédique et des rapports de subordination (théoriques et méthodologiques) qu'elle doit entretenir avec les sciences les plus mûres[43].

D'un autre point de vue, Comte insiste en revanche sur la spécificité du vivant et sur l'exigence connexe de forger des méthodologies originales ou, du moins, de transformer des procédures élaborées dans d'autres secteurs et de les rendre appropriées au savoir biologique. Cette précaution ne concerne pas seulement les fonctions de la vie animale qui, nous le savons, ne trouvent aucun analogue dans les phénomènes inorganiques, mais c'est plutôt la structure même de l'organisme – qu'il soit végétal ou animal – qui rend problématique une application littérale de certaines méthodologies.

Considérons la méthode expérimentale, qui se propose de découvrir selon quelles lois un phénomène particulier se réalise, quels facteurs le font passer d'une condition *x* à une condition *y*. Pour réussir, une méthode de ce genre doit pouvoir établir préalablement la variable à introduire, en l'isolant de tous les autres facteurs susceptibles de conditionner le déroulement du phénomène. Comte souligne que précisément ce principe est peu adaptable aux corps vivants : « Un organisme quelconque constitue, par sa nature, un tout nécessairement indivisible, que nous ne décomposons, d'après un simple artifice intellectuel, qu'afin de le mieux connaître, et en ayant toujours en vue une recomposition ultérieure »[44]. De plus, les phénomènes vitaux

[43] *Ibid.*, p. 292-335.
[44] *Ibid.*, p. 422.

dépendant toujours de deux catégories de conditions – les unes relatives à l'organisme, les autres au système ambiant – la méthode expérimentale peut suivre deux stratégies différentes, selon le type de variable choisie. Or, il importe de remarquer que la possibilité de modifier un facteur et d'en observer les effets sur le phénomène correspondant apparaît encore plus problématique si l'on choisit d'intervenir sur les conditions intérieures. En effet, le *consensus* des différents organes entre eux est beaucoup plus intime que leur harmonie avec le milieu extérieur. Dans ce sens, Comte critique durement la pratique de la vivisection qui, perturbant gravement l'économie générale de l'organisme jusqu'à en provoquer presque toujours la mort, apporte rarement des résultats positifs[45]. Pour ces motifs, il estime préférable de s'en tenir à l'observation des phénomènes vitaux et notamment à celle des maladies. Puisque la propriété essentielle de toute expérimentation proprement dite est d'altérer l'état naturel de l'organisme, ce but est atteint d'une manière beaucoup plus satisfaisante par l'exploration de l'état pathologique, qui altère l'état normal de l'organisme sans en différer radicalement. Une judicieuse comparaison entre normalité et pathologie peut constituer une sorte d'expérimentation spontanée et indirecte, mieux adaptée à la vraie nature des phénomènes biologiques que peut l'être une expérimentation artificielle et directe[46].

---

[45] *Ibid.*, p. 254-255. Ces précautions méthodologiques dans l'application de la méthode expérimentale rappellent les positions analogues prises par les maîtres de l'École de Montpellier et par Bichat même : cf. Fr. Duchesneau, *La Physiologie des Lumières*, *op. cit.*, p. 431-476 ; R. Rey, *Naissance et développement du vitalisme en France*, *op. cit.*, p. 323-372.

[46] *Cours*, III, p. 259-267. Comte reprend ici la thèse déjà avancée par F. Broussais, *Traité de physiologie pathologique*, Paris, Delaunay, 1825 ; voir aussi A. Comte, « Examen du traité de Broussais sur l'irritation » (1828), dans *Écrits de jeunesse 1816-1828*, édition établie par P.E. de Berrêdo Carneiro, P. Arnaud, Paris-La Haye, Mouton, 1970, p. 399-410. Claude Bernard approfondira cette conception des rapports entre le normal et le pathologique, que Taine et Ribot étendront ensuite à l'étude expérimentale des processus psychologiques. Voir à ce propos G. Canguilhem, *Le Normal et le Pathologique*, augmenté de *Nouvelles réflexions concernant le normal et le pathologique*, Paris, PUF, 1966.

Il existe d'ailleurs une méthodologie encore plus propre à l'étude du vivant et qui trouve précisément dans cette étude son terrain d'élection : la méthode comparative, qui s'étend aussi bien à l'anatomie qu'à la physiologie. La biologie possède en effet les conditions requises pour cette méthode : un objet unitaire (issu de la correspondance systématique entre l'idée d'organisation et l'idée de vie) et de nombreuses modifications possibles. Comte emprunte à Étienne Geoffroy Saint-Hilaire l'idée d'une unité fondamentale de la nature vivante et la conviction connexe que les analogies – structurelles et fonctionnelles – entre les organismes sont plus importantes que les particularités qui les distinguent, mais il puise chez Lamarck l'idée d'une seule série, graduelle et progressive, de toutes les formes vivantes, c'est-à-dire une vision hiérarchisée ayant l'homme pour sommet[47]. Il en résulte une perspective selon laquelle c'est l'extension de la série biologique qui garantit la validité de la méthode comparative, qui peut établir la réalité d'une analogie en confrontant une multitude de cas et en observant les changements presque imperceptibles qui existent entre les degrés de l'échelle. Cette échelle est ordonnée en fonction de l'homme, qui constitue la synthèse la plus complète de tous les autres cas et le principe unitaire de toutes leurs classifications rationnelles. Comte justifie ce choix en affirmant que seule la notion d'homme possède un caractère immédiat, c'est-à-dire intelligible par l'homme à travers une expérience directe : de ce côté, il reste fidèle au critère qui consiste à adopter comme point de départ (dans chaque savoir) ce que nous connaissons le plus et à passer seulement après à l'étude de ce que nous connaissons le moins[48]. Il semble toutefois

[47] Cf. É. Geoffroy Saint-Hilaire, *Philosophie anatomique*, 2 vol., Paris, Rignoux, 1818-1822 ; J.-B. de Lamarck, *Philosophie zoologique*, 2 vol., Paris, Dentu, 1809. Mais, en donnant autant d'importance à la méthode comparative, Comte est également influencé par Blainville (dont il avait suivi à la Sorbonne, de 1829 à 1832, les cours de Physiologie générale et comparée) et par Cuvier, tous deux méfiants vis-à-vis de la méthode expérimentale et également convaincus que l'observation et la comparaison demeuraient les méthodologies convenant le mieux à la science du vivant.

[48] *Cours*, III, p. 273 ; voir aussi *ibid.*, p. 243.

évident qu'il s'agit d'une inversion par rapport au critère ultérieur – fixé pour l'astronomie, la physique et la chimie, et initialement imposé pour tout le système encyclopédique – qui consiste à toujours procéder analytiquement, à toujours partir de l'étude de ce qui est plus simple pour y baser l'étude de ce qui est plus complexe.

Dans le domaine biologique, c'est l'homme qui représente le modèle de référence pour fonder correctement la recherche sur une certaine fonction ou une certaine structure, dont il faudra observer les « dégradations » qui s'ensuivent au fur et à mesure que l'on passe de l'homme aux animaux inférieurs et de ceux-ci aux végétaux. L'objectif demeure celui de déterminer une base structurelle et fonctionnelle commune, qui ne peut se définir ainsi que si et dans la mesure où l'on peut retrouver son analogue également dans les organismes les plus élémentaires. Mais la stratégie choisie oriente le savoir biologique vers la méthode de la *synthèse*, c'est-à-dire vers un procédé qui va du plus complexe au plus simple et, en même temps, de l'ensemble aux parties, de la totalité aux éléments. La méthode inverse et complémentaire – celle de l'*analyse* – apparaît désormais comme l'apanage des sciences qui ont pour objet le monde inorganique.

Du reste, c'est toujours l'image de l'organisme en tant que totalité indivisible qui motive le besoin d'élaborer des outils théoriques et méthodologiques originaux, adaptés à la science du vivant, évitant que les autres sciences envahissent indûment son domaine. Comte n'hésite pas à stigmatiser comme de véritables « aberrations » les tentatives d'imposer à la biologie les principes explicatifs des sciences physico-chimiques, dont les objets sont décomposables en parties ou en éléments individuels sans que leur fonction n'en soit irrémédiablement altérée. S'il est absurde de penser qu'un organisme peut échapper aux lois de la physique et de la chimie, il est tout aussi absurde d'estimer qu'il se comporte comme une machine ou un agrégat inerte : il ne s'agit pas seulement d'ajouter des principes explicatifs plus spécifiques, mais également de tracer un modèle différent, à la lumière duquel on pourrait comprendre – par exemple – pourquoi une réaction chimique est influencée par une certaine organisation corporelle ou pourquoi le mouvement d'un membre implique un ensemble de fonctions vitales[49]. Comme l'a remarqué Canguilhem[50], ce contexte encadre deux options théoriques de Comte : d'abord, la critique de l'hypothèse lamarckienne d'une modificabilité indéfinie des espèces sous la pression du milieu environnant, qui lui semble annuler toute réactivité du vivant vis-à-vis de la matière inerte[51] ; ensuite, le refus de la théorie cellulaire qui, avec son fractionnement de l'organisme en « monades organiques » lui semble calquer trop fidèlement une conception typique du monde inorganique. Ce dernier point apparaît particulièrement important car Comte oppose à la théorie cellulaire la doctrine de Bichat selon laquelle le tissu demeure l'élément ultime de l'analyse anatomique ; au-delà, il ne peut rien exister d'organique, car il manquerait l'organisation même qui, jusque dans ses formes les plus élémentaires, prévoit un réseau de relations, une subordination des parties au tout : le tissu, à savoir la trame essentielle et première de chaque organisme, constitue déjà en soi un ensemble uni et indivisible[52].

Mais Comte n'est pas moins sévère à l'égard des propos, avancés par les « géomètres », d'appliquer les théories mathématiques aux questions biologiques : non seulement la précision du calcul demeure un idéal irréalisable devant la « multiplicité inextricable » des fonctions organiques même les plus basilaires, mais un modèle fermement quantitatif représente même un obstacle pour une juste considération des multiples variables qui concourent à déterminer un phénomène vital[53]. Voilà pourquoi, dans la quarante-troisième leçon du *Cours* où l'histoire de la physiologie est reconstituée dans ses grandes lignes avec ses luttes entre écoles antagonistes, Comte réhabilite l'animisme de Stahl (défini comme étant « la formule la plus

---

[49] *Ibid.*, p. 420-422 et 551-560.

[50] G. Canguilhem, « La philosophie biologique de Comte et son influence en France au XIXe siècle » (1958), dans *Études d'histoire et de philosophie des sciences*, *op. cit.*, p. 61-74.

[51] *Cours*, III, p. 444-451.

[52] *Ibid.*, p. 421-423.

[53] *Ibid.*, p. 323-330.

scientifique de l'état métaphysique de la physiologie ») et, dans une mesure encore plus large, le vitalisme de Barthez, en y voyant une réaction opportune au mécanisme et à son idée aberrante d'insérer l'étude du vivant dans le système général de la physique inorganique : bien que le mécanisme ait pour objectif de rendre cette étude-là scientifique, d'un point de vue historique l'approche vitaliste semble plus avancée, car elle a au moins posé les conditions pour que l'on puisse concevoir la biologie comme une science distincte[54].

Comte loue notamment « l'intention évidemment progressive » qui a caractérisé la méthode de Barthez, en lui reconnaissant le mérite d'avoir introduit la notion de *principe vital* à titre de simple formule scientifique, pour indiquer simplement la cause inconnue des fonctions organiques. Mais, selon Comte, Barthez a fini par attribuer à ce principe une existence réelle, exprimant ainsi un état encore métaphysique de la physiologie. C'est Bichat qui fera définitivement prendre à la théorie physiologique une direction positive en jetant les bases de la biologie moderne[55]. Comte ne cite pas ici un autre point de la perspective vitaliste qui devait lui sembler également problématique : l'idée d'un principe téléonomique qui coordonnerait les mouvements indispensables à la vie de l'organisme, lui assurant une activité indépendante des structures anatomiques. Il faut donc comprendre de quelle manière Comte essaie de concilier sa conception de l'organisme comme totalité indivisible – et dont l'ascendance vitaliste est évidente[56] – avec l'exigence de ne pas retomber dans le dogme des causes finales.

---

[54] *Ibid.*, p. 512-515. Dans la quarante-quatrième leçon, consacrée aux « Considérations philosophiques sur l'étude générale de la vie animale proprement dite », Comte fera sienne la distinction – introduite par Barthez – entre deux sortes d'association vitale : les *sympathies* et les *synergies*. « Il y a synergie toutes les fois que deux organes concourent simultanément à l'accomplissement régulier d'une fonction quelconque, tandis que toute sympathie suppose, au contraire, une certaine perturbation, momentanée ou persistante, partielle ou plus ou moins générale, qu'il s'agit de faire cesser par l'intervention d'un organe non affecté primitivement » (*ibid.*, p. 600).

[55] *Ibid.*, p. 515-518.

[56] À vrai dire, Georges Cuvier aussi (par exemple dans l'ouvrage *Le Règne animal distribué d'après son organisation. Pour servir de base à*

2.5. *Unité biologique et synthèse esthétique*

Comte est contraire à une conception de l'organisme qui en expliquerait la structure en vue du but qu'elle poursuit, c'est-à-dire en attribuant à la nature vivante une finalité analogue à celle que l'on retrouve dans l'action intentionnelle humaine : il faut préserver le principe même des conditions d'existence dans sa juste démarche, pour éviter qu'il ne dégénère « en une aveugle admiration antiscientifique du mode effectif d'accomplissement des divers phénomènes vitaux »[57]. Cela n'exclut pas l'exigence d'étudier la fonctionnalité intime du vivant, la logique interne qui régit l'harmonie constante « entre le point de vue statique et le point de vue dynamique, entre les idées d'organisation et les idées de vie »[58]. Selon Comte, si l'on peut déduire une fonction de l'examen de sa structure, on peut également déduire un organe à partir de sa fonction. Mais, interpréter la correspondance organe-fonction comme un rapport réversible ne veut-il pas dire concevoir l'organisme comme un système profondément intégré, comme une *totalité* dotée d'une *finalité* intrinsèque ? Cela ne veut-il pas dire récupérer, par conséquent, la leçon de Barthez ?

Ce modèle théorique semble ressortir très clairement déjà dans le *Cours*, lorsque Comte, contestant la prétention d'expliquer les phénomènes vitaux par des théories empruntées aux études des phénomènes inorganiques, affirme qu'il ne pourrait y avoir ni vie ni organisation « sans un certain système indissoluble de parties plus ou moins hétérogènes concourant à un but commun »[59]. Le but dont parle Comte est, comme c'était le

---

l'histoire naturelle des animaux et d'introduction à l'anatomie comparée, 4 vol., Paris, Imprimerie Belin, 1817) avait insisté sur l'interdépendance étroite qui existe entre les différentes parties de l'organisme et sur son fonctionnement en tant que totalité ; cependant, chez Cuvier, cette idée était reliée à une conception de l'organisme comme système clos qui – pour les raisons déjà exposées – devait sembler à Comte inacceptable. De plus, Comte se réfère explicitement à la ligne Barthez-Bichat pour opposer à l'image mécaniste du vivant une image plus spécifique et théoriquement avancée.

[57] *Cours*, III, p. 363.

[58] *Ibid.*, p. 520.

[59] *Ibid.*, p. 421.

cas d'ailleurs chez Barthez, une finalité interne : une manière de définir la fonctionnalité spécifique de l'organisme, dont le déterminisme n'est pas assimilable à celui qui gouverne les phénomènes physico-chimiques ; une manière, donc, de lier la nécessité du vivant à son autonomie, à son irréductibilité à l'état de simple machine. D'un autre côté, le rapport totalité-finalité amène Comte à privilégier la méthode synthétique plutôt qu'analytique et à subordonner par conséquent la simplicité à la complexité, le commencement à l'accomplissement, le moyen au but. De ce point de vue, la biologie trace une sorte de ligne de partage dans l'encyclopédie des sciences : après l'étude de la vie organique, ce sera l'étude de la vie associée qui exigera un *esprit d'ensemble* à même d'avancer de la totalité vers les éléments, pour retrouver également dans l'organisme social ce *consensus* harmonieux sur lequel fonder positivement la notion de solidarité[60]. En effet, la société aussi constitue un ensemble, que nous ne pouvons pas réduire à la somme de plusieurs vies particulières, un organisme dont – comme en biologie – il faut étudier les conditions aussi bien d'existence (l'approche statique) que de développement (l'approche dynamique). Il s'ensuit que, tout comme en biologie les « monades organiques » (les cellules) sont une abstraction, en sociologie les individus ne peuvent pas être coupés du tissu social, qui représente leur fin et leur raison d'être.

Cette perspective est développée et approfondie dans l'œuvre qui caractérise la seconde phase du positivisme comtien : le *Système de politique positive*, publié en quatre volumes de 1851 à 1854. En faisant converger la philosophie naturelle vers une philosophie politique, le *Système* se propose d'opérer une *synthèse subjective* du savoir en fonction de son but : le service de l'Humanité à la lumière des lois démontrées par la sociologie. Pour expliquer la différence qui existe entre méthode objective et méthode subjective, Comte observe que la

[60] *Cours*, IV, p. 258, 280-286, 341. Voir A. Kremer-Marietti, « Le biologique et le social chez Auguste Comte », dans M. Bourdeau, J.-F. Braunstein, A. Petit (éds), *Auguste Comte aujourd'hui*, Paris, Éditions Kimé, 2003, p. 64-90.

première s'élève du monde vers l'homme, tandis que la seconde descend de l'homme vers le monde[61] : autrement dit, dans la méthode objective la dimension prédominante est celle de l'*extérieur*, ce strict enchaînement de faits qui constitue le plan de légalité de la nature ; dans la méthode subjective, c'est la dimension de l'*intérieur* qui domine, c'est-à-dire la capacité de l'homme de ramener à soi cet ordre en le réinterprétant en fonction de l'existence concrète et du bien commun. Dans un contexte de ce genre, il était donc inévitable que l'approche synthétique jouât un rôle encore plus prépondérant, devenant le nouveau modèle à travers lequel régénérer tout le savoir[62]. Comte, en effet, insiste à plusieurs reprises sur ce point : malgré son efficacité incontestable dans l'étude du monde inorganique, l'approche analytique représente désormais un obstacle pour un progrès authentique non seulement de la biologie et de la sociologie (les deux sections de la physique organique ayant en commun l'étude de systèmes aussi complexes qu'intimement unis) mais également de la philosophie naturelle qui coordonne le système encyclopédique. Autrement dit, il ne s'agit plus seulement de prévoir des méthodes différentes en nous référant à des objets différents mais d'unifier les derniers résultats de toutes les sciences pour leur assurer une importance pratique. Par conséquent, vu le « génie synthétique » exprimé par la biologie, c'est la biologie – et non l'astronomie, science analytique par excellence – qui prendra « la présidence générale de la philosophie naturelle »[63].

Parallèlement, nous voyons se renforcer l'influence exercée par Barthez et Bichat qui ont, Comte en convient, saisi très tôt le caractère essentiellement synthétique du savoir biologique[64] :

[61] A. Comte, *Système de politique positive*, in *Œuvres d'Auguste Comte*, *op. cit.*, tomes VII-X (dorénavant *Système*, suivi de l'indication du tome correspondant et du numéro de page), ici vol. VII, p. IV. En revanche, dans le *Cours*, la philosophie positive, contrairement à toute philosophie théologique ou métaphysique, était toujours caractérisée « par la subordination nécessaire et rationnelle de la conception de l'homme à celle du monde » (*Cours*, III, p. 210).

[62] *Système*, VII, p. 565.

[63] *Ibid.*, p. 584.

[64] *Ibid.*, p. 568.

si Bichat jouit auprès de Comte d'une autorité qui s'affirme de plus en plus (au point d'éclipser Blainville, désormais objet de critiques sévères[65]) Barthez est lui aussi cité plusieurs fois et parfois même avec Bichat ; de plus, deux œuvres de Barthez sont insérées dans le groupe restreint de textes dignes de paraître dans la Bibliothèque positiviste : les *Nouveaux éléments de la Science de l'Homme* et la *Théorie du beau.*[66] Il en découle quelques modifications, par rapport aux thèses exposées dans le *Cours*, qui révèlent que Comte est proche des thèses principales de l'École de Montpellier : suivant l'exemple de Bichat, Comte parle désormais d'un « dualisme irréductible » entre nature organique et nature inorganique[67], dans lequel il discerne l'inévitable fondement d'une science du vivant ; l'exigence de garantir l'autonomie du savoir biologique tout en le préservant des ambitions annexionnistes des sciences inorganiques se renforce ; l'image de l'être vivant comme totalité harmonieuse où chaque partie est subordonnée à un but commun s'accentue. La logique au sein de chaque organisme fait que celui-ci manifeste une sorte de spontanéité et possède une certaine indépendance du milieu extérieur auquel il reste cependant lié par un rapport de conformité réciproque. La critique à l'égard des théories qui parcellisent l'être vivant et le réduisent à un simple assemblage de ses organes se radicalise : « Dès lors, comment persistera-t-on à concevoir le tout d'après ses parties, là où la solidarité est poussée jusqu'à la stricte indivisibilité ? »[68]

Nous avons dit cependant que Comte incluait aussi dans les volumes de la Bibliothèque positiviste la *Théorie du beau* de Barthez. Il ne l'a pas intégré par hasard, preuve en est le programme pédagogique présenté par Comte dans le *Discours sur l'ensemble du positivisme* (1848), qui attribue à l'éducation esthétique une fonction centrale : celle de combattre la spécia-

---

[65] *Ibid.*, p. 570-571. Voir aussi A. Comte, « Discours funèbre sur Blainville », *ibid.*, p. 737.

[66] A. Comte, « Bibliothèque positiviste au dix-neuvième siècle », dans *Système*, X, p. 557-561.

[67] *Système*, VII, p. 580.

[68] *Ibid.*, p. 641.

lisation croissante qui se répand dans les sciences les plus analytiques et, par conséquent, les plus victimes de l'*esprit du détail*[69]. Il en ressort ainsi le lien étroit qui unit l'art à la biologie : l'art est doté lui aussi d'un caractère synthétique qui anime aussi bien chacune de ses productions (les œuvres d'art concrètes) que la plus vaste perspective théorique et méthodologique que l'on peut en tirer. L'art est synthétique sur le plan de la forme car ses procédés de composition visent toujours à constituer une totalité organisée et intimement unie, dont la jouissance esthétique ne peut jamais non plus faire abstraction. L'art est synthétique également du point de vue des contenus, parce qu'il nous restitue l'image unitaire de l'homme et de ses différentes facultés (d'entendre, de penser, d'agir) mais aussi parce qu'il promeut la solidarité entre les individus en stimulant les instincts de sympathie et de sociabilité[70]. Il faut par conséquent démystifier le préjugé selon lequel la science positive serait indifférente voire hostile à l'art : Comte souligne l'« aptitude esthétique du positivisme » en affirmant entre autres la compatibilité totale entre l'esprit synthétique (aussi bien de la production que de la jouissance esthétique) et l'esprit scientifique, mieux disposé à l'unité parce que plus riche en humanité.

Même si Comte ne thématise pas ce rapport, le domaine esthétique et le domaine biologique ont en commun le rapport privilégié qu'ils entretiennent avec le même *esprit d'ensemble*. C'est Claude Bernard qui se servira explicitement de catégories esthétiques pour concevoir des processus et des propriétés du vivant non représentables autrement, tirant de la sphère de l'art non seulement d'importantes exemplifications, mais un répertoire théorique destiné à accompagner des thèses d'origine scientifico-expérimentale. Défini de manière un peu provocatrice par Canguilhem comme celui qui « a été, au XIXe siècle, en philosophie biologique, sinon en biologie, le plus illustre

---

[69] A. Comte, *Discours sur l'ensemble du positivisme*, repris sous le titre de *Discours préliminaire sur l'ensemble du positivisme*, dans *Système*, VII, p. 2-399 : voir surtout la partie intitulée « Aptitude esthétique du positivisme », p. 274-320.

[70] *Ibid.*, p. 281, 287.

représentant de l'École de Montpellier »[71], Comte demeure l'acteur qui a facilité une telle opération : en réévaluant certains aspects du vitalisme et en en montrant la compatibilité avec une approche positive, il a justifié la récupération d'un héritage dans lequel le domaine esthétique et le domaine biologique s'étaient déjà rencontrés plusieurs fois.

[71] G. Canguilhem, « L'École de Montpellier jugée par Auguste Comte », *loc. cit.*

Chapitre III
LA SCIENCE BIOLOGIQUE DE CLAUDE BERNARD

3.1. *La révolution physiologique*

Élève de François Magendie, à qui il succède à la chaire de Médecine expérimentale du Collège de France, professeur de physiologie générale à la Sorbonne puis au Muséum d'Histoire naturelle, Claude Bernard (1813-1878) est un grand savant dont les découvertes ont révolutionné l'histoire de la biologie du XIXe siècle. Rappelons, entre autres, la fonction glycogénique du foie (essentielle pour établir l'étiologie du diabète), le transport de l'oxygène et du gaz carbonique par l'hémoglobine, ou encore le mode d'action du curare et de la strychnine. D'ailleurs, sa renommée aujourd'hui reste surtout liée à un projet de caractère épistémologique : faire de la physiologie une science autonome, rigoureuse dans sa méthode de recherche mais dotée de procédures, de concepts et de problèmes originaux.

Ce projet apparut aussitôt riche en contenus philosophiques : déjà des personnages comme Charles Renouvier et Félix Ravaisson soulignèrent la transformation que Bernard imprima à la conception positiviste de la science[1] ; quelques décennies

[1] Cf. F. Ravaisson, *Rapport sur la philosophie en France au XIXe siècle*, *op. cit.*, p. 172-181 ; Ch. Renouvier, « De l'idée de force en physiologie. La philosophie biologique de Claude Bernard », *La Critique philosophique*, XVI, 2, 1887, p. 112-139. Mais cf. aussi E.-M. Caro, « La métaphysique et les sciences positives », *Revue des Deux Mondes*, XXXVI, 66, 1866, p. 421-452 ; Paul Janet, « La méthode expérimentale en physiologie », *Revue des Deux Mondes*, XXXVI, 62, 1866, p. 908-936. Voir à ce propos R. Virtanen,

plus tard, Henri Bergson reconnaîtra en lui un maître de la pensée contemporaine, jusqu'à affirmer que « l'*Introduction à l'étude de la médecine expérimentale* est un peu pour nous ce que fut, pour les XVIIe et XVIIIe siècles, le *Discours de la méthode* »[2]. Du reste, même après Bergson et le bergsonisme, l'épistémologie de Bernard a été mise en valeur par la critique philosophique du vingtième siècle, qui y a trouvé des motifs très actuels dans un contexte désormais enclin à admettre le caractère inventif de la science et la fonction constitutive des théories par rapport aux faits observés[3].

Il existe cependant un aspect de la réflexion bernardienne qui a donné origine à un débat interminable sur le matérialisme ou au contraire sur le vitalisme du savant, et qui demeure toujours problématique : sa célèbre définition de la vie comme création. Cette définition a-t-elle comme seul but de distinguer les processus vitaux de ceux qui adviennent en dehors de l'organisme, c'est-à-dire de revendiquer la spécificité du vivant et l'exigence corrélative d'une science *ad hoc*, ou contient-elle une véritable théorie de la vie, une théorie incompatible avec le déterminisme de Bernard au point d'en miner même les bases ? Et si, comme semble le suggérer Bernard, elle ne représente qu'une expression métaphorique, quelle est sa signification effective ? En admettant que deux domaines sémantiques et conceptuels interagissent dans chaque métaphore, quel est dans ce cas le « domaine secondaire » choisi pour organiser le « domaine primaire » ? En d'autres termes, à quel complexe d'implications se réfère-t-on lorsqu'on parle de *création vitale* et d'*idée directrice* ou *créatrice* du développement organique ? Pour balayer ces doutes, il nous paraît nécessaire de reconsi-

---

« Bernard's Relation to Philosophical Traditions », dans *Claude Bernard and His Place in the History of Ideas*, Lincoln NE, University of Nebraska Press, 1960, p. 27-48.

[2] H. Bergson, « La philosophie de Claude Bernard », dans *Œuvres*, *op. cit.*, p. 1433.

[3] Voir par exemple G. Bachelard, *La Formation de l'esprit scientifique. Contribution à une psychanalyse de la connaissance objective*, Paris, Vrin, 1938 ; G. Canguilhem, *La Connaissance de la vie*, *op. cit.*; L.H. de Araújo Dutra, « Réalisme et fictionnalisme chez Claude Bernard », *Dialogue*, XXXVIII, 4, 1999, p. 719-742.

dérer quelques points fondamentaux de l'épistémologie de Bernard, à commencer par les modalités dont il caractérise l'entrée de la physiologie dans le champ des sciences constituées.

Le projet de rendre la physiologie une science à la fois expérimentale et autonome[4] comporte pour Bernard un double mouvement d'émancipation. Sur le plan de l'ordre des disciplines, il s'agit de ne plus subordonner la physiologie à d'autres sciences : à l'anatomie parce que l'observation et la description des organes ne suffisent pas à en expliquer les fonctions respectives, tout comme l'analyse topographique d'un pays ne suffit pas à en comprendre l'histoire, et à la physique-chimie non plus, parce que les phénomènes vitaux possèdent des conditions physico-chimiques rigoureusement déterminées, mais ces conditions sont à leur tour régies par les modalités d'organisation spécifiques présentes dans les organismes[5]. Sur le plan théorique, il faut en revanche prendre ses distances des deux directions opposées de la pensée biologique, le vitalisme et le mécanisme.

Selon Bernard, le principal tort du vitalisme consiste à hypostasier la force vitale et à en faire le principe explicatif de tous les phénomènes qui se déroulent dans les organismes vivants ; cette force gouvernerait chacune de leurs manifestations par une action spontanée et imprévisible, considérée non seulement indépendante mais même opposée à l'action exercée par les forces physico-chimiques. En réalité, objecte Bernard, si les choses étaient vraiment ainsi, la physiologie ne

---

[4] Sur ce projet, voir G. Canguilhem, « Théories et techniques de l'expérimentation chez Claude Bernard » (1968), dans *Études d'histoire et de philosophie des sciences*, *op. cit.*, p. 143-155 ; A. Prochianz, *Claude Bernard. La révolution physiologique*, Paris, PUF, 1990 ; F. Conti, *Claude Bernard e la nascita della biomedicina*, Milano, Raffaello Cortina, 2013 ; Fr. Duchesneau, J.-J. Kupiec, M. Morange (éds), *Claude Bernard et la méthode de la physiologie*, Paris, Éditions Rue d'Ulm, 2013.

[5] Cl. Bernard, *Introduction à l'étude de la médecine expérimentale*, Paris, J.-B. Baillière et fils, 1865 (désormais en abrégé : *Introduction*), p. 147-159 ; Id., *Leçons sur les phénomènes de la vie communs aux animaux et aux végétaux* (1878, posthume), avec une Introduction par G. Canguilhem, Paris, Vrin, 1966 (désormais en abrégé : *Leçons*), p. 6-11.

pourrait jamais acquérir un statut scientifique : le principe sur lequel se basent les recherches expérimentales est le déterminisme des facteurs qui conditionnent la manifestation des phénomènes, c'est-à-dire l'idée d'un rapport nécessaire entre le phénomène et sa cause[6]. D'autre part, le mécanisme avance une vision restrictive du vivant. Son tort consiste à estimer que les phénomènes du monde organique ne diffèrent en rien de ceux du monde inorganique et qu'ils sont par conséquent entièrement explicables par les mécanismes et les lois physico-chimiques de la matière inerte[7]. Bref, si la conception vitaliste entrave le développement scientifique de la physiologie, la conception mécaniste en bloque le développement dans une direction autonome.

Dans les *Leçons sur les phénomènes de la vie communs aux animaux et aux végétaux*, en reconstruisant le parcours historique qui a posé les conditions pour que la physiologie devienne une science distincte, Bernard affirme qu'à la fin du

[6] Cl. Bernard, « Définition de la vie. Les théories anciennes et la science moderne », *Revue des Deux Mondes*, XLV, 9, 1875, p. 326-349 ; reproduit dans *La Science expérimentale*, Paris, J.-B. Baillière et fils, 1878 (posthume), p. 149-212. Bernard cite ici aussi bien Bordeu que Barthez, affirmant qu'à la fin du XVIIIe siècle ils « brillaient dans l'école de Montpellier » ; tout en les considérant comme les successeurs de Stahl, Bernard souligne qu'« ils ne conservèrent que la première partie de la doctrine du maître, le vitalisme, et en répudièrent la seconde, l'animisme. Contrairement a Stahl, ils veulent que le principe de la vie soit distinct de l'âme ; mais avec lui ils admettent une force vitale, un principe vital recteur dont l'unité donne la raison de l'harmonie des manifestations vitales, et qui agit en dehors des lois de la mécanique, de la physique et de la chimie » (*ibid.*, p. 157). Bernard établit ensuite un rapport de continuité entre le vitalisme montpelliérain et la théorie de Bichat : s'il est incontestable que la doctrine des propriétés vitales constitue « une conception de génie sur laquelle s'est fondée la physiologie moderne », il est également vrai que Bichat se trompe – comme les autres vitalistes – lorsqu'il oppose les propriétés vitales aux propriétés physico-chimiques (*ibid.*, p. 158-170). Bien que cette interprétation de Bichat et du vitalisme montpelliérain nous semple aujourd'hui restrictive, l'objectif polémique de Bernard est évident : la thèse, vivement soutenue par le vitalisme du début du XIXe siècle, selon laquelle les propriétés vitales – contrairement aux propriétés physico-chimiques – seraient instables, susceptibles d'une foule de variations, avec la conséquence qu'on ne pourrait rien prévoir dans leurs phénomènes, ni parvenir à des lois constantes et invariables.

[7] *Introduction*, p. 122-138.

XVIIIe siècle trois grands savants – le chimiste Lavoisier, le physicien Laplace et l'anatomiste Bichat – « vinrent tirer la science de la vie de l'ornière anatomique où elle menaçait de languir et lui imprimèrent une direction décisive et durable »[8]. D'un côté, Lavoisier et Laplace ont établi que les fonctions vitales supposent une série de phénomènes physico-chimiques connaissables au moyen d'une recherche non pas anatomique et descriptive mais expérimentale ; de l'autre, Bichat a décentralisé la vie, il a mis en lumière le fait qu'elle n'est pas localisable dans une certaine partie du corps et que par conséquent les fonctions vitales ne sont pas déductibles de la structure des organes, mais qu'elles doivent plutôt être reliées aux propriétés physiologiques des tissus. Il est temps désormais, conclut Bernard, que ces sollicitations innovantes s'unissent pour alimenter une nouvelle physiologie capable de coordonner de son point de vue spécifique l'anatomie, la physique et la chimie, et d'en tirer les bases essentielles sur lesquelles énoncer ses problèmes, ses concepts et ses théories.

Nous pouvons cependant nous demander si Bernard n'attribue pas à la triade Lavoisier-Laplace-Bichat un rôle moins explicite, lié davantage aux perspectives qu'ils incarnent qu'aux découvertes dont ils ont été protagonistes. Il est évident que Lavoisier et Laplace peuvent incarner l'image d'une physiologie scientifique, rigoureuse, désormais encline à adopter la méthode expérimentale déjà appliquée avec succès dans la physique et la chimie, tandis que Bichat peut incarner l'image d'une physiologie autonome, consciente de son indépendance, attentive à ne pas laisser les sciences physiques et chimiques envahir son domaine. Autrement dit, Lavoisier et Laplace d'un côté et Bichat de l'autre, peuvent représenter ces composantes du mécanisme et du vitalisme qui ne doivent pas être rejetées mais plutôt émendées de leurs principes dogmatiques et in fine intégrées dans un modèle théorique nouveau, original, correspondant à une physiologie ni anatomique ni physico-chimique, ni vitaliste ni mécaniste, mais précisément *physiologique*.

---

[8] *Leçons*, p. 6.

Cet objectif se reflète dans les deux aphorismes utilisés par Bernard pour définir les deux aspects complémentaires de la vie : « La vie, c'est la mort » et « La vie, c'est la création »[9]. Par exemple, les processus de fermentation et de combustion destinés respectivement à transformer et à brûler les matières de réserve pour obtenir l'énergie indispensable aux fonctions vitales, et non seulement ceux de putréfaction qui suivent la mort véritable de l'organisme, rentrent dans les phénomènes de mort ou de destruction organique. Puisqu'un organisme qui fonctionne est un organisme qui se détruit, nous sommes amenés à identifier les manifestations de la vie aux phénomènes de « mort ». En réalité, ces phénomènes sont de nature physico-chimique et peuvent par conséquent être rapprochés de phénomènes analogues du monde inorganique[10]. Vice-versa, le *quid proprium* des êtres vivants vient des processus – internes, silencieux et cachés – de création vitale, que Bernard pose sur deux niveaux. Au premier, nous trouvons la synthèse *chimique* concernant la formation du protoplasme, c'est-à-dire d'une matière vivante encore amorphe, indéfinie, mais néanmoins dotée d'une organisation très complexe : bien que constituée des mêmes éléments que ceux qui composent le monde inorganique (oxygène, hydrogène, azote, fer, etc.), elle contient déjà toutes les propriétés essentielles qui se manifestent de plusieurs manières dans les différents genres et espèces d'organismes (par exemple, la capacité d'assimiler les substances du milieu extérieur et de les transformer en produits organiques[11]). Au second, nous trouvons la synthèse *morphologique* concernant la configuration particulière que prend chaque fois le protoplasme, à savoir le développement et le maintien des formes de l'organisme à partir de l'œuf fécondé. Elle permet à l'organisme d'acquérir toutes ses déterminations : non seulement celles qui

---

[9] *Ibid.*, p. 39-41, 347-349. Voir aussi Cl. Bernard, « Définition de la vie », dans *La Science expérimentale*, *op. cit.*, p. 198.

[10] Malgré cette proximité, les phénomènes physico-chimiques des organismes vivants ont toujours leurs appareils, leurs procédés spéciaux : ils ne peuvent jamais être assimilés complètement aux phénomènes qui s'opèrent en dehors d'eux (*Leçons*, p. 166).

[11] *Ibid.*, p. 193, 202.

correspondent à son espèce mais également celles qui le caractérisent en tant qu'individu[12].

Il n'y a pas de compartiments étanches entre la destruction et la création. Bernard conteste la vision dualiste de la vie selon laquelle seuls les végétaux auraient la capacité de synthétiser les substances organiques, alors que les animaux se limiteraient à consommer ces substances après les avoir ingérées avec les aliments[13]. Comme le prouve la fonction glycogénique du foie[14], les animaux aussi sont capables de fabriquer des substances telles que les sucres, dont la présence dans le sang ne dépend pas strictement du type d'alimentation. Au lieu de subdiviser la nature vivante en deux domaines, la physiologie générale devra en élaborer une vision unitaire, montrant que dans chaque organisme – du plus simple au plus complexe – les phénomènes de destruction s'allient toujours aux phénomènes de création ; les premiers sont les instigateurs et les précurseurs des seconds, parce que la matière organique se renouvelle dans la mesure où elle s'use et une partie se cicatrise dans la mesure où elle est lésée. Selon Bernard, ces processus diffèrent plutôt par la connaissance scientifique qu'ils permettent d'atteindre et par la possibilité ou non d'en établir exactement les causes à l'aide de la méthode expérimentale[15]. En ce qui concerne les phénomènes

[12] *Ibid.*, p. 350-355.

[13] *Ibid.*, p. 125-155.

[14] Cf. Cl. Bernard, *Leçons de physiologie expérimentale appliquée à la médecine, faites au Collège de France*, édition établie par H. Lefèvre, 2 vol., Paris, J.-B. Baillière et fils, 1855-1856. En découvrant que le glucose présent dans le sang des animaux est produit par le foie, donc par sécrétion interne, Bernard prouve que chaque organisme – qu'il soit végétal ou animal – est à même de fabriquer ses propres réserves nutritives. La nutrition des animaux advient de manière indirecte : l'aliment d'origine végétale n'est pas assimilé tel qu'il est, car il subit une transformation complexe avant de constituer les réserves toujours identiques dans lesquelles va puiser l'organisme animal.

[15] Nous verrons au cours de ce chapitre que, pour Bernard, les phénomènes de destruction sont ceux sur lesquels la physiologie exerce déjà un plus grand contrôle. Les phénomènes de synthèse chimique sont moins connus, mais la physiologie leur applique déjà la méthode expérimentale, avec des résultats prometteurs ; en revanche, les phénomènes de synthèse morphologique apparaissent non seulement plus mystérieux mais également plus réfractaires à la recherche expérimentale et à une détermination exacte de leurs conditions d'existence.

de destruction organique, il s'agira de dissocier le déterminisme du mécanisme et d'en élaborer une version compatible avec la spontanéité – du moins apparente – de la vie ; en ce qui concerne les phénomènes de synthèse organisatrice, il s'agira en revanche de dissocier la notion de création vitale de toute empreinte vitaliste et de la ramener à une simple hypothèse régulative[16].

3.2. *Déterminisme et méthode expérimentale*

Bernard est convaincu que la médecine en tant que science rigoureuse est composée de trois parties essentielles : la physiologie, la pathologie et la thérapie. Puisque « l'état physiologique et l'état pathologique sont régis par les mêmes forces, et ils ne diffèrent que par les conditions particulières dans lesquelles la loi vitale se manifeste », la médecine scientifique devra être fondée sur la physiologie[17]. Il s'ensuit que la médecine ne peut acquérir un statut expérimental avant que ne soient fixés les principes théoriques et pratiques de l'expérimentation biologique. Voilà pourquoi le but de l'*Introduction à l'étude de la médecine expérimentale* est beaucoup plus ambitieux que celui que nous pourrions déduire du titre : fonder le statut expérimental des sciences biologiques dans leur ensemble ; proposer une définition de méthode expérimentale adaptée à toutes les sciences (donc également aux sciences physico-chimiques), tout en soulignant les précautions méthodologiques que l'étude du vivant exige.

Magendie avait déjà introduit l'expérimentation dans les recherches physiologiques, en insistant de surcroît sur l'identité

[16] Cf. M.D. Grmek, « Claude Bernard entre le matérialisme et le vitalisme : la nécessité et la liberté dans les phénomènes de la vie », dans J. Michel (éd.), *La Nécessité de Claude Bernard*, Paris, Klincksieck, 1991, p. 117-139 ; F.L. Holmes, « Claude Bernard and the Vitalism of His Time », dans G. Cimino, Fr. Duchesneau (éds), *Vitalism from Haller to the Cell Theory*, *op. cit.*, p. 281-295. Voir aussi B. Fantini., *La macchina vivente : meccanicismo e vitalismo nella biologia del Novecento*, Milano, Longanesi, 1976.

[17] *Introduction*, p. 19.

des méthodes de recherche aussi bien à l'état normal qu'à l'état pathologique. Mais pour lui, l'expérimentation coïncidait avec la collecte et l'analyse des données empiriques, tandis que le moment théorico-interprétatif, considéré comme l'héritage d'une perspective plus philosophique que scientifique, était repoussé. Selon Bernard, par contre, « l'art d'obtenir des faits exacts au moyen d'une investigation rigoureuse » et « l'art de les mettre en œuvre au moyen d'un raisonnement expérimental afin d'en faire ressortir la connaissance de la loi des phénomènes » doivent s'intégrer[18]. Expérimenter veut dire acquérir une expérience riche en connaissance. L'expérience en question ne se limite donc pas à la simple vérification des faits, elle dépend plutôt d'un raisonnement précis visant à les interpréter correctement. Dans ce sens, la méthode expérimentale implique une tension constante entre les faits et les théories : d'un côté, c'est toujours une « idée préconçue » (entendue comme « interprétation anticipée de la nature ») qui engendre l'expérience, en supposant certaines connexions entre les phénomènes observés et en prévoyant les stratégies destinées à en vérifier l'existence réelle ; de l'autre, les faits représentent le point de départ de l'hypothèse, qui n'est jamais innée, et l'outil de contrôle de la théorie, qu'il faut abandonner ou modifier si elle n'est pas adaptée aux résultats de l'expérience. Ceux qui, en se référant à l'autorité des faits, condamnent l'usage des hypothèses et des théories confondent la conception de l'expérience avec la vérification des résultats. En réalité, le fait « n'est rien par lui-même, il ne vaut que par l'idée qui s'y rattache ou par la preuve qu'il fournit » et même, « quand un fait prouve, ce n'est point le fait lui-même qui donne la preuve, mais seulement le rapport rationnel qu'il établit entre le phénomène et sa cause »[19].

[18] *Ibid.*, p. 23.

[19] *Ibid.*, p. 77. On peut retrouver des liens précis entre cette conception bernardienne et certaines orientations de la pensée française, du rationalisme cartésien au « réalisme ingénu » présent dans la gnoséologie de Condillac et des *idéologues*, qui a ensuite conflué dans celle qu'on a définie comme la « tradition du laboratoire » : voir S. Poggi, « L'*esprit*, la *raison*, le *système*. Ricerca della verità e metodo sperimentale in Claude Bernard », dans M. Giandomenico (éd.), *Claude Bernard. Scienza, filosofia, letteratura*,

Puisque la vérité scientifique consiste en ce rapport, qui transcende le fait *brut* en tant que tel et le rend partie intégrante d'un énoncé théorique, le premier principe des sciences expérimentales est le *déterminisme* rigoureux des phénomènes naturels.

Qu'est-ce que Bernard entend par ce concept, qu'il introduit d'ailleurs dans les sciences biologiques ? Pour le définir, il part du concept de vérité mathématique qui, en tant que vérité « consciente et intrinsèque » (c'est-à-dire indépendante de la réalité parce que conséquence de principes qui s'imposent au sujet connaissant par leur clarté et leur évidence) constitue le modèle exemplaire de vérité absolue, fondée sur la connaissance des rapports nécessaires entre les choses. Le statut des vérités expérimentales liées à l'étude des phénomènes naturels est différent : étant « inconscientes et extrinsèques » elles demeurent des vérités relatives, tellement enchevêtrées dans la

Verona, Bertani Editore, 1982, p. 35-54. Toutefois, Bernard semble emprunter à Comte la thèse selon laquelle la connaissance positive est caractérisée par l'usage bien combiné du raisonnement et de l'observation (*Cours*, I, p. 9-10). Un cahier de Bernard, manuscrit, relié, avec une couverture noire, dans lequel il rédige en 1865 quelques notes en préparation de l'*Introduction*, nous prouve qu'il avait certainement lu la première leçon du *Cours*, dont il cite et commente de nombreux passages (Cl. Bernard, *Philosophie. Manuscrit inédit*, édition établie par J. Chevalier, Paris, Bovin et Cie Éditeurs, 1954, p. 25-43). En effet, plusieurs points fondamentaux de l'épistémologie positiviste font surface chez Bernard : l'exigence que la science renonce à chercher les causes premières des phénomènes pour se consacrer plutôt à découvrir leurs lois effectives ; la possibilité de soumettre tous les phénomènes à des lois naturelles invariables ; l'idée qu'une science puisse être jugée autonome uniquement si et dans la mesure où elle est dotée d'un sujet spécifique qu'on ne peut réduire aux secteurs de recherche des autres sciences. De plus, Bernard semble reprendre également certaines thèses du *Cours* se référant plus précisément à la science biologique, comme le statut autonome attribué à celle-ci, le refus d'un antagonisme entre les phénomènes vitaux et les conditions physico-chimiques du milieu extérieur, ou encore la précaution d'élaborer des outils théoriques et méthodologiques originaux, adaptés à la spécificité du vivant. Du reste, avant Bernard, Comte avait déjà soutenu le déterminisme rigoureux des faits biologiques, leur obéissance à des conditions d'existence nécessaires, y trouvant même le fondement indispensable du caractère positif et prévisionnel attribué à la science correspondante : voir A. Kremer-Marietti, « Le positivisme de Claude Bernard », dans J. Michel (éd.), *La Nécessité de Claude Bernard*, *op. cit.*, p. 183-193.

réalité phénoménale qu'elles ne se révèlent à nous que fragmentairement, à travers la comparaison entre les idées préconçues et les faits que nous avons réussi à isoler ou à provoquer. D'autre part, les vérités expérimentales aussi se basent sur un principe qui doit être considéré comme absolu, puisqu'il s'adresse à notre conscience et à notre raison avec l'évidence d'une certitude a priori : le principe du déterminisme nécessaire des facteurs qui conditionnent la manifestation des phénomènes. Selon ce principe, il n'existe pas d'effet sans cause, c'est-à-dire indéterminable dans ses conditions d'existence : tous les facteurs observables s'enchaînent nécessairement et par conséquent « un phénomène naturel, quel qu'il soit, étant donné, jamais un expérimentateur ne pourra admettre qu'il y ait une variation dans l'expression de ce phénomène sans qu'en même temps il ne soit survenu des conditions nouvelles dans sa manifestation »[20]. En somme, même les sciences expérimentales postulent un rapport nécessaire entre le phénomène et la cause qui le détermine ; rapport qui, étant indépendant de l'expérience, sera obligatoirement absolu et d'ordre mathématique. Cependant, leur but est de découvrir, par l'expérience, la *cause proche* ou *immédiate* d'un phénomène, c'est-à-dire d'un autre phénomène qui le précède et dont il dépend ; cet objectif étant atteint, l'expérimentateur ne connaîtra que les conditions d'existence du phénomène étudié (donc une série de rapports partiels et relatifs) mais il sera désormais en mesure de le contrôler, d'agir sur lui, aussi bien en prévenant son développement qu'en favorisant ou en inhibant ses manifestations. Du reste, la recherche de la cause première et de la nature essentielle des choses semble chimérique tant pour les sciences expérimentales que pour les mathématiques, puisqu'elle est liée à une optique métaphysique dont le savoir scientifique doit s'éloigner s'il veut effectivement progresser dans la connaissance des phénomènes et de leurs lois.

Après avoir défini les caractères généraux de la méthode expérimentale, Bernard affronte avec décision le défi de montrer que « la science des phénomènes de la vie ne peut pas

[20] *Introduction*, p. 78.

avoir d'autres bases que la science des phénomènes des corps bruts, et qu'il n'y a sous ce rapport aucune différence entre les principes des sciences biologiques et ceux des sciences physico-chimiques »[21]. Les sciences biologiques doivent elles aussi adopter la méthode expérimentale parce que même les phénomènes de la vie sont régis par des conditions matérielles définies, saisissables uniquement par un raisonnement précis fondé sur une idée que l'observation a fait naître et que l'expérience a contrôlée. Le physicien, le chimiste et le physiologiste partagent le même objectif – mettre en relation un phénomène quelconque avec sa cause proche ou immédiate – et le même axiome – la certitude que, les conditions d'un phénomène étant connues et réalisées, celui-ci se répètera toujours et de la même manière. En effet, dans les corps vivants comme dans les corps bruts, « les lois sont immuables, et les phénomènes que ces lois régissent sont liés à leurs conditions d'existence par un déterminisme nécessaire et absolu »[22]. S'il est convaincu de la vérité de ce principe, le physiologiste n'expliquera pas les manifestations souvent variables et contradictoires des phénomènes vitaux en recourant à une cause occulte ou surnaturelle, mais il saura que les phénomènes ne peuvent pas être en contradiction entre eux s'ils sont toujours observés dans des conditions identiques. Par conséquent, face à d'éventuelles variations, il essaiera d'en connaître les causes, de les ramener à des facteurs définis et de reparcourir toutes les phases de l'expérience pour comprendre quelle condition a pu varier. Ainsi, le physiologiste pourra agir sur les manifestations des phénomènes vitaux comme le physicien et le chimiste agissent sur les phénomènes naturels dont ils connaissent les lois. La médecine pourra devenir une science active capable d'expliquer les mécanismes qui sont à l'origine des états pathologiques et de donner lieu à une thérapeutique efficace. Étant plus complexes, les phénomènes vitaux sont naturellement plus difficiles à déterminer que les phénomènes physico-chimiques, mais la conscience de cette difficulté, ajoutée à la

---

[21] *Ibid.*, p. 86.
[22] *Ibid.*, p. 84-85.

certitude du déterminisme physiologique, nous incite à travailler pour étendre effectivement notre savoir et notre contrôle sur la nature vivante.

Comme l'observe Mirko Grmek, le déterminisme bernardien prend l'aspect d'un « concept opérationnel » dont l'origine est plus pragmatique que strictement philosophique. À ce propos, Grmek rappelle la dure lutte livrée par Bernard, dans le sillage de Magendie, pour justifier l'expérimentation physiologique au sein d'une culture médicale encore encline à estimer que les résultats de deux expériences ne pourront jamais être identiques. Dans un contexte de ce genre, le principe d'un rapport nécessaire entre les phénomènes vitaux et leurs conditions d'existence servait à repousser cette objection, à lever l'obstacle épistémologique qui s'opposait à la généralisation de la pratique et du raisonnement expérimental dans les disciplines biologiques[23]. Bernard est toutefois bien conscient que, même si cet obstacle est levé, il reste une difficulté objective venant de deux caractères particuliers des organismes : d'un côté, chaque être vivant apparaît doté « d'une espèce de force intérieure qui préside à des manifestations vitales de plus en plus indépendantes des influences cosmiques générales, à mesure que l'être s'élève davantage dans l'échelle de l'organisation » ; de l'autre, les manifestations de l'organisme vivant « sont dans une harmonie réciproque telle, qu'il paraît impossible de séparer une partie de l'organisme, sans amener immédiatement un trouble dans tout l'ensemble »[24].

Il sait pourtant – selon les résultats obtenus au cours de ses recherches – que, si la méthode expérimentale est utilisée correctement, elle est réellement fructueuse. Une série d'études expérimentales – commencées en 1843 et terminées par la célèbre expérience du « foie lavé », effectuée en 1855 – avait permis à Bernard de découvrir la fonction glycogénique du foie. Entre temps, il avait étudié le rôle du suc pancréatique dans la digestion des graisses animales et les effets de plusieurs

---

[23] M.D. Grmek, *Raisonnement expérimental et recherches toxicologiques chez Claude Bernard*, Genève, Droz, 1973.

[24] *Introduction*, p. 91.

substances toxiques, obtenant également dans ces domaines une série de succès extraordinaires. Le problème était de comprendre comment la spontanéité apparente du vivant pouvait être compatible avec la nécessité de la méthode expérimentale, et de trouver un concept justifiant cette conciliation d'un point de vue pratique mais également théorique. Pendant qu'il étudiait expérimentalement la fonction glycogénique du foie, Bernard avait formulé l'idée d'une certaine indépendance de l'organisme du milieu extérieur, rendue possible du fait que l'organisme même est capable de produire (par sécrétion interne) les substances nécessaires au fonctionnement de ses tissus[25]. Cette idée constituera l'ossature d'un concept qui révolutionnera la physiologie, séparant le déterminisme du mécanisme et la généralisation de la méthode expérimentale du réductionnisme physico-chimique : le concept, uniquement bernardien cette fois, de *milieu intérieur*.

3.3. *Le concept de* milieu intérieur

Bien que Bernard ait déjà parlé du sang comme d'un « milieu contenant toutes les substances nécessaires à l'entretien de la vie »[26], l'expression *milieu intérieur* fait sa

---

[25] Cl. Bernard, *Leçons de physiologie expérimentale appliquée à la médecine, op. cit.*, t. I, p. 96-97, 107-109. Sur le sens que prend le concept de milieu intérieur dans la physiologie de Bernard, voir G. Canguilhem, « Théorie et technique de l'expérimentation chez Claude Bernard », *loc. cit.* ; F.L. Holmes, « La signification du concept de milieu intérieur », dans J. Michel (éd.), *La Nécessité de Claude Bernard, op. cit.*, p. 53-64 ; M. Jeannerod, « Les relations entre organisme et milieu chez Claude Bernard », *ibid.*, p. 141-153.

[26] Cl. Bernard, « Cours de physiologie générale de la Faculté des Sciences. Leçon d'ouverture de Claude Bernard », édition établie par H. de Castelnau, *Le Moniteur des Hôpitaux*, II, 52, 1854, p. 449-450. Pour une reconstruction ponctuelle des étapes qui ont marqué la définition progressive de ce concept, nous renvoyons à F.L. Holmes, « The *Milieu Intérieur* and the Cell Theory », *Bulletin of the History of Medicine*, XXXVII, 1963, p. 315-335 ; M.D. Grmek, « Évolution des conceptions de Claude Bernard sur le milieu intérieur », dans É. Wolff *et alii*, *Philosophie et méthodologie scientifiques de Claude Bernard*, Paris, Masson, 1967, p. 117-150.

première apparition officielle dans des leçons, données en décembre 1857 au Collège de France et publiées deux ans plus tard, qui exposent une des propriétés fondamentales de ce milieu liquide, physiquement et chimiquement constant – qui comprend le sang et le système lymphatique – dans lequel sont immergés les tissus des animaux supérieurs : sa fonction protectrice contre les variations du milieu extérieur, fonction qui s'accentue à mesure que l'organisation des organismes augmente, assurant à ceux-ci une autonomie croissante, une sorte d'indépendance.

Pour le moment, cette fonction est essentiellement reliée à la capacité du sang de nourrir et de dépurer les organes sans changer les conditions de température, d'humidité et d'oxygénation, et de constituer ainsi « un véritable milieu organique, intermédiaire entre le milieu extérieur dans lequel vit l'individu tout entier et les molécules vivantes qui ne sauraient être impunément mises en rapport direct avec ce milieu extérieur »[27]. Les années suivantes, influencé par la théorie cellulaire, Bernard attribue un rôle plus actif aux éléments histologiques, affirmant qu'ils vivent dans le sang comme des poissons dans l'eau, c'est-à-dire comme des êtres distincts et autonomes : immergés dans un milieu liquide dont ils ne sont cependant pas imprégnés, ils parviennent à sélectionner les substances nutritives nécessaires à leur survie. La seconde propriété fondamentale du milieu intérieur n'émergera qu'en 1867 : sa fonction régulatrice au niveau physiologique (de la température corporelle à la composition chimique du sang, au battement du cœur) qui met au premier plan le système complexe de compensations – contrôlées par le système nerveux – à travers lequel l'organisme est en mesure de maintenir inchangé son équilibre[28].

---

[27] Cl. Bernard, *Leçons sur les propriétés physiologiques et les altérations pathologiques des liquides de l'organisme*, 2 vol., édition établie par A. Tripier, J.-B. Baillière et fils, Paris 1859, t. I, p. 42-43.

[28] Cl. Bernard, *Rapport sur les progrès et la marche de la physiologie générale en France,* Paris, Imprimerie Impériale, 1867, p. 68-69. De cette manière, Bernard jette les bases du concept qui recevra plus tard le nom d'*homéostasie* : voir Ch. Sinding, « Du milieu intérieur à l'homéostasie : une

Lorsqu'il rédige l'*Introduction*, Bernard n'a pas encore précisé cette dernière fonction mais il a désormais compris ce qu'une généralisation du concept et son lien avec la théorie cellulaire pouvaient avoir comme conséquences : par exemple, que le milieu intérieur est produit à la fois *pour* les organes (et leur permet de vivre et de participer au processus physiologique général) et *par* les organes (c'est-à-dire fabriqué par les cellules elles-mêmes), et qu'à partir du milieu intérieur on peut voir dans l'organisme aussi bien une totalité qu'un mélange de cellules et d'organismes élémentaires, analysables individuellement au moment de l'expérience sans que cette totalité ne soit altérée ni détruite. Surtout, il est clair pour lui que le concept de milieu intérieur peut réadapter et spécifier le déterminisme dans un sens physiologique en formulant de manière innovante la vieille question de la spontanéité ou de la nécessité du vivant[29].

D'un côté, l'existence du milieu intérieur justifie la spécificité de l'expérimentation physiologique par rapport à l'expérimentation physico-chimique. Alors que les modifications des phénomènes inorganiques découlent toujours de modifications du milieu extérieur, raison pour laquelle il suffit de connaître celles-ci pour organiser correctement une expérience, il faut, dans l'expérimentation physiologique, considérer deux milieux : le milieu macrocosmique général, commun aux organismes vivants et aux corps bruts, et le milieu microcosmique infra-organique, caractéristique de l'organisme vivant. Donc, les difficultés inhérentes à l'étude expérimentale des phénomènes biologiques (et dans la recherche des facteurs capables de les modifier) doivent être attribuées à l'exigence de mener l'expérience directement dans le milieu intérieur, sans négliger toutefois les rapports entre les éléments organisés du corps et les conditions du milieu extérieur (bien que perfectionnées et régies par l'activité de l'organisme). De l'autre côté, l'existence du milieu intérieur montre la possibilité de faire valoir, dans ce domaine aussi, le principe du déterminisme

---

généalogie contestée », dans J. Michel (éd.), *La nécessité de Claude Bernard*, *op. cit.*, p. 65-82.

[29] *Introduction*, p. 95, 109.

nécessaire des causes qui provoquent les manifestations des phénomènes. Après avoir établi que les conditions d'existence de ces phénomènes coïncident avec les conditions physico-chimiques du milieu physiologique intérieur, il n'y a plus aucun motif d'opposer la spontanéité à la nécessité et il faudra même reconnaître que la seconde constitue la base indispensable de la première : seul le perfectionnement progressif, chez les animaux supérieurs et chez l'homme, d'un mécanisme protecteur rigoureusement déterminé permet aux organismes correspondants de se forger une autonomie croissante qu'il ne faut pas confondre avec l'action d'une force surnaturelle.

Dans ses *Leçons sur les phénomènes de la vie communs aux animaux et aux végétaux*, Bernard s'arrête plus amplement sur ce dernier point, opérant une classification des êtres vivants basée sur leur degré de dépendance du milieu macrocosmique[30]. La vie ne se développe pas et ne se conserve pas en luttant sans cesse contre les forces physico-chimiques du monde inorganique, comme le soutenait Bichat. La vie implique plutôt une corrélation harmonieuse entre la structure intime de l'organisme et les conditions extérieures, qui varie dans ses modalités selon la forme d'existence – *latente*, *oscillante* ou *constante* – à laquelle elle s'applique.

La vie latente est le propre des êtres (par exemple, les graines végétales ou, chez les animaux, les protozoaires appartenant à la classe des ciliés) qui peuvent rester, même pendant longtemps, dans un état d'inertie dû à la suspension totale de toute manifestation vitale ; ces êtres dépendent tellement du milieu macrocosmique que leur existence est pour ainsi dire *virtuelle* : bien qu'ils possèdent les éléments organisés nécessaires pour vivre, ils ne les activent qu'en présence de certaines conditions extérieures (par exemple un certain degré d'humidité ou de température). La vie oscillante concerne tous les organismes végétaux et, dans le règne animal, tous les invertébrés et, chez les invertébrés, les animaux à sang froid ; dans ce cas, la dépendance du milieu extérieur n'est plus absolue puisque ces organismes, bien qu'ils subissent profondé-

---

[30] *Leçons*, p. 65-124.

ment les variations climatiques (par exemple l'hiver ils entrent en léthargie) ne font qu'atténuer leurs fonctions vitales, sans jamais les interrompre. In fine, la vie constante (apanage des organismes animaux dotés d'une organisation plus complexe) est marquée par le fait que les fonctions vitales suivent un rythme régulier et fondamentalement uniforme, comme si les variations du milieu macrocosmique n'avaient aucune influence sur elles. En réalité, même les organismes supérieurs sont en relation étroite avec ce milieu : leur isolement apparent est dû à la présence d'un milieu intérieur hautement perfectionné qui, sous le contrôle du système nerveux, compense les variations extérieures par des variations intérieures appropriées de manière à rétablir constamment l'équilibre physiologique. En bref, la constance du milieu intérieur – assurée par des mécanismes de réglage soumis à des lois causales précises – est la véritable condition d'une vie libre et indépendante[31].

Il serait cependant erroné de penser que le déterminisme physiologique ne se différencie du physico-chimique que par la délicatesse des phénomènes observés et par le plus grand nombre de variables en jeu. Tandis que le milieu cosmique général est commun aux corps vivants et aux corps bruts, « le milieu intérieur créé par l'organisme est spécial à chaque être vivant » : c'est là « le vrai *milieu physiologique,* celui que le physiologiste et le médecin doivent étudier et connaître »[32]. Le concept de milieu intérieur est vraiment biologique, car il permet d'encadrer scientifiquement ce caractère autopoïétique de l'activité organique qui demeure imperceptible tant qu'on se borne à observer les réactions de l'organisme au milieu extérieur.

Nous avons déjà dit que la prérogative du milieu intérieur est de maintenir constantes les conditions nécessaires à la vie des éléments organiques, c'est-à-dire un certain niveau d'hydratation, d'oxygénation, de température ainsi qu'une certaine quantité de réserves nutritives, obtenues en ingérant les aliments et utilisées par l'organisme pour croître, exercer ses fonctions

[31] *Ibid.*, p. 113.
[32] *Introduction*, p. 107.

vitales ou réparer son usure permanente. Or, tous ces phénomènes ne peuvent pas être compris si nous prenons comme modèles les mécanismes qui se produisent dans les corps inertes. Cela est valable notamment pour les processus suivant lesquels l'organisme, d'un côté, forme et développe, et de l'autre, renouvelle et régénère ses organes et ses tissus : il s'agit en effet de processus plastiques, formatifs, qui ne trouvent aucun équivalent en dehors de l'organisme et qui représentent par conséquent le trait le plus spécifique et le plus marquant de la nature vivante. Pour les désigner, Bernard utilise son célèbre aphorisme « La vie, c'est la création ».

Avec cette définition, c'est l'un des concepts les plus controversés de la réflexion bernardienne qui entre en jeu : un concept riche en implications philosophiques, mais difficile à ramener à une ligne de pensée homogène. En effet, alors que nous pouvons lier la notion de déterminisme biologique à une certaine tradition de la philosophie française, la notion d'idée créatrice semble résulter de nombreux apports et la critique s'est souvent divisée quant au référent théorique qui en aurait inspiré l'élaboration[33]. Dans les pages qui suivent, nous allons essayer d'établir quelques relations, en privilégiant les perspectives avec lesquelles Bernard se mesure plus explicitement et analytiquement. Pour approfondir le sens de cette notion, nous essaierons avant tout d'en reconstruire la genèse, en sondant les fonctions particulières qu'elle exerce dans le projet épistémologique bernardien.

---

[33] Par exemple, on a parlé de l'influence exercée par Aristote et par le thomisme : A.-D. de Sertillanges, *La Philosophie de Claude Bernard*, Paris, Aubier, 1944 : P. Foulquié, *Claude Bernard*, Paris, Éditions des Écoles, 1954. On a également supposé l'influence de Goethe et de la philosophie romantique de la nature : M. Klein, « Sur les résonances de la philosophie de la nature en biologie moderne et contemporaine », *Revue philosophique*, CXLIV, 2, 1954, p. 514-543. D'autres ont valorisé surtout le rapport avec Kant : G. Canguilhem, « Le tout et la partie dans la pensée biologique » (1966), dans *Études d'histoire et de philosophie des sciences*, *op. cit.*, p. 319-333.

3.4. *La vie comme création*

La définition de la vie comme création apparaît déjà dans une note rédigée par Bernard en décembre 1856[34], suivie de quelques observations qui en ponctuent le rôle stratégique dans la conception du savoir biologique. Après avoir souligné la nécessité d'étudier le développement des cellules et des tissus organiques aussi bien dans l'embryon que chez l'individu adulte, Bernard distingue deux genres de tissus : ceux à éléments stables, qui ont tendance à se conserver pendant toute la vie de l'organisme, et ceux à éléments labiles, qui sont en revanche objet d'une création permanente. Cette création n'est pas guidée par des processus physico-chimiques. De ce point de vue, on peut partager l'idée de Bichat d'un antagonisme entre la vie et les forces du monde inorganique : « La création vitale des tissus n'est ni chimique ni physique : la désagrégation et décomposition des tissus est physique et chimique. Il y a entre les deux ordres de phénomènes une ligne de démarcation tranchée »[35].

Dans d'autres notes, rédigées entre 1857 et 1860, Bernard précise sa perspective, en se référant explicitement à cette notion de *principe* ou *force vitale* qui avait caractérisé les écoles vitalistes du XVIIIe siècle. Tous les phénomènes physiologiques dépendent des processus d'organisation, de synthèse organique. La création (ou l'évolution : les deux termes apparaissent souvent comme interchangeables) représente le phénomène vital dominant, à tel point que la vie même peut être définie comme l'activité de la force créatrice et évolutive de l'organisme. Cette force, qui n'est constatée que chez les êtres vivants et qui les caractérise, assigne à chacun d'eux une mission à remplir, un destin biologique dont les effets se prolongent au-delà de l'âge

[34] Cl. Bernard, *Cahier de Notes 1850-1860*, présenté et commenté par M.D. Grmek, Paris, Gallimard, 1965, p. 51, où l'annotation prend déjà une forme lapidaire : « La vie, c'est une création ». Ce volume reproduit intégralement le contenu du *Cahier rouge* (ainsi dénommé en raison de la couleur de sa couverture) dans lequel Bernard, de 1850 à 1860, note des réflexions de caractère général.

[35] *Ibid.*, p. 52.

adulte[36]. Bien qu'elle constitue une inconnue, la force vitale s'inscrit dans le cadre spécifique de la physiologie, qui devra en rechercher la loi non pas en l'étudiant en soi (comme cause première elle reste inaccessible) mais en appliquant la méthode expérimentale aux différentes manifestations de la « vie plastique » : de l'évolution individuelle de l'être vivant, vu dans sa totalité, à l'évolution et à la conservation des éléments organiques destinés à exercer la fonction d'outils physiques, mécaniques et chimiques. En se référant à Stahl et à Bichat, Bernard affirme même que la force vitale renouvelle ou régénère ces outils et s'oppose ainsi à leur destruction, résiste à leur mort. Cela se traduit, sur le plan théorique, par la tentative d'« amener un concordat entre l'animisme et le matérialisme. Tout doit être dominé par le vrai vitalisme, c'est-à-dire la théorie des évolutions »[37].

Ensuite, Bernard redimensionnera la contribution tirée du courant vitaliste, refusant le dualisme création/destruction et élaborant une autre conception de la force vitale, vue de plus en plus comme une force métaphysique, comme une entité conceptuelle à laquelle on ne peut attribuer aucune action effective. Par contre, la vision de la création organique comme élément discriminant entre la vie et la matière inerte, entre la science biologique et les sciences physico-chimiques, restera substantiellement inchangée, même si ce thème (notamment dans ses aspects les plus problématiques liés à l'embryogenèse) sera partiellement séparé des vrais objets de la recherche physiologique.

Dans son *Introduction*, Bernard place la question de la force vitale dans le chapitre destiné à illustrer les précautions métho-

---

[36] *Ibid.*, p. 56. Par ailleurs, déjà dans ces notes, Bernard ne sous-estime pas l'évidence que les faits biologiques dépendent des lois de la physique et de la chimie

[37] *Ibid.*, p. 101. Rappelons que par l'expression « théorie des évolutions » Bernard n'entend pas la théorie des transformations des espèces, mais celle qui concerne le développement ontogénétique de chaque organisme. Sur les résistances opposées par la physiologie de Bernard à la réception des théories de Darwin, cf. A. La Vergata, « Claude Bernard. Punti di vista fisiologici ed economia della natura », dans M. Giandomenico (éd.), *Claude Bernard, op. cit.*, p. 287-313.

dologiques spéciales à prendre dans l'expérimentation sur les organismes vivants. En premier lieu, il faut reconnaître que dans ce cas le déterminisme est non seulement extrêmement complexe mais également « harmonieusement hiérarchisé » : la complexité dépend du fait que les nombreuses variables en jeu n'ont pas toutes le même poids ni la même valeur, mais qu'elles se subordonnent et se combinent entre elles pour un but final commun. Autrement dit, le physiologiste et le médecin ne doivent jamais oublier que « l'être vivant forme un organisme et une individualité » : un *organisme*, dans le sens que l'être vivant agit toujours en tant qu'un tout dominé par une profonde solidarité entre ses parties, et une *individualité*, dans le sens que chaque organisme est une sorte de microcosme et que par conséquent nous n'avons jamais affaire à l'être vivant en général mais à des phénomènes ou à des fonctions générales qui se concrétisent dans un être vivant particulier. Par conséquent, « le physicien et le chimiste peuvent repousser toute idée de causes finales dans les faits qu'ils observent ; tandis que le physiologiste est porté à admettre une finalité harmonique et préétablie dans le corps organisé dont toutes les actions partielles sont solidaires et génératrices les unes des autres »[38].

La finalité dont parle Bernard est inséparable du caractère holistique de l'organisme : *finalité* et *unité harmonieuse* sont des expressions synonymes puisque toutes deux font allusion à l'ordre et à la disposition des parties dans un tout. Si le physique et le chimique peuvent éluder ce problème, c'est parce qu'il ne se pose pas tant que les objets étudiés sont des corps réductibles à leurs éléments. En même temps, la notion de finalité rejoint la conception d'un développement qui n'est pas fortuit ni déterminé par la rencontre casuelle de phénomènes physico-chimiques, mais régi par une sorte de dessein fixé à l'avance qui structure, intègre et harmonise les éléments organiques en vue de la construction de l'organisme. C'est sur

---

[38] *Introduction*, p. 123-125. Voir à ce propos D. Salottolo, « Claude Bernard e lo strano caso del suo determinismo armoniosamente subordinato », dans Cl. Bernard, *Un determinismo armoniosamente subordinato. Epistemologia, fisiologia e definizione della vita*, trad. it. D. Salottolo, Milano, Mimesis Edizioni, 2014, p. 7-41.

le fond de ce réticulum conceptuel qu'apparaît, dans l'*Introduction*, la définition de la vie comme création :

> S'il fallait définir la vie d'un seul mot, qui, en exprimant bien ma pensée, mît en relief le seul caractère qui, suivant moi, distingue nettement la science biologique, je dirais : la vie, c'est la *création.* [...] Quand un poulet se développe dans un œuf, ce n'est point la formation du corps animal, en tant que groupement d'éléments chimiques, qui caractérise essentiellement la force vitale. Ce groupement ne se fait que par suite des lois qui régissent les propriétés chimico-physiques de la matière ; mais ce qui est essentiellement du domaine de la vie et ce qui n'appartient ni à la chimie, ni à la physique, ni à rien autre chose, c'est *l'idée* directrice de cette évolution vitale. Dans tout germe vivant, il y a une idée créatrice qui se développe et se manifeste par l'organisation. Pendant toute sa durée, l'être vivant reste sous l'influence de cette même force vitale créatrice, et la mort arrive lorsqu'elle ne peut plus se réaliser[39].

Nous pouvons remarquer que l'image de la vie comme création implique l'hypothèse d'une force vitale créatrice. Pourquoi, pour désigner cette force, Bernard utilise-t-il l'étiquette métaphorique d'*idée directrice* ou *créatrice* ? Avant tout, cette force n'a pas le statut d'une réalité matérielle et objective, elle n'est la *cause proche* ou *immédiate* d'aucun phénomène vital ; elle équivaut plutôt à une loi inconnue dont tout ce que nous savons est qu'elle guide la réalisation – dans chaque être vivant – d'un plan vital préétabli, toujours le même à l'intérieur d'une même espèce, et que l'on peut prédire dès lors qu'on connaît l'espèce à laquelle l'œuf appartient[40].

---

[39] *Introduction*, p. 130-131.

[40] *Leçons*, p. 292-342. Il faut souligner que, pour Bernard, la synthèse *chimique* aussi apparaît comme réglée par la transmission héréditaire d'un protoplasme préexistant : bien qu'il représente le véritable agent de la vie non pas en tant que forme mais en tant que matière ou substance, le protoplasme de tout être vivant quel qu'il soit possède toujours une certaine structure atavique. Par conséquent, même dans un phénomène typiquement physiologique comme la glycogenèse végétale et animale, nous retrouvons les deux phases caractéristiques des grands phénomènes de la vie : 1) création organique, c'est-à-dire synthèse de l'amidon ou du glycogène ; 2) destruction organique, c'est-à-dire transformation de l'amidon ou du glycogène en dextrine et en sucre, puis destruction du sucre par des procédés analogues aux

Derrière tout cela, il y a, pour Bernard, le dispositif atavique de l'embryogenèse, qui explique bien sûr pour quel motif un œuf de poule donnera vie à une poule et non à un canard, mais qui demeure encore une énigme puisqu'il est lié à l'existence d'une substance héritable dont la nature matérielle nous échappe[41] ; néanmoins, nous pouvons tenter de nous représenter ce dispositif à l'image d'une idée directrice ou créatrice.

Or, pourquoi devrions-nous nous représenter quelque chose que la science n'est pas encore en mesure de déterminer et qui ne constitue même pas la cause proche ou immédiate des phénomènes vitaux ? Pour répondre à cette question, nous devons considérer que Bernard insiste sur l'unité fondamentale des phénomènes de création organique. Les processus à travers lesquels l'organisme prend forme dans l'œuf fécondé ne sont pas substantiellement différents de ceux qui en déterminent la croissance et la conservation dans le temps ni de ceux qui lui permettent de renouveler les éléments histologiques ou de réparer une lésion. Génération, développement, régénération, rédintégration, cicatrisation sont des aspects divers d'un phénomène unique : la synthèse organisatrice ou création organique[42].

---

combustions. La face la plus obscure de la glycogenèse reste précisément celle de la synthèse de l'amidon ou du glycogène ; cependant, Bernard estime que la synthèse *chimique* – contrairement à la synthèse *morphologique* – peut et doit être étudiée par la physiologie, comme le confirmeraient du reste les résultats déjà obtenus dans ce domaine.

[41] Bernard est au courant du long débat mené sur le problème de la génération, qui avait vu s'opposer la théorie de la *préformation* (selon laquelle l'organisme existe, déjà préformé, dans le « germe », c'est-à-dire dans l'œuf, ou dans l'« animal spermatique ») et la théorie de l'*épigenèse* (selon laquelle le germe n'est pas un organisme en miniature mais plutôt une matière indistincte au début, qui s'organise graduellement et prend des formes de plus en plus complexes). Il connaît également la théorie de Balbiani, qui avait peu de temps auparavant récupéré partiellement la théorie préformiste – désormais discréditée par les chercheurs – supposant la transmission, d'une génération à l'autre, d'une substance atavique renfermée dans l'œuf maternel. Pour sa part, Bernard adopte l'hypothèse d'un développement graduel, épigénétique, de l'œuf fécondé, mais il fait remonter ce développement à la réalisation d'un programme transmis par voie héréditaire, inaccessible à l'expérimentation soit parce que son origine est inconnaissable soit parce que sa structure n'est pas modifiable et ne peut être reproduite artificiellement en laboratoire.

[42] *Leçons*, p. 180.

Cela signifie qu'il n'est pas possible de séparer d'une façon nette les phénomènes d'évolution ontogénique qu'on rencontre dans un organisme en construction (et qui échappent à la juridiction de la physiologie) des phénomènes vitaux qu'on rencontre dans un organisme adulte (et qui relèvent justement de la physiologie).

C'est peut-être dans l'analyse des phénomènes de nutrition que se rejoignent plus clairement étude physiologique et étude évolutive. En effet, la nutrition est toujours d'abord une destruction des matières alimentaires, puis une recomposition, c'est-à-dire une synthèse ; de plus, elle ne se limite pas à synthétiser les substances ingérées mais les distribue dans l'organisme en suivant le plan qui dès le début a réglé le développement de l'embryon. La nutrition, en tant que renouvellement perpétuel des éléments histologiques de l'organisme, est une sorte d'évolution continuée ; elle poursuit chez l'adulte le processus plastique embryonnaire[43]. Le problème est donc le suivant : d'un côté, on ne peut pas rechercher de manière expérimentale la puissance organisatrice qui entretient par la nutrition les éléments constitutifs de la machine vivante ; de l'autre, ce sont précisément les phénomènes de création organique dans l'embryon, dans le fœtus et chez l'adulte qui nous permettent de comprendre réellement les actions et réactions physico-chimiques qui président à la nutrition. Par exemple, si nous expliquons la nutrition comme étant un simple mécanisme de combustion, si nous l'étudions en dressant uniquement un bilan énergique des entrées et des sorties, nous ne comprendrons jamais en vertu de quels mécanismes physiologiques les substances absorbées sont transformées, assimilées et redistribuées dans l'organisme. Négliger la différence qui existe entre les machines vivantes et les machines inertes signifie entraver le progrès de la science physiologique : « Jamais on n'aurait découvert la formation du sucre dans le foie si l'on s'était borné à comparer les analyses des matières à

[43] Cl. Bernard, *Rapport sur les progrès et la marche de la physiologie générale en France, op. cit.*, p. 178.

l'entrée et à la sortie de l'organisme »[44]. Et nous pourrions ajouter que jamais on n'aurait soupçonné non plus l'existence d'un milieu physiologique intérieur.

Pour Bernard, l'image de la vie comme création n'entre pas en contraste avec la vision déterministe des faits biologiques. Dans l'*Introduction*, il explique que le physiologiste ne peut pas donner de réalité objective à des termes tels que vie ou force vitale, mais qu'il peut toujours s'en servir par commodité de langage ou pour mieux représenter à notre esprit l'apparence de certains phénomènes[45]. Bernard est d'ailleurs convaincu que l'on pourra amener l'expérimentation jusque sur le terrain de la « vie plastique » : il n'exclut pas, en effet, que les propriétés organiques, provisoirement désignées sous le nom de « propriétés vitales », puissent être ramenées un jour à l'état de propriétés physico-chimiques. Dans ce sens, il souhaite l'avènement d'une biologie physico-chimique qui expliquerait les processus de création vitale, en établirait les causes immédiates et en rendrait connaissables les conditions d'existence[46]. Mais une question reste ouverte : la signification exacte d'une métaphore qui dénote la particularité et l'essence même de la machine vivante.

3.5. *Forme, fin, causalité*

L'interprétation de la pensée bernardienne présente une difficulté due au rôle *sui generis* du problème de la création vitale qui, bien que marquant la limite épistémologique entre la biologie et les sciences physico-chimiques, ne peut être considéré comme objet de recherche pleinement acquis. Dans ses derniers écrits, Bernard essaie d'expliquer comment ces deux aspects peuvent coexister, en élaborant une réflexion originale

---

[44] *Leçons*, p. 154.

[45] *Introduction*, p. 94. Voir aussi *Leçons*, p. 53.

[46] *Introduction*, p. 130. Ensuite, Bernard soutiendra au contraire que la synthèse morphologique échappe inévitablement à la recherche expérimentale et que son étude n'appartient pas à la physiologie mais à des sciences d'observation comme la botanique et la zoologie (*Leçons*, p. 341-342).

sur le rapport entre causalité et finalité. Lorsque nous voyons une série infinie de phénomènes concourir harmonieusement à la formation, à la croissance et à la conservation de l'être vivant, nous avons l'impression qu'il existe une finalité organique et qu'elle est l'expression d'une force que nous pouvons appeler *force vitale*, ce qui est tout à fait légitime, voire nécessaire, et correspondant à une exigence de notre esprit qui a contribué de manière décisive au progrès de la science : le besoin d'établir une connexion rationnelle entre les faits observés et de déterminer les rapports de cause à effet. L'erreur consiste plutôt à transformer un principe théorique en une substance réelle, en la faisant devenir la cause efficiente (ou, comme dit Bernard, *exécutive*) de tout le travail organique. En fait, les recherches expérimentales démontrent que la force vitale ne peut rien faire en absence de conditions physico-chimiques définies. Ou mieux, la force vitale ne produit en soi aucun phénomène car ce pouvoir revient plutôt aux agents physico-chimiques : « l'observation ne nous apprend que cela : elle nous montre un *plan organique*, mais non une *intervention* active d'un principe vital. La seule *force vitale* que nous pourrions admettre ne serait qu'une sorte de force législative, mais nullement exécutive »[47]. Mais alors, peut-on encore affirmer – comme on pouvait lire dans l'*Introduction* – que, pendant toute sa vie, l'organisme reste sous l'action d'une force vitale organisatrice ?

Pour répondre à cette question, Bernard fait une longue digression sur le sujet de la finalité organique, dans laquelle il critique non seulement le modèle téléologique inhérent à la biologie aristotélicienne et à l'animisme de Stahl, mais également la démarche de Bichat, dans la mesure où celle-ci finit par attribuer aux propriétés vitales le statut de causes actives destinées à préserver l'organisme de la mort[48]. Or, c'est justement cette conception (qui unit, à son avis, la ligne

---

[47] *Leçons*, p. 51.

[48] *Ibid.*, p. 292-342. Dans ces pages, Bernard prend ses distances aussi des arguments de matrice spiritualiste qui trouvaient dans la notion d'*idée directrice* le noyau le plus profond et le plus suggestif de la pensée bernardienne (cf. la note 1 de ce chapitre).

Aristote-Stahl-Bichat) qui lui semble inacceptable : la finalité organique ne peut être interprétée ni comme une cause efficiente ni comme la fin qui dirige constamment chaque action de l'organisme.

Dans un cadre physiologique, nous pouvons parler de cause finale uniquement pour nous référer à la cause première, à l'impulsion initiale qui a donné origine, une fois pour toutes, à la morphologie des organismes. C'est l'influence exercée par cette impulsion à une époque éloignée qui nous donne l'impression que la synthèse morphologique équivaut à une véritable création, alors qu'il s'agit tout simplement de la transmission héréditaire d'un programme préétabli, dont l'exécution effective dépend de causes immédiates ou prochaines, c'est-à-dire du déterminisme des faits biologiques[49]. La distinction entre le pouvoir législatif, détenu par l'idée directrice, et le pouvoir exécutif, détenu par les agents physico-chimiques, permet à Bernard de séparer le plan scientifique du plan métaphysique et la définition de la vie de l'étude des phénomènes vitaux. Comme toute cause première, la force vitale est inconnaissable, privée d'effets sur les mécanismes actuels de la nature, par conséquent inutile à la science expérimentale. Néanmoins, le physiologiste peut observer de ses propres yeux l'ordre et l'harmonie des phénomènes vitaux, qui se succèdent et s'enchaînent en vue d'un résultat qui est l'organisation et l'accroissement de l'organisme : « en sorte que si, considéré isolément, chaque phénomène de l'économie est tributaire des forces générales de la nature, pris dans son rapport avec les

[49] Selon Bernard, la loi morphologique est liée à un ensemble cosmique général que nous ne pouvons pas atteindre. Voilà pourquoi il estime peu important, du point de vue de la science physiologique, le débat entre créationnistes et évolutionnistes sur les mécanismes de l'évolution des espèces : « […] en l'état actuel des choses la morphologie est fixée, et cela, bien entendu, quelle que soit l'idée que nous formions de l'évolution qui y conduit. Que l'on soit Cuviériste ou Darwiniste, cela importe peu : ce sont deux façons différentes de comprendre l'histoire du passé et l'établissement du régime présent ; cela ne peut fournir aucun moyen de régler l'avenir. On ne changera pas l'œuf du lapin et, lui faisant oublier l'impulsion primitive et ses états antérieurs, on n'en fera pas sortir un chien ou un autre mammifère » (*Leçons*, p. 332).

autres, il révèle un lien spécial, il semble dirigé par quelque guide invisible dans la route qu'il suit et amené dans la place qu'il occupe »[50]. Même le consensus et l'enchaînement des phénomènes vitaux constituent un « fait » dont le physiologiste ne peut pas faire abstraction lorsqu'il doit expliquer la particularité des mécanismes physiologiques. Mais pour que celui-ci reste fécond sans devenir trompeur, il faut prendre une autre précaution méthodologique : ne pas oublier la nature métaphorique des concepts ainsi introduits.

Selon Georges Canguilhem, derrière la pluralité de métaphores utilisées chaque fois par Bernard pour désigner l'idée directrice (*dessein préétabli*, *consigne* ou *loi réglée d'avance*, *préordonnance vitale*, *sens des phénomènes*, *arrangement*, *ordre dirigé*, *plan vital*) nous pouvons distinguer une intuition théorique qui n'était pas encore formalisable dans une découverte scientifique. À son avis, il existe une affinité sémantique entre les métaphores à peine citées et les termes *code* ou *message génétique*, qui vient de la référence commune au concept d'information. En adoptant ce concept (d'un point de vue toutefois différent de celui qui finira par prévaloir dans la biologie actuelle) Bernard aurait caractérisé l'évolution organique dans un sens diamétralement opposé à l'évolution physique : si celle-ci, dans la science du XIXe siècle, semblait soutenue – selon le second principe de la thermodynamique – par une dégradation progressive de l'énergie, l'évolution organique exprime au contraire la tendance à retarder la croissance de l'entropie, à transmettre – en vertu de sa force législative et informative – un certain ordre coïncidant avec l'entropie négative[51].

Nous nous demandons cependant si ce concept d'information ne fait pas partie intégrante d'un modèle plus vaste auquel Bernard aurait fait métaphoriquement recours non seulement pour remplir un vide dans son vocabulaire mais également pour introduire une problématique qui n'était pas

---

[50] *Ibid.*, p. 51.

[51] G. Canguilhem, « Le concept et la vie » (1966), dans *Études d'histoire et de philosophie des sciences*, *op. cit.*, p. 358-359.

littéralement définissable. Nous avons déjà parlé des affinités relevées entre l'usage de métaphores dans le langage littéraire et l'usage de modèles théoriques dans la science. Dans celle-ci, le recours à la re-description métaphorique dépend de l'impossibilité d'établir un rapport purement déductif entre *explanans* et *explanandum* et de compléter ainsi leurs règles de correspondance jusqu'à formuler de nouveaux prédicats d'observation : voilà pourquoi les transferts d'un domaine à l'autre jouent un rôle important précisément dans les phases génétiques de la conceptualisation, dans les changements de théories[52].

Dans le paragraphe qui suit, nous allons essayer de montrer que le « domaine secondaire » dont Bernard a emprunté certaines propriétés et relations coïncide avec le champ de l'art : qu'il a pensé à la création vitale *comme si* elle était constituée de caractères et de processus typiques de la création artistique[53].

3.6. *Le modèle de l'art*

Arrêtons-nous avant tout sur le terme *création*, toujours utilisé par Bernard quand il veut définir la vie en un seul mot. Le terme désigne aussi bien l'acte de créer que l'objet ou la chose créée. Par ce terme, Bernard entend aussi bien l'activité formatrice ou organisatrice de l'être vivant que son résultat, c'est-à-dire la formation et le développement de l'organisme à partir de l'œuf fécondé. Du reste, le terme peut être utilisé aussi bien dans le sens général (comme production d'une chose quelconque, surtout si sa forme est nouvelle) que dans le sens théologique ou artistique. Pendant longtemps, à peu près du Moyen-Âge au XVIIIe siècle, il a été utilisé pour indiquer à la

---

[52] M. Hesse, *Models and Analogies in Science*, *op. cit.*, p. 140-165.

[53] Cet aspect de la réflexion de Bernard a suscité peu d'attention de la part de l'histoire ou de la philosophie de la science, voire de l'esthétique même. En effet, le seul élément pris en considération concerne l'influence exercée par la théorie expérimentale de Bernard sur la production romanesque de Zola : cf. R. Virtanen, « Claude Bernard et le roman expérimental », dans É. Wolff *et alii*, *Philosophie et méthodologie scientifique de Claude Bernard*, *op. cit.* p. 49-56.

fois l'acte divin de création à partir du néant (*creatio ex nihilo*) et le produit de cette action : l'univers visible, le monde. Au XIXe, il subit une transformation radicale : comme l'a observé Tatarkiewicz, création veut dire faire des choses nouvelles plutôt que des choses à partir du néant, soit une activité qui n'est plus réservée exclusivement à Dieu, mais également à l'homme et en particulier à l'artiste.

Dans la culture romantique, en effet, la notion d'art se modifie : l'art n'est plus entendu comme une imitation de la nature mais comme la création de choses nouvelles, d'entités originales ou fictives, donc comme équivalentes – sur le plan humain – de la puissance créatrice de Dieu. Dans ce contexte, l'idée de création prend un sens essentiellement esthétique : *créateur* et *artiste* deviennent synonymes, comme l'étaient par le passé créateur et Dieu[54]. Si nous feuilletons les dictionnaires de la seconde moitié du XIXe siècle, nous voyons que le terme *création* est encore associé en premier lieu à l'action de Dieu qui crée. Mais juste après, on attribue à son sens artistique une grande importance : la création est l'acte par lequel, à partir d'éléments préexistants, on produit quelque chose de nouveau, d'original, et le résultat de cet acte. Plus précisément, c'est l'acte par lequel un artiste produit une œuvre et l'œuvre d'art elle-même, c'est-à-dire tout produit portant le sceau de l'artiste-créateur (raison pour laquelle on peut dire par exemple : « Ce tableau est une belle création »)[55].

Ce dernier sens semble intervenir justement dans la définition bernardienne de la vie comme *création*. Preuve en sont les notes du *Cahier rouge* qui remontent aux années 1856-1860, la période où Bernard forge sa conception de la physiologie et de la médecine expérimentale. Dans l'une de ces notes, après avoir confirmé que la vie est une création, il précise : « Quand

[54] W. Tatarkiewicz, *Storia di sei Idee*, *op. cit.*, p. 277-294.

[55] Voir les articles « Création » dans É. Littré, *Dictionnaire de la langue française*, Paris, Hachette, 1863, et dans *Trésor de la langue française. Dictionnaire de la langue du XIXe et du XXe siècle (1789-1960)*, élaboré par le Centre National de la Recherche Scientifique, 16 vol., Paris, Gallimard (certains volumes Klincksieck), 1971-1994, t. VI.

on parle d'une belle œuvre, on dit une *belle création »*[56]. Tout autre doute quant à la valeur esthétique de la création à laquelle il pense – en tant que processus et en tant que produit – est balayé par le passage suivant : « On dit : voilà une belle création, une inspiration. Un artiste ne sait jamais comme il arrive aux choses »[57]. Du reste, dans son *Cahier rouge*, Bernard se réfère souvent à la pratique artistique pour illustrer les caractères distinctifs des organismes : aussi bien l'artiste que la nature vivante adopte des principes formels avec lesquels ils ordonnent et organisent la matière. Ils ne se limitent pas à une opération d'assemblage mais ils produisent des totalités organiques, intimement unies, donc non réductibles à la somme de leurs éléments[58]. Avec cette analogie structurelle comme toile de fond, il se profile une correspondance point par point entre le « domaine primaire » et le « domaine secondaire » selon laquelle certaines propriétés de la création artistique sont transférées à la création organique.

Dans le *Cahier rouge*, on parle déjà de la force vitale comme d'une force organisatrice, une force créatrice et évolutive de l'organisme, mais pas encore d'une idée directrice du développement organique. Cependant, ce dernier concept, si riche en implications pour la théorie bernardienne du vivant, émerge graduellement par rapport à la production et à la jouissance esthétique :

> On ne peut pas avoir une d'âme, une intelligence spéciale dans chaque organe. Cependant, on voit une intelligence qui agit librement, c'est-à-dire avec choix, en raisonnant, qui est dans l'ensemble, comme la forme générale d'un monument donne une idée qu'on ne saurait trouver dans aucune pierre en particulier, encore moins dans la composition chimique de la pierre[59].

---

[56] Cl. Bernard, *Cahier de Notes*, *op. cit.*, p. 144.

[57] *Ibid.*, p. 135.

[58] « Nos règles de perspective, etc., l'art, etc., est dans notre esprit comme dans toute la nature. Ainsi, sur les ailes de l'argus, sur les ailes du paon, il y a des dessins avec des ombres portées, avec des vues perspectives comme celles que nous avons. La nature est un artiste » (*ibid.*, p. 141).

[59] *Ibid.*, p. 69. Selon certains interprètes (qui développent la thèse déjà avancée par F. Ravaisson, *Rapport sur la philosophie en France au*

La perspective de Stahl (l'hypothèse d'une âme raisonnante capable d'activer, de régler et de coordonner les différents mouvements vitaux) apparaît substantiellement modifiée par l'introduction d'un paradigme qui n'est plus théologico-métaphysique mais esthétique : celle qu'on appellera par la suite *idée directrice* n'est plus associée à l'action d'un principe surnaturel, mais à l'acte mental par lequel une forme esthétique est d'un côté conçue et de l'autre apprise. Cette forme coïncide avec la manière dont les parties s'harmonisent dans leur ensemble, dont elles coexistent et se structurent selon une idée, un style, un genre : la vision romantique de l'art comme création semble se mêler à une vision néoclassique de la forme, à laquelle on attribue les caractères de la totalité, de l'ordre et de l'accomplissement. Par conséquent, loin d'être une invention arbitraire, la création artistique suppose la capacité de saisir l'âme des choses, cette idéalité de la matière qui « existe, puisque c'est là ce que l'artiste cherche et trouve parfois. Cela n'est nulle part, car on peut le trouver et le placer dans divers

---

XIXe siècle, *op. cit.*, p. 178-181), l'image bernardienne de l'idée directrice rétablirait la doctrine aristotélicienne de l'*eidos* en tant que principe formel : l'idée directrice ne serait que la forme substantielle du vivant, c'est-à-dire l'âme d'Aristote, tandis que les éléments physico-chimiques feraient fonction de conditions matérielles. Ces chercheurs interprètent également dans ce sens les passages dans lesquels Bernard distingue le pouvoir *exécutif* des agents physico-chimiques du pouvoir *législatif* de l'idée directrice ; bien qu'ils reconnaissent que le rôle de cause efficiente est attribué à des conditions matérielles précises, ils affirment que l'idée directrice joue ici le rôle de cause finale, et que de cette manière on revient toujours au téléologisme aristotélicien (voir A.-D. de Sertillanges, *La Philosophie de Claude Bernard*, *op. cit.* ; P. Foulquié, *Claude Bernard*, *op. cit.*). Dans un volume qui confronte systématiquement la pensée de Bernard avec celle d'Aristote, Nuzzaci conteste cependant cette interprétation ; il soutient que Bernard réadapte la doctrine de l'*eidos* à son déterminisme biologique et la transforme en un simple point de vue, en une métaphore qui en valorise les aspects dynamiques et créatifs (F. Nuzzaci, *L'idea della vita. Saggio su Claude Bernard*, Lecce, Edizioni Milella, 2006). Nous estimons nous aussi que l'équivalence vie = création et la notion connexe d'idée directrice possèdent un statut métaphorique. Cependant nous ne pensons pas que Bernard utilise un concept philosophique dans le sens métaphorique, mais plutôt qu'il transporte sur certains processus de la vie les traits associés à la création artistique.

points »[60]. Mais la théorie de l'art à laquelle se réfère Bernard n'est pas loin non plus de l'idéalisme esthétique d'un Cousin ou d'un Lamennais, pour qui l'art est le pouvoir que l'homme possède de vêtir l'idée d'une forme sensible qui la manifeste extérieurement[61]. Pour Bernard aussi, l'œuvre d'art est la manifestation d'une idée, mais d'une idée dotée d'un statut oscillant, tantôt subjectif (en tant que conception personnelle de l'artiste) tantôt objectif (en tant que modèle formel répétable à l'infini dans l'identité d'un style). En tout cas, l'idée équivaut au dessein général, au plan préétabli qui, une fois ébauché, dirige toutes les phases de son exécution. C'est ce dernier aspect qui se révèle décisif dans la description métaphorique de la force vitale, et qui agira par conséquent comme une idée directrice du développement organique, comme un plan tracé à l'avance et destiné à se concrétiser dans les différentes étapes de l'évolution morphologique.

La valeur euristique de ce transfert est mise en évidence dans une page du *Rapport sur les progrès et la marche de la physiologie générale en France*, où l'analogie avec les différentes étapes de la création artistique – de la conception d'un plan idéal à sa réalisation degré par degré, en passant à travers une ébauche grossière qui ensuite se perfectionne et se complète – permet d'expliquer à travers quels passages une masse cellulaire indistincte peut se transformer en un organisme complet, doté d'une morphologie précise :

On pourrait trouver, dans l'étude expérimentale des phénomènes d'histogenèse et d'organisation, la justification des paroles de Goethe, qui compare la nature à un grand artiste. C'est qu'en effet la nature et l'artiste semblent procéder de même dans la manifestation de l'idée créatrice de leur œuvre. Nous voyons dans l'évolution apparaître une simple ébauche de l'être, avant toute organisation. Les contours du corps et des organes sont d'abord simplement arrêtés, en commençant par les échafaudages organiques provisoires qui serviront d'appareils fonctionnels temporaires au fœtus. Aucun tissu n'est alors distinct ;

[60] Cl. Bernard, *Cahier de Notes*, *op. cit.*, p. 99.

[61] Cf. V. Cousin, *Du Vrai, du Beau et du Bien*, Paris, Didier, 1854^2 ; F. Lamennais, *De l'Art et du Beau*, Paris, Garnier Frères, 1865.

toute la masse n'est constituée que par des cellules plasmatiques ou embryonnaires. Mais dans ce canevas vital est tracé le dessein idéal d'une organisation encore invisible pour nous, qui a assigné d'avance à chaque partie et à chaque élément sa place, sa structure et ses propriétés. Là où doivent être des vaisseaux sanguins, des nerfs, des muscles et des os, etc., les cellules embryonnaires se changent en globules du sang, en tissus artériels, veineux, musculaires, nerveux et osseux. L'organisation ne se réalise pas d'emblée ; d'abord vague et seulement indiquée, elle ne se perfectionne que par différenciation élémentaire, c'est-à-dire par un fini dans le détail de plus en plus achevé[62].

L'adoption de ce paradigme ouvre également d'autres perspectives, tout aussi importantes dans le cadre de la pensée bernardienne. Bien que guidé par une idée, l'artiste réalise son œuvre en exploitant l'action de certains matériaux sans lesquels l'œuvre elle-même en resterait au stade initial de sa conception. Dans le *Cahier rouge*, le rappel fréquent à l'architecture – c'est-à-dire à l'art qui manifeste plus ouvertement ce lien, en utilisant une matière « lourde », modelée selon les lois de la physique et de la mécanique – semble avoir pour objectif de rechercher le modèle d'une intégration exemplaire entre la matière et la

[62] Cl. Bernard, *Rapport sur les progrès et la marche de la physiologie générale en France, op. cit.*, p. 177-178. Après avoir lu ce passage, on pourrait supposer que la connexion entre les processus les plus spécifiques de la vie et les processus de l'art a comme référence théorique la philosophie biologique de Goethe ou, de manière plus générale, la philosophie romantique de la nature en Allemagne. Il semble cependant peu croyable que Bernard ait eu une connaissance approfondie et de première main de la *Naturphilosophie*, vu que ses notes de caractère plus philosophique (cf. Cl. Bernard, *Philosophie. Manuscrit inédit*, *op. cit.*) se réduisent essentiellement à la transcription et au commentaire de W.G. Tennemann, *Manuel de l'histoire de la philosophie*, 2 vol., trad. fr. V. Cousin, Paris, Sautelet et Cie Éditeurs, 1829. Dans l'*Introduction*, p. 48, Bernard cite – bien que se référant à une autre thématique – un recueil de textes goethiens publié en français (J.W. Goethe, *Œuvres d'histoires naturelles*, trad. fr. C.-F. Martins, Paris, Cherbuliez et Cie, 1837). À la p. 310 de ce recueil, nous retrouvons la maxime de Goethe selon laquelle la nature parle un langage artistique. Il est donc probable que Bernard emprunte à ce texte l'analogie goethienne entre la nature et l'artiste, à laquelle il fait référence également dans plusieurs endroits (*Cahiers de Notes*, p. 141 ; *Introduction*, p. 54, *La Science expérimentale*, p. 326 ; *Leçons*, p. 338), mais sans jamais mentionner le moindre texte spécifique de Goethe.

forme. D'un côté, il ne s'agit pas de mettre en discussion la base matérielle des processus physiologiques : tout comme « les pierres existent indépendamment de la forme, du monument »[63], les faits étudiés par la physiologie sont constitués de phénomènes physico-chimiques dont nous pouvons vérifier les conditions objectives d'existence. De l'autre, il faut cependant admettre que ces conditions ne rendent pas compte d'un aspect tout aussi important des processus physiologiques : leur ordre, leur *consensus*, leur harmonie. En effet, de même que « la beauté d'un monument dépend de la manière dont l'architecte a rangé la pierre, mais non pas de la pierre considérée en elle-même », la propriété physiologique n'est pas le simple produit de la matière organique. Comme la beauté, la vie est « un effet de contact de deux choses » : l'organisme, avec sa structure formelle, et le milieu extérieur, avec ses conditions physico-chimiques[64]. Au lieu de figer ces deux facteurs dans une contraposition, il faut en établir les modes de corrélation, vu que la vie exige toujours qu'ils soient en harmonie. Bref, l'art nous montre que la forme ne peut rien réaliser sans la matière, même si elle n'en dépend pas et que par conséquent il existe entre le pouvoir législatif de la forme et le pouvoir exécutif de la matière un rapport inséparable de complémentarité :

On peut dire certainement qu'il y a dans les êtres vivants la force vitale qui donne à l'être son évolution, sa forme. Cette forme est indépendante de la matière ; c'est le *pouvoir législatif* qui est au-dessus de la matière et qui la dispose; mais le *pouvoir exécutif* de cet arrangement est tout à fait matériel et physico-chimique. De même, dans un monument, la force législative est l'intelligence de l'architecte, mais le pouvoir exécutif n'est autre chose que la pierre qui fonctionne mécaniquement en vertu de ses propriétés purement physiques et chimiques, propriétés qui peuvent être plus complexes, mais toujours de même ordre. […] De même un peintre réalise son idée par les propriétés physico-chimiques des couleurs ; de même le statuaire[65].

---

[63] Cl. Bernard, *Cahier de Notes*, *op. cit.*, p. 156.
[64] *Ibid.*, p. 97-98.
[65] Cl. Bernard, *Principes de médecine expérimentale*, édition établie par L. Delhoume, Paris, PUF, 1947, p. 243.

Dans ses derniers écrits, Bernard s'exprime plus prudemment et essaie d'éviter les éventuelles instrumentalisations de sa pensée : la matrice esthétique du concept de création vitale n'avait effectivement pas échappé à Félix Ravaisson qui en fit le support d'une philosophie biologique contribuant à la renaissance du spiritualisme[66]. Dans plusieurs passages, le modèle de l'art remonte quand même à la surface, non explicitement mais dans le choix des termes, qui sont empruntés au domaine esthétique :

> [...] ce n'est pas une rencontre fortuite de phénomènes physico-chimiques qui construit chaque être sur un plan et suivant un dessin fixes et prévus d'avance, et suscite l'admirable subordination et l'harmonieux concert des actes de la vie.
>
> Il y a dans le corps animé un arrangement, une sorte d'ordonnance que l'on ne saurait laisser dans l'ombre, parce qu'elle est véritablement le trait le plus saillant des êtres vivants[67].

Probablement, l'interprétation de Ravaisson oblige Bernard à affronter un problème inhérent à l'utilisation du modèle artistique : s'il est vrai que l'artiste réalise son idée à travers les propriétés physico-chimiques de la matière, il n'en demeure pas moins la cause efficiente de son œuvre, celui qui, après l'avoir conçue, la réalise. Seule exception : l'architecte, qui se limite à diriger la construction d'un bâtiment déférant à d'autres figures (le contremaître, les maçons, etc.) l'exécution effective des travaux. De ce point de vue, la référence privilégiée à l'architecture aurait pour but de contourner ce problème en proposant l'image d'un acte créateur doté exclusivement de pouvoir législatif. Mais, même ainsi, si la création organique est assimilée à une création individuelle, c'est-à-dire à un processus de formation toujours nouveau et original, n'y a-t-il pas le risque d'accentuer le rôle de la force vitale en avalisant implicitement la perspective qui voit en elle une force toujours

---

[66] F. Ravaisson, *Rapport sur la philosophie en France au XIX*ᵉ *siècle*, *op. cit.*, p. 178-181.

[67] *Leçons*, p. 50.

active et imprévisible puisqu'elle est libre de tout conditionnement extérieur ?

Par conséquent, dans les derniers écrits de Bernard, le sens attribué au modèle artistique se transforme : l'idée directrice n'est plus présentée en analogie avec l'idée personnelle de chaque artiste, mais avec un style d'architecture qui se répète, inchangé, dans sa particularité, donnant origine à une série d'œuvres dont on peut prévoir la configuration, si on en connaît la matrice, l'idéal inspirateur. Du reste, la référence à une structure de style supra-individuelle a l'avantage d'illustrer par des exemples le statut *sui generis* de l'idée directrice, dont l'objectivité ne dépend pas d'une correspondance invérifiable avec une réalité d'ordre matériel, mais de sa répétitivité à l'infini au sein de la matière elle-même. En parlant des phases initiales du développement embryonnaire, Bernard se demande quel dessein, quel plan les éléments anatomiques fondamentaux suivent-ils et voici sa réponse :

> On peut répondre que ce dessin et ce plan sont caractérisés dès le début, et que si ces éléments constituent des matériaux de même nature et de même situation, ils reçoivent au premier moment une destination architecturale distincte ; ils servent à édifier un monument d'un style particulier qui se révèle et peut se prédire sitôt qu'il commence à s'exécuter[68].

Le choix de ne pas assimiler l'action de l'idée directrice à celle d'une cause efficiente pousse Bernard à accentuer le lien création-légalité : la création organique consistera donc en la conformité à un projet idéal conçu une fois pour toutes plutôt que créé et recréé à chaque instant, en l'application d'un canon préétabli qui comporte bien sûr une organisation particulière de la matière mais qui, justement pour cela, peut identifier et contenir tous les individus de la même espèce. Cette légalité, qui est ordre, harmonie et subordination des parties au tout, est proche de la finalité. Et dans quelle mesure cette dernière catégorie est-elle pensée à travers un paradigme esthétique ?

---

[68] *Ibid.*, p. 321. Voir aussi Cl. Bernard, *La Science expérimentale*, *op. cit.*, p. 326.

Dans les *Leçons sur les phénomènes de la vie communs aux animaux et aux végétaux*, Bernard observe que le physiologiste ne peut utiliser le principe de finalité que s'il respecte deux conditions. En premier lieu, il doit en faire un usage régulatif et non constitutif : il doit savoir qu'il correspond à une exigence du sujet connaissant et non à une loi objective de la nature[69]. En second lieu, il ne doit pas l'interpréter dans le sens utilitariste, comme une relation moyens-fins qui condamnerait certains organismes à être de simples outils en fonction d'autres êtres vivants. La seule finalité admissible, en milieu physiologique, est la finalité *intra-organique* : « Tout acte d'un organisme vivant a sa fin dans l'enceinte de cet organisme. Celui-ci forme en effet un microcosme, un petit monde où les choses sont faites les unes pour les autres [...] »[70]. Bernard précise que c'est ce *consensus* entre les parties qui nous permet de regrouper les phénomènes organiques en une série de fonctions. Autrement dit, c'est l'accomplissement de l'organisme, le fait qu'il agit selon une logique intérieure, qui nous donne l'idée d'une fonctionnalité intime.

On établit ainsi une première analogie entre finalité physiologique et finalité esthétique : ni les organismes ni les œuvres d'art ont un objectif extérieur, ils sont une fin en soi ; les unes et les autres atteignent leur but intrinsèque lorsque leurs parties ne sont plus simplement juxtaposées mais accordées et compénétrées dans un rapport de synergie réciproque. Mais Bernard n'explicite pas cette analogie. Il s'arrête de préférence sur une autre relation : puisque l'organisme, tout comme l'œuvre d'art, constitue une totalité harmonieuse, nous sommes poussés à considérer qu'il est lui aussi produit intentionnellement, en vue d'une fin conçue dès le début et dont les différents phénomènes organiques représenteraient autant d'effets[71]. Toutefois, en formulant cette relation, Bernard la circonscrit au domaine de la métaphysique.

---

[69] *Leçons*, p. 339. Bernard reprend ici quelques arguments avancés par Paul Janet dans « Les causes finales », *Revue philosophique*, I, 1, 1876, p. 24-44, où l'on adoptait la conception kantienne de la finalité de la nature.

[70] *Leçons*, p. 340.

[71] *Ibid.*, p. 338.

3.7. *Créativité et découverte scientifique*

Max Black a distingué l'usage *existentiel* et l'usage *euristique* des modèles théoriques : tandis que dans le premier cas on pense décrire une chose *telle qu'elle est*, dans le second on pense la décrire *comme si* telle elle était. Dans la manière de penser *comme si*, il y a un scepticisme ontologique de fond : cela évite d'accorder du crédit à des hypothèses aussi fantaisistes que risquées, mais le prix à payer est l'absence de pouvoir explicatif[72]. Et cela semble être précisément le cas de Bernard : comme il devait avancer dans un domaine peu connu qu'il ne pouvait pas explorer avec le support de théories vérifiables empiriquement, il a choisi de le représenter à travers le *medium* d'un modèle, d'une « fiction heuristique ». En fait, Bernard semble indiquer à la recherche biologique un double parcours : une maîtrise croissante des rapports de cause à effet, rendue possible par l'application de la méthode expérimentale, et un approfondissement croissant du sens des phénomènes vitaux, rendu possible par un travail herméneutique destiné à déchiffrer la finalité et l'harmonie avec lesquelles ils *s'arrangent*. Malgré son caractère problématique, sa tendance à empiéter sur le territoire de la philosophie, ce dernier parcours ne peut pas être éliminé : sans lui, la vision hiérarchisée du déterminisme biologique, qui permet de lire correctement chacun des rapports de cause à effet, disparaîtrait.

Nous nous posons enfin une dernière question : pourquoi Bernard choisit-il justement le modèle de la création artistique ? Probablement parce que dans son contexte historico-culturel l'analogie entre les processus de l'art et les fonctions de l'organisme était récurrente : même en laissant de côté l'hypothèse d'une influence de la *Naturphilosophie* ou de la philosophie biologique allemande, nous savons que Bernard retrouve cette analogie chez Goethe, tout comme nous savons que des représentants de l'École de Montpellier qu'il connais-

[72] M. Black, « Models and Archetypes », dans *Models and Metaphors*, *op. cit.*, p. 228-230.

sait s'étaient référés au domaine de l'art pour décrire certains phénomènes vitaux.

Mais ce choix est peut-être dû aussi à des motifs d'ordre biographique. On oublie souvent que, pendant ses années de lycée, le jeune Bernard développe une passion pour la période romantique aussi bien en art qu'en littérature : il dévore les drames de Victor Hugo (*Hernani* était une de ses pièces favorites) et il étudie les œuvres de Delacroix (l'empreinte de *Dante et Virgile aux enfers* l'accompagnera plus tard lors de ses nombreux changements de résidence). Après avoir quitté le lycée, Bernard rêve de devenir un écrivain célèbre et pendant qu'il travaille comme apprenti dans une pharmacie de Lyon (2 janvier 1832-30 juillet 1833), il écrit un vaudeville – *Rose du Rhône* – qui est joué avec succès dans un petit théâtre de la ville. Peu après, Bernard, par inattention, fait une erreur grave tandis qu'il prépare un remède pharmaceutique. Furieux, son employeur met fin à son contrat d'apprentissage découvrant de plus que Bernard est en train d'écrire une nouvelle pièce en cinq actes, un drame historique intitulé *Arthur de Bretagne*. En novembre 1834, il se rend à Paris pour soumettre le manuscrit d'*Arthur de Bretagne* à un célèbre critique de théâtre, Saint-Marc Girardin. Mais celui-ci, après l'avoir lu, brise ses ambitions littéraires et, sachant qu'il avait été apprenti en pharmacie, il lui conseille d'étudier la médecine[73]. Bernard suivit heureusement cette suggestion sans jamais cesser d'aimer et de valoriser les arts y compris du point de vue cognitif. Dans un article sur la physiologie du cœur, publié en 1865 dans la *Revue des Deux Mondes*, il affirme que « la vérité du savant ne saurait contredire la vérité de l'artiste », et que « partout la science et l'art doivent se donner la main en s'interprétant et en s'expliquant l'un par l'autre ». Loin de nier au nom de la science tout ce que l'on a pu dire au nom de l'art sur le cœur, il conteste l'opinion suivant laquelle le positivisme scientifique doit tuer l'imagination : « L'artiste trouvera dans la science des

---

[73] Nous tirons ces nouvelles biographiques de P. Debray-Ritzen, *Claude Bernard ou un nouvel état de l'humaine raison*, Paris, Albin Michel, 1992, p. 21-29, et du site http://www.claude-bernard.co.uk (consulté le 21 mai 2015).

bases plus stables, et le savant puisera dans l'art une intuition plus assurée »[74].

Ces dernières affirmations peuvent peut-être nous aider à comprendre pourquoi le modèle de la création artistique semble influencer également la conception bernardienne de la découverte scientifique. À son avis, il y a une différence capitale entre les sciences d'observation et les sciences expérimentales : tandis que les premières sont « passives », puisqu'elles se limitent à étudier les phénomènes tels qu'ils se présentent spontanément à l'observateur, les secondes sont « actives », car elles modifient les phénomènes en les mettant dans des conditions qui n'existent généralement pas dans la nature. L'expérience est en fait « une observation provoquée » dont les données sont obtenues dans des conditions créées et déterminées par l'expérimentateur. Elle implique une activité inventive, dont le point de départ est une idée préconçue qui naît toujours du sentiment ou de l'intuition du savant, même si elle plonge ses racines dans des observations précédentes[75].

En lisant les notes philosophiques écrites par Bernard pendant qu'il préparait l'*Introduction*, nous voyons émerger un élément significatif qui s'écarte de la loi des trois états théorisée par Comte. Pour Bernard, il existe bien sûr un parcours évolutif de l'intelligence humaine qui est passée de la période du sentiment (dominée par la théologie) à celle de la raison (dominée par la métaphysique) puis à celle de l'expérimentation (qui a engendré la science proprement dite). Cependant, l'avènement du savoir scientifique ne comporte pas la suppression de la théologie et de la métaphysique mais plutôt une délimitation de leurs domaines de recherche et une redistribution des rôles attribués aux différentes facultés dans le cadre du processus cognitif[76]. Cette conception est développée dans l'*Introduction*, qui précise que la méthode expérimentale se base tantôt sur le sentiment, tantôt sur la raison, tantôt sur l'expérimentation : sur

---

[74] Cl. Bernard, « Étude sur la physiologie du cœur », *Revue des Deux Mondes*, LVI, 1865, p. 236-252 ; reproduit dans *La Science expérimentale*, *op. cit.*, p. 316-366.

[75] *Introduction*, p. 47-49.

[76] Cl. Bernard, *Philosophie. Manuscrit inédit*, *op. cit.*, p. 24-43.

le sentiment, quand elle doit élaborer une hypothèse, une « interprétation anticipée » de la nature ; sur la raison, quand elle doit préciser et développer cette idée, pour en déduire les conséquences logiques ; sur l'expérimentation, quand elle doit confronter l'idée avec la réalité pour en vérifier la réelle objectivité. En critiquant la vision intellectualiste de la science, Bernard affirme que le savant ne peut pas se passer du sentiment, surtout dans la phase de la découverte, de la genèse des théories : en effet, il est vrai que la découverte n'est pas la simple connaissance d'un fait nouveau mais l'idée liée au fait nouveau mis en évidence. D'autre part, cette idée ne vient pas de la raison, mais d'« un sentiment particulier, un *quid proprium* qui constitue l'originalité, l'invention ou le génie de chacun »[77].

La croyance religieuse et la théorie philosophique, en exprimant l'attirance éternelle de l'homme par l'inconnu, sont elles aussi proches de l'hypothèse de la science. Cependant, la découverte scientifique prend certains aspects (l'imprévisibilité, l'originalité, la créativité, le rapport avec la subjectivité et l'imagination de l'expérimentateur) qui la rapprochent davantage de l'invention artistique. Aucune méthode scientifique ne peut donner le génie inventif à qui n'en a pas. Une idée nouvelle se manifeste comme une révélation soudaine, comme un rapport nouveau et inattendu que l'esprit aperçoit parmi les choses ; son apparition est spontanée, liée à la personnalité de l'individu et il n'existe par conséquent pas de règles a priori pour faire naître dans le cerveau des idées nouvelles et fécondes. Une idée originale ne doit pas être interdite par le principe d'autorité, par le prestige accordé à un certain moment à une théorie dominante, mais toujours rester libre : « il ne faut point l'enchaîner, pas plus par des *croyances scientifiques* que par des croyances philosophiques ou religieuses »[78]. D'autre part, on ne doit pas non plus organiser une expérience dans le but de confirmer à tout prix ses idées ou ses théories : « Cette disposition d'esprit est des plus mauvaises, et elle est éminem-

---

[77] *Introduction*, p. 50.
[78] *Ibid.*, p. 59.

ment opposée à l'invention. En effet, une découverte est en général un rapport imprévu qui ne se trouve pas compris dans la théorie, car sans cela il serait prévu »[79]. Pour conserver la liberté de penser, il faut recourir au doute philosophique : être prêts à remettre en discussion nos propres théories et celles des autres, conscients qu'elles représentent des vérités partielles et provisoires dont nous nous servons pour poursuivre la recherche toujours plus loin. Mais si la philosophie, de ce point de vue, peut être stimulante et agiter continuellement la masse des problèmes irrésolus, d'un autre côté, elle peut constituer un obstacle, dans la mesure où elle a tendance à ériger les hypothèses en systèmes dogmatiques dotés d'une cohérence logique mais dénués de contrôle expérimental, et à n'accepter que les théories scientifiques qui leur sont conformes. En réalité, le savant expérimentateur doit, par tous les moyens, éviter toute forme de système et ce, pour donner libre cours à sa créativité et pour pouvoir dialoguer efficacement avec la nature et écouter ses réponses, l'esprit débarrassé de tout préjugé.

Il faut dire que le caractère inventif-créatif de la découverte scientifique dépend également d'une autre particularité des sciences expérimentales. En s'écartant à nouveau de l'épistémologie positiviste, Bernard observe que celles-ci, contrairement aux sciences mathématiques, ne progressent pas « par juxtaposition simple et successive de toutes les vérités acquises », mais seulement « par révolution et par absorption des vérités anciennes dans une forme scientifique nouvelle »[80]. En d'autres termes, les sciences expérimentales doivent naturellement rechercher des vérités de plus en plus générales, capables d'expliquer un nombre croissant de faits, mais ce processus, loin de s'accomplir de manière linéaire, advient par ruptures, par révolutions théoriques. En biologie, les faits sont tellement

[79] *Ibid.*, p. 56. En effet, Bernard ajoute : « En un mot, il faut modifier la théorie pour l'adapter à la nature, et non la nature pour l'adapter à la théorie. [...] Nos idées ne sont que des instruments intellectuels qui nous servent à pénétrer dans les phénomènes ; il faut les changer quand elles ont rempli leur rôle, comme on change un bistouri émoussé quand il a servi assez longtemps (*ibid.*, p. 59-60).

[80] *Ibid.*, p. 61.

complexes et les théories tellement provisoires qu'ils exigent une activité continue de substitution ou de remodelage des solutions avancées précédemment. Cela veut dire que la phase de la découverte joue un rôle prépondérant et qu'elle doit être poursuivie avec le maximum de créativité compatible avec les règles de la méthode expérimentale. Une qualité qui sied au biologiste est celle que Bernard attribue généralement à l'expérimentateur : ne pas se limiter à inventer des méthodes de recherche permettant de pénétrer dans les corps étudiés mais devenir « un inventeur de phénomènes, un véritable contremaître de la création »[81]. En dernière analyse, la thèse de l'invention scientifique comme « création d'une hypothèse heureuse et féconde [...] donnée par le sentiment ou par le génie même du savant qui l'a créée »[82] rejoint celle qui insiste sur la nécessité, de la part du biologiste, d'élaborer ses propres concepts dans une sorte de mimésis de la nature vivante. Selon Bernard, c'est le vivant, avec sa structure et ses fonctions, qui nous donne la clé d'un déchiffrage correct, impossible avec l'aide de théories dogmatiques et abstraites. Par conséquent, si la vie est une création représentable à travers le *medium* de l'art, le biologiste devra en imiter la créativité : il sera lui aussi guidé par une idée directrice capable de donner forme à l'expérience et d'en régler l'exécution[83]. Dans un climat positiviste qui tendait à opposer la science et l'art, la découverte et l'invention, Bernard ouvre un espace de réflexion qui, comme ses autres thèses énoncées, aura des retombées importantes sur le revirement – déjà en acte – du statut de l'esthétique et du savoir philosophique en général.

---

[81] *Ibid.*, p. 30.
[82] *Ibid.*, p. 305.
[83] *Ibid.*, p. 49.

Chapitre IV
VIE ET CRÉATION CHEZ RAVAISSON

4.1. *Aristote, philosophe de la nature*

La carrière philosophique de Ravaisson commence en 1833, alors qu'il est âgé de vingt ans, avec un mémoire sur la *Métaphysique* d'Aristote rédigé à l'occasion d'un concours ouvert sur ce sujet par l'Académie des Sciences morales et politiques. Le mémoire sera édité par la suite en deux volumes – et non sans de profonds remaniements – sous le titre d'*Essai sur la métaphysique d'Aristote*. Le premier volume (paru en 1837) est entièrement consacré à l'analyse de l'œuvre aristotélicienne, tandis que le second (qui ne paraîtra qu'en 1846) examine ses influences jusqu'aux doctrines métaphysiques du néo-platonisme[1]. L'objectif déclaré par Ravaisson est de relever la philosophie d'Aristote du discrédit général dans lequel elle était tombée, depuis près de deux siècles et particulièrement en France, en la dégageant des « voiles épais dont la scolastique l'avait enveloppée »[2].

---

[1] F. Ravaisson, *Essai sur la métaphysique d'Aristote*, 2 vol., t. I (Paris, Imprimerie royale, 1837) et t. II (Paris, Joubert, 1846) ; réimpr. Hildesheim-New York, G. Olms, 1963 (désormais en abrégé : *Essai*, suivi de l'indication du tome et du numéro de page). Un troisième volume, qui devait envisager l'histoire de la réception de la *Métaphysique* dans les trois religions monothéistes, consiste en des fragments posthumes : F. Ravaisson, *Essai sur la métaphysique d'Aristote. Fragments du tome III (hellénisme, judaïsme, christianisme)*, texte établi par Ch. Devivaise, Paris, Vrin, 1953.

[2] *Essai*, I, p. V.

Ces années-là, l'orientation philosophique prédominante dans les universités françaises était l'éclectisme de Victor Cousin qui, hostile au sensualisme des Lumières et à l'empirisme des *idéologues*, cherchait à intégrer la philosophie écossaise du sens commun dans les valeurs traditionnelles du spiritualisme et les toutes récentes suggestions qu'offrait l'idéalisme allemand[3]. La décision de proposer la métaphysique comme objet d'enquête était partie de Victor Cousin, favorable, plus qu'à l'aristotélisme en soi, à la nécessité de rénover l'enseignement de la philosophie par une étude des classiques capable de mettre en évidence – hegeliennement – le développement rationnel de l'esprit historique. Le *mémoire* de Ravaisson semblait obéir aux fondements de ce programme ; il reçut le prix de l'Académie sur indication de Cousin qui, ayant entrevu chez le jeune chercheur un talent spéculatif considérable, pensait l'enrôler comme disciple[4]. En réalité, les choses allèrent bien différemment : le contact prolongé avec la pensée aristotélicienne marquera, chez Ravaisson, non seulement l'éloignement progressif de l'orientation cousinienne, mais également le début d'une réflexion originale qui contribuera, plus que toute autre, à rompre l'hégémonie de l'école éclectique[5].

Pierre Aubenque a observé que, avec sa monographie sur Aristote, « Ravaisson réalisa une irruption remarquable, et remarquée, dans ce qui avait été, depuis la fin du XVIIIe siècle,

---

[3] Cf. P. Vermeren, *Victor Cousin. Le jeu de la Philosophie et de l'État*, Paris, L'Harmattan, 1993 ; R. Ragghianti, *De Cousin à Benda. Portraits d'intellectuels antijacobins*, Paris, L'Harmattan, 2000.

[4] V. Cousin, *De la métaphysique d'Aristote : rapport sur le concours ouvert par l'Académie des Sciences morales et politiques*, suivi d'un Essai de traduction du premier et du douzième livres de la *Métaphysique* (1818), Paris, Hachette Livre - Bnf, 2012.

[5] Voir É. Boutroux, « La philosophie de Félix Ravaisson », *Revue de Métaphysique et de Morale*, VIII, 1900, p. 699-716 ; J. Beaufret, *Notes sur la philosophie en France au XIXe siècle. De Maine de Biran à Ravaisson* (1963), Paris, Vrin, 1984, p. 17-28 ; D. Janicaud, *Une généalogie du spiritualisme français. Aux sources du bergsonisme : Ravaisson et la métaphysique*, La Haye, M. Nijhoff, 1969 ; Chr. Mauve, P. Vermeren, « Le dernier des métaphysiciens contre le bouffon de la philosophie. Une stratégie du spiritualisme universitaire en France : Félix Ravaisson, l'éclectisme et les disciples de Victor Cousin », *Corpus*, 3, 1986, p. 109-131.

la chasse gardée de l'érudition allemande »[6]. En effet, on y trouve d'une part l'« acribie philologique » (résultat de la connaissance excellente que Ravaisson avait des textes et de la bibliographie critique la plus avancée à l'époque) qui s'exerce surtout dans la résolution de problèmes spécifiques ; d'autre part, on y décèle la « profondeur herméneutique » qui marque les hypothèses interprétatives ayant une plus large portée. Dans ce dernier cas, la lecture de Ravaisson risque de devenir anachronique (comme lorsqu'il projette sur Aristote des schémas spéculatifs issus de la philosophie romantique allemande et, en particulier, de l'*Identitätsphilosophie* de Schelling[7]). Mais, comme l'ajoute Aubenque, il s'agit d'une « violence » qui ne manque pas de fécondité herméneutique parce qu'elle est en mesure d'éclairer certains aspects cachés de

---

[6] P. Aubenque, « Ravaisson interprète d'Aristote », *Les Études philosophiques*, numéro spécial *Félix Ravaisson* (sous la supervision de D. Leduc-Fayette), XXXIX, 4, 1984, p. 435-450 ; reproduit dans D. Thouard (éd.), *Aristote au XIXe siècle*, Lille, Presses Universitaires du Septentrion, 2004, p. 159. Voir aussi J.-I. Linden, « Fin, finitude et désir infini. Quelques remarques sur l'aristotélisme de Ravaisson », *ibid.*, p. 171-189.

[7] Du reste, pour la rédaction de son mémoire, Ravaisson puisait largement dans les travaux que plusieurs historiens et philologues allemands de l'époque avaient dédiés à la philosophie d'Aristote ; or, puisque la majeure partie de ces études était marquée par l'influence de la pensée du Schelling des années 1800, la problématique de l'interprétation d'Aristote devait inévitablement se mêler à la problématique de l'*Identitätsphilosophie* et de l'écart grandissant qui l'éloignait de l'idéalisme hégélien (voir J. Dopp, *Félix Ravaisson. La formation de sa pensée d'après des documents inédits*, Louvain, Éditions de l'Institut Supérieur de Philosophie, 1933, qui a étudié dans le détail les médiations à travers lesquelles l'*Identitätsphilosophie* agit sur le premier Ravaisson). Nous ne savons pas si, à cette époque déjà, Ravaisson connaissait de première main les textes schellingiens. Il est certain qu'à partir de ce moment, la réflexion de Schelling jouera un rôle de premier plan, susceptible d'orienter le jeune philosophe dans la recherche d'une ligne de pensée alternative au spiritualisme éclectique : voir D. Janicaud, « Victor Cousin et Ravaisson lecteurs de Hegel et Schelling », *Les Études philosophiques*, XXXIX, 4, 1984, p. 451-466 ; D. Panis, « Ravaisson et Schelling », *Les Études philosophiques*, XLIII, 3, 1988, p. 395-413 ; J.-F. Courtine, « Les relations de Ravaisson et de Schelling », dans J. Quillien (éd.), *La Réception de la philosophie allemande en France au XIXe et XXe siècles*, Lille, PUL, 1994, p. 101-134.

la doctrine étudiée, en enrichissant par là même son sens objectif.

On peut également saisir la profondeur herméneutique dont parle Aubenque dans l'attention qui est réservée à la conception aristotélicienne de la nature. Ravaisson expose cette conception dans un chapitre central du premier volume de l'*Essai* qu'il consacre à l'analyse des rapports entre les « deux systèmes opposés et parallèles de la nature et de la science »[8]. C'est sur ce point, en effet, que la distance qui sépare Aristote du « logicisme » de Platon serait la plus évidente. Alors que ce dernier déprécie la nature en la considérant comme une imitation dégradée de l'intelligible, Aristote lui reconnaît une valeur positive en la comprenant comme activité immanente, comme spontanéité. Pour démontrer cette thèse, Ravaisson affronte avant tout la question du mouvement ou du changement, en la plaçant dans le cadre des relations entre la *puissance* et l'*acte*. Toute réalité naturelle change, devient : loin de reléguer le mouvement dans la sphère du non-être, Aristote le définit comme « le passage de l'indétermination de la matière à la détermination de la forme » ; loin d'y associer un état de scission et donc une menace pour l'intégrité de l'être, il y voit la médiation entre le non-être et l'être, entre la puissance et l'acte[9].

D'après Ravaisson, il convient de bien préciser le caractère de cette médiation. Le mouvement ne se réduit pas à la simple actualisation de la puissance mais représente plutôt « l'acte du possible en tant que possible »[10] ou encore l'acte de la puissance en tant que telle. Or, puisque la puissance coïncide avec l'indéterminé, l'inachevé, l'infini, cette idée d'une puissance active a des répercussions importantes sur la conception même de la matière : alors que toute la philosophie qui avait précédé voyait dans la matière « le chaos d'où la raison ou le hasard tirent tous les êtres indistinctement », Aristote comprend que

[8] *Essai*, I, p. IV. Dans ce chapitre (le second du livre III, totalement centré sur le système métaphysique d'Aristote), le thème de la nature acquiert une relative autonomie, comme en attestent les fréquentes citations tirées de la *Physique* et des œuvres biologiques d'Aristote.

[9] *Essai*, I, p. 395.

[10] *Ibid.*, p. 385.

chaque individu a sa matière en soi, donc que la matière contient déjà une disposition implicite à s'actualiser, à se déterminer en corrélation avec une certaine forme. On touche ainsi à un élément fondamental de l'interprétation ravaissonnienne, la conviction que la philosophie d'Aristote est une philosophie de la continuité, capable de dépasser les oppositions abstraites en conciliant « la différence avec l'unité dans l'idée de l'analogie »[11].

Le rapport entre nature inerte et nature vivante est un exemple emblématique d'unité dans la différence. Dans la *Physique*, Aristote définit la nature comme le principe interne du mouvement et du repos. Les animaux, et ce qui les constitue, sont des « êtres par nature », tout comme le sont les plantes et les corps simples tels que la terre, l'eau, l'air et le feu. Tous ces êtres sont en mesure de se mouvoir et de se transformer puisqu'ils ont en eux-mêmes le principe du mouvement et du repos[12]. Dans ce contexte, Aristote n'opère pas une distinction claire entre nature vivante et nature non vivante. Plutôt, il distingue nettement les êtres par nature des produits de l'art (par exemple une maison, une statue) qui ont ailleurs, c'est-à-dire en qui les a créés, la cause et le principe de leur changement. Ravaisson, en revanche, semble confier à la nature inorganique une position à mi-chemin entre le domaine de l'artificiel et le domaine du vivant. Une table ne bouge pas, mais elle est bougée : elle est le sujet passif de tous les changements qui lui sont imposés par une cause étrangère. La condition d'un corps que l'art n'a pas fait est différente ; en se référant à la théorie des lieux naturels, Ravaisson observe que pour Aristote chaque corps de la nature – même de la nature inorganique – possède une tendance première à se diriger vers le centre ou vers la circonférence du monde[13]. Et, bien qu'il ne dépende pas d'une puissance extérieure, ce mouvement n'en est pas pour autant le fruit d'un pouvoir autonome (lié à l'essence propre du corps) : il s'agit plus simplement d'une disposition constante, d'une habi-

[11] *Ibid.*, p. 392-393.
[12] Aristote, *Phys.*, II 1, 192 *b* 8-15.
[13] *Essai*, I, p. 413-414.

tude innée (et non acquise[14]). Il existe cependant des choses qui se meuvent elles-mêmes, autrement dit des choses qui ont, en elles-mêmes, le principe passif et le principe actif du mouvement. Pour Ravaisson, il s'agit spécifiquement des organismes vivants : « nul corps ne se change soi-même qui ne vive »[15]. Entendu au sens strict, l'activité immanente est le trait caractéristique de la nature organique, même si, comme le remarque Aubenque, « la nature inerte elle-même est une préfiguration des manifestations les plus achevées de la nature »[16].

Dans sa présentation de la biologie aristotélicienne, Ravaisson en arrive à quelques conclusions qui sont aujourd'hui partagées par la critique la plus autorisée et la plus spécialisée[17]. En premier lieu, il met en évidence en quoi le modèle explicatif dominant est de type téléologique : si l'ordre de la nature vivante est assuré par la prééminence de la forme sur la matière, les phénomènes de la vie résultent toujours de structures

---

[14] Cette distinction réapparaît plus avant dans le texte, lorsque Ravaisson observe que le corps « qui n'agit ni se sent est incapable d'habitudes acquises ; on a beau lancer la pierre cent fois de suite vers le ciel, elle retourne, dès qu'on l'abandonne, à son lieu naturel, dans la direction du centre de la terre » (*ibid.*, p. 450).

[15] *Ibid.*, p. 418. Dans le second volume de l'*Essai* (p. 10), Ravaisson reconnaîtra en revanche que, pour Aristote, tout mouvement naturel est spontané.

[16] P. Aubenque, « Ravaisson interprète d'Aristote », art. cit., p. 159. Quelques années plus tard, Ravaisson écrira d'ailleurs : « Sans doute, tout ce qui change est dans la nature, comme tout ce qui est dans l'être. Mais seul, l'être vivant est une nature distincte, comme seul il est un être. C'est donc dans le principe de la vie que consiste proprement la nature comme l'être » (F. Ravaisson, *De l'habitude*, Paris, Fournier, 1838 ; édition établie par P. Millot, Paris, Fayard, 1984, p. 13. Dans ce même volume, on trouve aussi la réédition d'un autre ouvrage de Félix Ravaisson, *Rapport sur la philosophie en France au XIXe siècle*, paru en 1867).

[17] Sur le finalisme de la biologie aristotélicienne, voir par exemple : W. Kullmann, *Die Teleologie in der aristotelischen Biologie*, Heidelberg, Heidelberger Akademie der Wissenschaften, 1979 ; A. Gotthelf (éd.), *Aristotle on Nature and Living Things*, Pittsburg-Bristol, Mathesis, 1985 ; A. Gotthelf, J.C. Lennox (éds), *Philosophical Issues in Aristotle's Biology*, Cambridge, Cambridge University Press, 1986 ; D. Devereux, P. Pellegrin (éds), *Biologie, logique et métaphysique chez Aristote*, Paris, Éditions du C.N.R.S., 1987 ; M. Vegetti, « Biologia », dans E. Berti (éd.), *Aristotele*, Roma-Bari, Laterza, 1997, p. 173-198.

opératives qui tendent vers un but (par exemple, la structure de l'organe n'est pas la cause de sa fonction mais c'est bien sa fonction qui explique sa structure). Selon Ravaisson, dans la nature vivante cause formelle, cause efficiente et cause finale tendent à s'identifier. Les trois aspects de la causalité ne sont que des points de vue différents sur les processus biologiques : « Or la nature d'une chose est la fin où elle atteint sa forme essentielle, et la forme réside dans le principe qui pousse le mobile à sa fin. [...] La nature est donc la cause du mouvement dans le sujet même où elle réside »[18]. La coïncidence entre cause formelle et cause efficiente suppose la coïncidence entre cause formelle et cause finale : la fin coïncide avec la forme dès lors que les processus naturels tendent à la réalisation de cette dernière. La forme, à son tour, coïncide avec la fin, entendue comme le principe qui détermine la direction d'un mouvement, d'un développement. C'est la fin, en somme, qui joue le rôle principal : la fin vient avant le processus de formation qui, sans elle, ne serait pas orienté et ne serait donc même pas possible.

C'est ainsi que s'explique le caractère instrumental du corps par rapport à l'âme et des organes par rapport aux fonctions : « La main que l'âme ne peut plus faire servir à ses fins, n'est une main que de nom, comme si elle était de pierre ou de bois : le moyen n'est fait et n'existe que pour sa fin ». Dans le même temps, Ravaisson souligne la stricte intégration fonctionnelle de l'âme et du corps sans laquelle il n'y a pas de vie. Bien qu'elle en constitue l'essence, l'âme ne commande pas au corps « comme le maître à l'esclave, comme une puissance indépendante qui peut se séparer de l'instrument qu'elle emploie »[19]. Deux conséquences importantes découlent de cet état de fait : l'âme n'est pas une substance voyageant de corps en corps, mais l'acte d'un corps naturel qui a la vie en puissance, la forme d'un seul et unique corps dont elle représente l'individualité ; elle est la cause de l'accord et de l'harmonie entre les parties du corps dont l'unité n'est pas pour autant le résultat d'une juxtaposition mécanique.

---

[18] *Essai*, I, p. 415 ; voir aussi t. II, p. 11.

[19] *Essai*, I, p. 419.

Ravaisson conclut sa réflexion sur ce thème en exposant une vision hiérarchique de la nature dans laquelle les diverses formes de l'existence – de l'absolue simplicité des corps élémentaires jusqu'à la vie de l'homme – se succèdent l'une à l'autre sans solution de continuité ; et, puisque l'âme est le principe de la vie et de l'activité, cette progression ascendante culmine en l'Être suprême, en Dieu comme activité pure, qui représente la fin à laquelle tend (et qui met en mouvement) la nature tout entière. À mesure que l'on monte les marches de cet escalier, on assiste à un double processus. D'une part les organismes sont de plus en plus étroitement liés, porteurs d'une unité plus intime et plus indissoluble. D'autre part, les êtres semblent de plus en plus individualisés, « jusqu'au sommet indivisible de l'individualité absolue et de l'activité pure ». La méthode *synthétique* de la nature consiste donc en « une spécification progressive qui enveloppe successivement les puissances inférieures, sans les anéantir, sous une forme plus haute, dans une activité plus déterminée »[20]. Au contraire, la méthode *analytique* de la science consiste en une abstraction progressive de la réalité matérielle, de l'individualité et du temps qui a pour revers la segmentation de la nature en entités discrètes, discontinues.

La nature et la science se présentent en somme comme deux systèmes marchant en sens contraire l'un de l'autre : l'explication scientifique de la nature « revient de la fin aux conditions ; son point de départ est le point où la nature s'arrête »[21]. De cette façon, pourtant, on en arrive à une incompréhension radicale de la vie. La finalité même n'apparaît plus en tant que telle, parce que le renversement de perspective opéré par l'entendement en perd de vue le sens le plus authentique. Pour Ravaisson, un des grands mérites d'Aristote est d'avoir posé ce problème, que Platon avait éludé (et, d'une certaine manière, accentué), en attribuant la priorité aussi bien logique qu'ontologique à des idées dépourvues de mouvement et de vie ; sans se rendre compte que la science suprême, la dialectique, adoptait ainsi

---

[20] *Ibid.*, p. 487.
[21] *Ibid.*, p. 482.

pour objet un monde « réduit à la condition de la généralité abstraite, et par conséquent dépouillé de l'existence réelle ». Aristote, par contre, ne peut se contenter de cette solution. La réflexion qu'il mène sur la nature vivante lui suggère en effet que la forme la plus haute de l'être n'est pas la généralité mais l'individualité, et que la forme la plus haute de la connaissance n'est pas la dialectique mais un savoir capable de « s'élever au-dessus de l'entendement et du raisonnement comme au-dessus des sens »[22]. La métaphysique seule, par son modèle de rationalité non discursive mais intuitive, peut dépasser le divorce entre la nature et la science, touchant une vision unitaire dans laquelle les oppositions se dissolvent et où la finalité est reconquise à son plus haut niveau. Uniquement en Dieu, dans la seule intuition immédiate de l'intelligible en acte, la fin de la nature se révèle être l'action parfaite de la pure pensée dans l'unité absolue de sujet et d'objet, idéal et réel[23].

4.2. *La nature comme art*

On retrouve souvent chez Aristote la comparaison entre les produits de l'art (*technè*) et les produits de la nature, qu'il s'agisse de mettre en évidence leurs différences ou leurs points communs. Quoi qu'il en soit, le domaine de l'art, en jouant le rôle d'une référence exemplaire, s'avère éclairant. Cependant, qu'entend Aristote quand il parle d'art ? À ce sujet, il convient au préalable de préciser qu'en grec le mot *technè* a un sens beaucoup plus large que notre terme « art », puisqu'il ne désigne pas simplement ce que l'on appellera ensuite les « beaux-arts » (la peinture, la sculpture, l'architecture, la musique), mais aussi l'artisanat ou encore l'ensemble des activités

[22] *Essai*, II, p. 9. « C'était à un Asclépiade de la Thrace, nourri dans la médecine et l'étude de la vie, c'était au fondateur de l'anatomie et de la physiologie comparées, qu'il était réservé de sortir du cercle de l'abstraction mathématique et dialectique » (*ibid.*, p. 8).

[23] Cette interprétation de la métaphysique aristotélicienne reflète évidemment l'influence de Schelling et de la philosophie romantique allemande.

professionnelles fondées sur un savoir spécialisé (pour cette raison, il est possible de parler de l'art du céramiste, du géomètre, du médecin, du général, etc.). Dans le monde grec, l'art est la capacité à faire quelque chose sur la base de règles générales et de connaissances certaines (tout le contraire, donc, de l'idée romantique d'art comme invention individuelle et libre de toute norme). Comme l'observe Jaeger, l'art arrive facilement au sens de « théorie », un sens que ce mot a couramment dans la terminologie philosophique de Platon et d'Aristote, en particulier là où il s'agit de l'opposer au pur empirisme ou « pratique ». D'autre part la *technè* se distingue de *l'épistémè*, la science pure, en ce sens que la théorie de la *technè* est toujours pensée au service d'une *praxis*[24].

Chez Aristote, les points communs entre les processus de l'art et les processus de la nature sont dus au fait que les premiers nous permettent de comprendre la structure des seconds. Le produit est à l'instrument utilisé ce que la fin est à la cause efficiente, le concept de l'œuvre est au matériel ce que l'essence est à la matière, le matériel est au produit ce que la puissance est à l'acte, et ainsi de suite. Ravaisson, qui semble avoir clairement à l'esprit le sens de *technè*, utilise ce terme comme vecteur de comparaison, en particulier dans les pages qui introduisent le développement de la nature vivante. Il souligne en particulier comment, dans la nature aussi bien que dans l'art, la nécessité de la matière n'est que conditionnelle et comment il revient à la puissance active de déterminer le mouvement et la forme : « la nature, comme l'art, se porte, sans y être contrainte, à sa fin »[25]. Ravaisson renvoie ici en note à la *Physique*, où Aristote réfute la doctrine mécaniste de la nature (selon laquelle seule la nécessité mécanique existerait, aveugle et gouvernée par le hasard) en affirmant que les corps naturels sont construits comme s'ils avaient été faits intentionnellement, autrement dit en suivant un certain ordre, une certaine finalité.

[24] W. Jaeger, *Paideia. Die Formung des griechischen Menschen*, 3 vol., Berlin-Leipzig, W. de Gruyter, 1934-1947, t. II, p. 210-230 ; voir aussi W. Tatarkiewicz, *Storia di sei Idee*, *op. cit.*, p. 43-45.

[25] *Essai*, I, p. 416.

« Si donc les choses selon l'art sont en vue de quelque chose, il est clair que le sont aussi les choses selon la nature » puisque ce n'est pas la nature qui imite l'art mais bien l'art qui imite la nature (et parfois la complète)[26]. Du point de vue ontologique, l'art n'est rien d'autre que l'imitation des processus naturels, et c'est justement pour cela qu'il sert à les éclairer.

Ravaisson poursuit son discours en mettant en évidence ce rapport de subordination : « Mais la nature est une activité concrète, une forme en une matière. Sa fin n'est pas, comme celle de l'art, une conception, une idée, un type arbitraire qui n'est que dans la pensée, et que la volonté réalise »[27]. Il fait cette fois la référence à la *Métaphysique* Z 7, qui distingue les générations naturelles des productions de l'art. Les unes comme les autres impliquent trois conditions fondamentales : une chose dont elles dérivent (la matière ou la cause naturelle), une chose sous l'œuvre de laquelle elles dérivent (la cause efficiente) et une chose vers laquelle elles tendent. Cependant, alors que dans les générations naturelles cette chose est toujours la nature (en effet, la cause efficiente, autrement dit le générant, est aussi la nature en ce sens qu'elle a la même nature ou la même forme que la chose générée : c'est toujours un homme qui génère un homme), dans les productions artistiques, la forme ou l'essence préexiste dans la pensée du créateur. Ce n'est que dans un deuxième temps qu'elle est réalisée à travers certains moyens. À la différence de ce qui se produit en art, la nature « n'a pas de choix à faire ; sa forme, c'est elle-même, dans sa réalité concrète. Des deux formes contraires dont chaque puissance est susceptible, il y en a une qui est l'essence, dont l'autre est la privation : c'est celle-là qui est la forme de la nature, sa perfection, son bien. Sans choix et sans délibération, elle y aspire, elle y marche d'un mouvement continu »[28]. En d'autres termes, l'art est ontologiquement subordonné à la nature parce que ses processus sont conscients et intentionnels, ils dépendent d'un choix subjectif et donnent lieu à des réalités contingentes.

---

[26] Aristote, *Phys.*, II 8, 199 *a* 16-19.
[27] *Essai*, I, p. 416-417.
[28] *Ibid.*, p. 417.

La nature, en revanche, bien qu'elle présente une finalité comparable à celle que l'on rencontre dans l'agir intentionnel humain, n'a pas besoin du moment conceptuel, puisqu'elle pose spontanément les moyens et les conditions nécessaires à la réalisation de la fin. Du reste, alors que l'art est « une activité indépendante qui s'exerce indifféremment sur toute espèce de matière », la nature « est liée à une matière, non par un lien extérieur et mécanique, mais par le mouvement même et la vertu intérieure qui transforme le possible dans l'acte de sa forme »[29].

Comment expliquer, alors, l'existence de certaines anomalies et de certaines monstruosités dans le développement des êtres naturels ? Par l'inévitable conditionnement de la matière : c'est ce dernier qui fait en sorte que la nature ne réalise parfois pas la fin qu'elle visait dans son activité, ce qui se produit justement quand la matière prédomine sur la forme ou ne se laisse pas dominer par elle. Ravaisson n'explicite pas ici l'analogie nature-art qui est pourtant présente dans le texte aristotélicien (quand il est dit que la fin, résultant d'une action intelligente et ayant de nombreux points communs avec une sorte d'habileté, peut également être manquée exactement comme cela peut se produire pour les arts[30]). L'analogie réapparaît pourtant immédiatement quand Ravaisson observe que tout cela ne préjuge pas de l'ordre structurellement finaliste de la nature : « Elle rétablit l'équilibre, répare le désordre, guérit la maladie. Toujours elle travaille la masse inerte du corps, la façonne et la transforme. Partout elle met et elle conserve la proportion et la beauté »[31]. La note renvoie à un passage de *La génération des animaux* dans lequel Aristote, qui parle des divers rôles du mâle et de la femelle dans la détermination du sexe de la progéniture, affirme : « Il ne saurait cependant manquer une proportion réciproque, puisque toutes les choses qui adviennent selon l'art ou selon la nature se font selon un certain rapport ». Ravaisson cite en outre un extrait de la

[29] *Ibid.*, p. 415-416.
[30] Aristote, *Phys.*, II 8, 199 *b* 1-5.
[31] *Essai*, I, p. 418.

Métaphysique qui définit comme suprêmes formes du beau l'ordre, la symétrie et le défini[32]. Curieusement, il ne cite pas certaines pages des *Parties des animaux* qui auraient été tout à fait pertinentes, celles dans lesquelles Aristote réaffirme la prééminence de la forme/fin dans les processus naturels de formation, en précisant que l'étude des vivants les plus humbles peut offrir d'immenses joies à qui sait en comprendre les causes : « Ce n'est pas en effet le hasard, mais la finalité qui est présente dans les œuvres de la nature, et plus encore : la fin en vue de laquelle elles se sont constituées ou se sont formées, occupe la région du beau »[33]. En un certain sens, tout se passe comme si Ravaisson ne tirait pas toutes les conséquences possibles de l'analogie nature-art, faisant preuve, cette fois, plus d'acribie philologique que de profondeur herméneutique.

4.3. *Habitude et spontanéité naturelle*

Pour Ravaisson, le programme de la métaphysique aristotélicienne apparaît extrêmement actuel dans le contexte philosophique du XIXe siècle qui se débat entre empirisme et rationalisme, entre la tendance (typiquement positiviste) à rendre absolus les faits et la tendance (typiquement idéaliste) à figer la réalité dans des abstractions logiques. Il faut donc retrouver la leçon d'Aristote en en faisant l'axe fondamental d'un nouveau projet spéculatif. Cependant, il faut pour cela en dépasser les limites théorico-méthodologiques qui dépendent surtout de l'idée de Dieu comme acte pur séparé de toute puissance : elle rend problématique non seulement la relation entre Dieu et le monde, mais aussi celle entre la puissance et l'acte. En effet, « la puissance et l'acte une fois séparés, il semble qu'on ne peut les concevoir ni en eux-mêmes, ni dans

[32] Aristote, *De gen. an.*, IV 2, 767 *a* 15-16 ; *Metaph.*, M 3, 1078 *b* 1-2.

[33] Aristote, *De part. an.*, I 5, 645 *a* 25-26. Mais l'on trouve peut-être un écho de ce passage dans la conclusion de Ravaisson : « Ce mouvement régulier, cette activité infatigable qui ne fait rien en vain et qui […] pousse incessamment la matière, indocile et rebelle, au développement parfait de ses puissances, ce n'est pas autre chose que la vie » (*Essai*, I, p. 418).

leur réunion »[34]. Le problème irrésolu de l'aristotélisme est que son monisme de fond (pour lequel un seul principe, la Pensée substantielle, se manifeste en toutes choses, selon toutes les différences du possible) risque de se trouver compromis par une vision trop active de la forme et trop passive de la matière. On expose donc une double exigence, destinée à marquer le monisme spiritualiste de Ravaisson : relier de façon interne l'activité et la passivité, en identifiant un domaine dans lequel le passage de l'une à l'autre se fasse presque insensiblement, comme par d'imperceptibles gradations de couleurs ; intégrer le point de vue ontologique et le point de vue « psychologique », une hiérarchisation de l'Être à partir de l'Être suprême avec une compréhension de l'être à partir de la réalité la plus accessible à l'homme : la conscience.

Cette double exigence trouve une première réponse dans le traité *De l'habitude* – ouvrage publié par Ravaisson en 1838 – dans lequel l'influence d'Aristote s'associe à celle de Maine de Biran. La thématique en toile de fond est de matrice aristotélicienne : l'habitude comme qualité ou disposition permanente, acquise suite à la répétition d'un acte et devenue une « seconde nature »[35]. Sa structure est cependant biranienne : l'habitude, cette sorte de « nature en nous » miroir et modèle de la nature en dehors de nous, trouve son principe d'explication à l'intérieur de la conscience où « l'auteur, le drame, l'acteur, le spectateur, ne font qu'un »[36]. Selon Maine de Biran, le sens intime révèle le moi à lui-même, comme volonté ou effort, parfaitement en contradiction avec ce sur quoi il entend agir et qu'il sent lui résister, c'est-à-dire le corps : par exemple,

---

[34] *Essai*, II, p. 25.

[35] Pour Aristote, l'habitude (*éthos*) est l'activité qui porte à terme un « habitus » pratique puisqu'elle développe chez l'individu – à travers l'exercice – des puissances implicites dans sa nature jusqu'à en faire des dispositions constantes (Aristote, *Eth. Nic.*, II 1, 1103 *a* 20-1103 *b* 25). Dans la *Rhétorique*, I 11, 1370 *a* 7-8, il affirme que « l'habitude est quelque chose de semblable à la nature : le "souvent" est semblable au "toujours", la nature est le domaine du toujours, l'habitude est celui du souvent ». Ravaisson s'était déjà penché sur la conception aristotélicienne de l'habitude dans son *Essai*, t. I, p. 449-452.

[36] F. Ravaisson, *De l'habitude*, *op. cit.*, p. 20.

lorsque je décide de lever un bras pour saisir un objet, ma perception intérieure de cette action coïncide avec le sentiment d'une résistance (la passivité corporelle) qui cède à l'effort (l'activité volontaire). Avec sa doctrine de l'*effort*, Biran apparaît désormais à Ravaisson comme le philosophe qui a su conduire la métaphysique sur le terrain de l'expérience intérieure, en délimitant une démarche de réflexion en vertu de laquelle il est possible de concevoir chaque cause à l'image du moi, c'est-à-dire comme force libre et intelligente, comme esprit[37]. Par ailleurs, Ravaisson voit aussi une limite dans la perspective de Biran : le fait d'avoir distingué le moi comme *cause active* du moi comme *substance* (ou bien comme sujet passif des modifications qui s'y déroulent). Ainsi, « la volonté serait la fin de notre connaissance de nous-mêmes. Au-delà un abîme sans mesure, une nuit impénétrable »[38]. Comment éclairer ce domaine, comment souder le volontaire (le côté « actif » de la réflexion) et l'involontaire (le côté « passif » de la sensibilité organique) ?

---

[37] Voir à ce sujet l'article « Philosophie contemporaine. Fragments de philosophie par M. Hamilton » (*Revue des Deux Mondes*, XXIV, novembre 1840, p. 396-427), repris dans F. Ravaisson, *Métaphysique et morale*, Préface de J.-M. Le Lannou, Paris, Vrin, 1986, p. 1-32. Dans cet article se profile un projet philosophique auquel l'*Identitätsphilosophie* semble fournir davantage l'objectif théorique (élaborer une forme d'intelligibilité qui ne reste pas engluée dans un filet d'oppositions ; établir la philosophie comme science du réel, des choses en elles-mêmes) que les outils pour le réaliser. Ravaisson critique en effet la méthodologie fondée sur l'intuition intellectuelle (comment peut-il exister une connaissance de l'absolu si ce dernier suppose la négation des différences sur lesquelles s'articule le processus cognitif lui-même ?), en observant que l'« unité mystérieuse des différences » n'a pas encore été comprise sur le plan spéculatif et reste par conséquent « le secret de la science non moins que de la vie » (*ibid.*, p. 11). Par contre, une méthodologie qui peut faciliter cette compréhension est le processus autoréflexif de Biran, à qui Ravaisson, dépassant l'interprétation restrictive donnée par Cousin, attribue une portée métaphysique : maintenant, on dirait que c'est Biran – plus encore que Schelling – le véritable héritier du réalisme aristotélicien. Sur les différences qui opposent Ravaisson et Cousin dans la réception de la pensée de Biran, voir P. Vermeren, « Les aventures de la force active en France », *Exercices de patience*, 8, 1987, p. 147-168.

[38] F. Ravaisson, « Philosophie contemporaine », art. cit., p. 29.

C'est probablement le caractère central de ce problème qui justifie l'importance que revêt, dans *De l'habitude*, un autre courant de pensée que l'on peut rapprocher de la philosophie biologique d'influence animiste et vitaliste[39]. Avant de se concentrer sur l'habitude comme processus psychologique, Ravaisson l'analyse en tant que disposition commune à toute nature vivante ; vue de cette manière, l'habitude est susceptible de plusieurs gradations : nous pouvons en vérifier les effets déjà dans la vie végétale, par exemple lorsqu'une plante s'adapte à de nouvelles conditions climatiques ou environnementales. Inversement, nous pouvons lancer une pierre cent fois de suite dans la même direction et à une vitesse identique, elle ne changera en rien sa manière d'être et ne s'habituera jamais à accomplir ce mouvement donné. Dans le monde inorganique, en effet, nous trouvons deux conditions de l'habitude : la permanence et le changement. Mais il en manque une troisième, à savoir la possibilité de traduire le changement en une modification de la puissance à l'intérieur de l'être : l'absence d'intervalle temporel entre la puissance et l'acte rend immédiat le changement même, qui ne survit pas à l'impulsion extérieure dont il a pris son origine. Ravaisson détermine une différence qualitative entre nature inorganique et nature organique : dans le premier cas, nous avons affaire à des totalités (tantôt physiques, tantôt chimiques) qui apparaissent telles parce que la distinction d'origine entre les éléments a laissé place à des synthèses homogènes, divisibles en parties tout à fait semblables les unes aux autres ; dans le second cas, nous avons affaire à des totalités hétérogènes, indivisibles en parties homologues, c'est-à-dire avec de vraies unités : l'unité hétérogène dans l'espace coïncide avec l'organisation, tandis que l'unité progressive dans le temps coïncide avec la vie. Ces deux conditions, absentes dans la nature inorganique, font que les êtres vivants constituent des individualités, à savoir des totalités indivisibles, chacune étant dotée d'un destin qui lui est propre et

[39] Voir J. Cazeneuve, *La philosophie médicale de Ravaisson*, Paris, PUF, 1958. Dans *De l'habitude*, Ravaisson se réfère aux doctrines de J.-B. Van Helmont, G.-E. Stahl, P.-J. Barthez, X. Bichat, F.-R. Buisson.

d'une nature qui reste constante même si un changement survient.

Cela ne veut pas dire que la vie constitue un monde à part, isolé et indépendant du monde extérieur. La nature vivante obéit aux lois générales de la nature inorganique qui la conditionne incessamment ; toutefois, elle est également capable de surmonter ce conditionnement (et d'en triompher). Pour expliquer cette capacité, Ravaisson reprend le modèle aristotélicien : le monde organique représente la matière (passive) à laquelle l'organisation confère une forme (active). L'habitude est une prérogative des êtres vivants parce que la vie implique une tension continue entre passivité et activité, en vertu de laquelle la continuité ou la répétition d'un changement modifie la disposition de l'être vis-à-vis de ce même changement : si le changement provient de l'extérieur, l'être qui le subit en ressentira de moins en moins les effets ; s'il provient de l'intérieur, l'être qui le réalise pourra le reproduire de plus en plus facilement. Au fur et à mesure que l'on avance dans la hiérarchie des êtres vivants, des végétaux aux animaux, l'action extérieure et la réaction intérieure ont de plus en plus tendance à se différencier l'une de l'autre : dès que l'animal peut se déplacer dans l'espace et percevoir les objets extérieurs même à une certaine distance, la spontanéité l'emporte sur la passivité et la réaction devient de plus en plus indépendante des circonstances qui l'ont sollicitée. In fine, on atteint un niveau d'existence où l'écart entre les impressions reçues et les mouvements de réponse se creuse à tel point qu'il exige un centre de coordination : avec l'intelligence, la spontanéité se transforme en volonté, en activité libre et consciente[40].

La première partie du traité décrit donc une parabole ascendante, en passant à travers la spontanéité de la vie organique inconsciente. C'est précisément cette spontanéité qui permet de s'approcher de la conscience d'un point de vue biologique, par une conception du vivant qui en exalte le dynamisme, la complexité et l'hétérogénéité dans l'espace et dans le temps. L'habitude elle-même suit une loi générale de la nature

[40] F. Ravaisson, *De l'habitude*, *op. cit.*, p. 19-20.

vivante : le renforcement de la spontanéité implique l'affaiblissement de la passivité et vice-versa. Qu'arrive-t-il, du reste, lorsque l'habitude est placée à l'intérieur de la conscience, dans le but non seulement d'en constater la loi apparente mais d'en saisir aussi le *comment* et le *pourquoi* ? À partir de ce moment, la parabole ascendante subit un retournement radical. Si entre la limite inférieure de la matière inerte et la limite supérieure de la pleine activité il existe une pluralité de degrés successifs destinés à composer une sorte de spirale, c'est précisément « cette spirale que l'habitude redescend, et dont elle nous enseigne la génération et l'origine. [...] L'histoire de l'Habitude représente le retour de la Liberté à la Nature, ou plutôt l'invasion du domaine de la liberté par la spontanéité naturelle »[41].

Dans la conscience, activité et passivité donnent lieu à deux modalités opposées de connaissance : respectivement la perception claire (caractérisée par la distinction entre le sujet et l'objet) et la sensation obscure (caractérisée par la continuité entre l'un et l'autre). Cependant, l'activité ne se révèle à la conscience que par la tension vers un objectif et la résistance qu'il faut surmonter pour l'atteindre : l'effort volontaire représente le lieu d'équilibre où l'activité et la passivité (et conséquemment la perception et la sensation) se compensent, le moyen terme où ces deux extrêmes se joignent. Suivant Maine de Biran, Ravaisson souligne l'antagonisme entre l'effort et l'habitude : cette dernière, en relâchant l'état de tension du moi, dissimule la ligne de démarcation entre volontaire et involontaire, ronge la conscience du sentir et de l'agir jusqu'à ramener dans l'ombre précisément ce que l'effort avait mis en lumière. De plus, Ravaisson, aussi bien que Biran, attribue la duplicité d'effets de l'habitude à l'« histoire contraire des deux puissances contraires » : puisque tout ce qui se trouve dans la conscience est « un changement ayant sa durée en un sujet qui

[41] *Ibid.*, p. 49.

dure et ne change point », la répétition et la durée du changement affaiblissent la passivité et exaltent l'activité[42].

Ainsi, au fur et à mesure qu'une sensation se répète, la douleur ou le plaisir procuré à l'origine s'atténue graduellement ; inversement, la répétition d'une action en détermine le renforcement constant (raison pour laquelle, par exemple, nous accomplissons de plus en plus facilement un mouvement donné) tandis que le plaisir que nous en tirons s'intensifie. Mais, tandis que Biran fixait une opposition irréductible entre habitudes *passives* (qui produisent *ipso facto* une diminution du rayon de la conscience) et habitudes *actives* (qui au contraire en perfectionnent les opérations), Ravaisson voit une zone intermédiaire où les deux extrêmes se rejoignent : chaque fois que la sensation n'est pas une douleur, en se prolongeant elle a tendance à disparaître, mais elle se transforme en même temps en un besoin qui, n'étant pas satisfait, va causer un sentiment de malaise ou de gêne. Cela signifie que les habitudes dites passives ne le sont pas en sens absolu et que leur réceptivité même implique toujours une forme souterraine d'activité. Réciproquement, avec la diminution de l'effort, l'action devient bien sûr plus spontanée et efficace, mais elle se transforme également en un penchant qui n'attend plus l'ordre de la volonté, voire en une tendance instinctive qui « se dérobe entièrement et sans retour à la volonté et à la conscience ». Ainsi, malgré la disparité de ses effets, l'habitude reste unique, puisque dans un cas comme dans l'autre elle apparaît comme guidée par un principe identique : « le développement d'une spontanéité irré-

---

[42] *Ibid.*, p. 27-28. Cf. F.-P. Maine de Biran, *Influence de l'habitude sur la faculté de penser* (1802), édition établie par G. Romeyer-Dherbey, in *Œuvres*, édition dirigée par F. Azouvi, t. II, Paris, Vrin, 1987. Nous signalons que Biran lui-même puise dans les doctrines vitalistes, notamment dans celle de Barthez : voir F. Azouvi, « Le vitalisme de Maine de Biran », dans G. Cimino, Fr. Duchesneau (éds), *Vitalism from Haller to the Cell Theory*, *op. cit.*, p. 11-125. En ce qui concerne d'ailleurs les modalités avec lesquelles Ravaisson récupère la leçon de Biran, voir J. Beaufret, *Notes sur la philosophie en France au XIXe siècle*, *op. cit.*, p. 7-28 ; E. Blondel, « Ravaisson lecteur de Maine de Biran », dans J.-M. Le Lannou (éd.), *Études sur F. Ravaisson*, Paris, Éditions Kimé, 1999, p. 15-32; J.-I. Linden, « Fin, finitude et désir infini », *loc. cit.*

fléchie, qui pénètre et s'établit de plus en plus dans la passivité et l'organisation, en dehors, au-dessous de la région de la volonté, de la personnalité et de la conscience »[43].

Et nous arrivons au noyau de la définition de l'habitude selon Ravaisson. L'habitude se développe grâce à un type particulier d'activité qui, parce qu'elle n'est pas encore ou parce qu'elle n'est plus volontaire, se caractérise comme une spontanéité à la fois passive et active, très semblable à la spontanéité naturelle de la vie organique inconsciente. Pourtant, non volontaire ne signifie pas mécanique : la spontanéité de l'habitude est plutôt soutenue par l'intervention d'une nécessité « intelligente », qui tend à se confondre avec l'acte dont elle favorise la réalisation. Pour appuyer cette thèse, Ravaisson reprend l'animisme de Stahl qui, comme nous l'avons déjà vu, avait été l'un des premiers à mettre en question l'iatromécanisme en remontant aux concepts aristotéliciens d'âme et de finalité organique[44]. Pour Stahl, c'est l'âme, entendue comme principe rationnel unique et indivisible, qui active, règle et coordonne les divers mouvements vitaux, qu'ils soient volontaires ou involontaires ; architecte du microcosme organique, l'âme a une connaissance particulière des organes qui lui appartiennent et des fins qui lui sont destinées. Pour résoudre la difficulté qui résulte du fait que l'âme n'a, dans de nombreux cas, aucune conscience de son intervention, Stahl fait la distinction entre le *logos* (l'intellect spontané, sorte d'instinct de la raison) et le *logismos* (l'intellect accompagné de la représentation consciente). L'âme reste toujours la même mais se manifeste de deux façons distinctes selon qu'il s'agit de diriger les fonctions élevées (y compris les fonctions intellectuelles au sens strict) ou les fonctions vitales inférieures[45].

---

[43] F. Ravaisson, *De l'habitude*, *op. cit.*, p. 29, 31.

[44] Ce dernier point est évidemment décisif : à travers la médiation de Stahl, Ravaisson peut récupérer ce qui lui semble être l'un des enseignements les plus précieux d'Aristote tout en le mêlant à son spiritualisme.

[45] G.E. Stahl, *Disquisitio de mechanismi et organismi diversitate*, Halle, Sumptibus & Impensis Orphanotrophei, 1706 ; trad. fr. *Recherches sur la différence qui existe entre le Mécanisme et l'Organisme*, dans *Œuvres*

C'est cette dernière thèse, tout particulièrement, l'existence d'un principe identique sous la diversité des effets, qui joue un rôle de premier plan dans *De l'habitude.* Selon cette thèse, Ravaisson peut effectivement soutenir que les mouvements, bien que devenant habituels et donc de plus en plus indépendants de la volonté, ne sortent pas par cela même de la sphère de l'intelligence. La spontanéité de l'habitude implique plutôt la disparition de l'intervalle qui se place, dans l'intelligence réflexive, entre la conception et la réalisation d'un but ; par une suite de degrés imperceptibles, le mouvement se transforme en un penchant qui « approche toujours davantage de l'acte à la réalisation duquel il aspire, il en revêt de plus en plus la forme »[46]. L'habitude nous montre que la pensée ne s'identifie pas à la conscience, que l'intelligence ne se réduit pas au vouloir, c'est-à-dire qu'il existe une intelligence immédiate et obscure dans laquelle activité et passivité s'impliquent réciproquement, composant une structure en chiasme[47]. De même les fonctions les plus élémentaires de la vie organique n'obéissent pas à un déterminisme aveugle mais à la même finalité intelligente qui règle les fonctions les plus complexes : « La dégradation de la volonté et de la conscience, dans la série graduée des fonctions vitales, ne doit donc être aussi que le signe de la disparition graduelle des conditions de l'entendement et de la volonté réflexive, dans l'identité d'une même âme ». Ravaisson ajoute ici en note : « C'est là l'esprit et la lettre du stahlianisme, presque toujours mal connu et mal compris de ses adversaires, même du savant et profond Barthez »[48].

---

médico-philosophiques et pratiques de G.E. Stahl, *op. cit.*, t. II : *Traités divers*, p. 177-251.

[46] F. Ravaisson, *De l'habitude*, *op. cit.*, p. 32.

[47] Voir Cl. Marin, « L'activité obscure de l'habitude », dans J.-M. Le Lannou (éd.), *Études sur F. Ravaisson*, *op. cit.*, p. 47-59. Sur cette thématique, nous nous permettons de renvoyer à notre article « Arte e metafisica nel pensiero di F. Ravaisson », *Studi di estetica*, 3e série, XXVI, 18, 1998, p. 121-144.

[48] F. Ravaisson, *De l'habitude*, p. 41.

Sur cette base apparaît une hypothèse métaphysique de portée plus générale : tout comme la spontanéité (des habitudes ou des fonctions vitales) se substitue insensiblement à la volonté, la matière est le dernier terme d'une parabole descendante qui entérine la dégradation progressive de l'esprit. Nous retrouvons donc cette philosophie de la continuité déjà attribuée à Aristote. Ravaisson affirme cependant que la continuité de la nature est une « idéalité indémontrable par la nature même »[49], c'est-à-dire tant que nous regardons la nature de l'*extérieur*, selon la parabole ascendante dessinée dans la première partie du traité. Face à la tendance, partagée non seulement par le vitalisme mais aussi par la recherche biologique alors la plus accréditée, à tracer une démarcation nette entre monde organique et monde inorganique, il n'apparaît pas scientifiquement justifiable de tenir une position qui supprime cette frontière jusqu'à retrouver dans la nature inorganique – par exemple dans le cristal – les derniers rayons de la pensée et de l'activité[50]. La continuité ne peut être saisie que si, en déplaçant le regard vers l'*intérieur* de la conscience, nous descendons de la volonté à la nécessité : alors l'habitude peut figurer, analogiquement, « le mystère de l'identification de l'idéal et du réel, de la chose et de la pensée, et de tous les contraires que sépare l'entendement [...] »[51]. Elle peut le faire, parce qu'elle est « un *moyen terme* mobile, une limite qui se déplace sans cesse et qui avance par un progrès insensible d'une extrémité à l'autre » ; et de toute manière, si nous la considérons en tant que méthode, l'habitude rapproche la volonté et la nécessité à travers « une *suite convergente* infinie », ce qui laisse ouverte la possibilité que les

---

[49] *Ibid.*, p. 40.

[50] *Ibid.*, p. 42. Nous rappelons que Barthez considérait comme une fiction l'idée – soutenue alors par quelques savants – selon laquelle il fallait reconnaître aux cristaux une certaine forme d'organisation vitale (*Nouveaux éléments*, t. I, p 53). Sur cette problématique chez Ravaisson, et sur la discordance qu'elle semble engendrer entre science et métaphysique, voir R. Bruyeron, « *Jusque dans le cristal même*. Remarques sur un passage du texte de Ravaisson *De l'habitude* », dans J.-M. Le Lannou (éd.), *Études sur F. Ravaisson*, *op. cit.*, p. 33-46.

[51] F. Ravaisson, *De l'habitude*, *op. cit.*, p. 39.

deux extrêmes ne parviennent jamais à se joindre[52]. Dans tous les cas, les deux points de vue – extérieur et intérieur – ne peuvent objectivement pas converger. À la fin du traité, il reste donc l'exigence de guérir la fracture entre la science et la métaphysique, en trouvant un paradigme qui permette non seulement de pressentir mais aussi de concevoir la « progression continue où chaque terme est la condition et la matière de tous les termes supérieurs, la forme de tous les inférieurs »[53].

4.4. *Esthétique et science du vivant*

La fonction médiatrice de Stahl ne représente pas un expédient éphémère mais elle réapparaît dans les œuvres suivantes de Ravaisson. Comme le souligne J. Baruzi, « trente ans plus tard, lorsqu'il aura lu et compris Claude Bernard, il invoquera encore Stahl »[54]. Dans le *Rapport sur la philosophie en France au XIXe siècle*, cette médiation prend par ailleurs une valeur différente, qui modifie à son tour le sens attribué à la leçon d'Aristote. Ravaisson expose la pensée biologique de Stahl dans un chapitre qu'il consacre aux relations entre la philosophie et la physiologie, et plus particulièrement, au débat qui s'était rouvert en France entre organicisme, animisme et vitalisme. Dans ce contexte, la filiation Aristote-Stahl se précise. C'est Aristote qui, le premier, soutient que « le concert, l'ordre qui paraît dans les opérations des êtres vivants [...] marque une tendance à un but et, par suite, une action dépendante de quelque intelligence ». Il a ensuite fait un pas de plus qui fait de lui le fondateur de l'animisme à tous les effets : « entre les phénomènes de la vie et ceux qui appartiennent à l'âme pensante il remarquait une liaison, une continuité, qui ne permettait pas de les attribuer à deux principes différents. Selon lui, en conséquence, la vie venait de l'âme, de ce qui sent et qui

[52] *Ibid.*, p. 34-35.
[53] *Ibid.*, p. 40.
[54] J. Baruzi, « Introduction » à F. Ravaisson, *De l'habitude*, Paris, Alcan, 1927, p. XIV.

pense »[55]. L'originalité de Stahl tient dans le fait qu'il a perfectionné cette théorie, en approfondissant le problème de la nature inconsciente de certaines opérations vitales et en distinguant entre *logos* et *logismos,* entre raison et raisonnement. En ce sens, Ravaisson se range du côté de l'animisme de Stahl en le tenant pour la pensée biologique la plus en harmonie avec le spiritualisme. Cependant, si l'on regarde le *Rapport* dans son ensemble, on se rend compte que le rôle le plus important n'est pas donné à l'animisme mais plutôt au modèle qui l'a inspiré : « Dans la science des êtres organisés, depuis Hippocrate et Aristote jusqu'à Harvey, Grimaud, Bichat et M. Claude Bernard, rien de considérable n'a été trouvé qu'à l'aide de la supposition plus ou moins expresse d'une fin déterminante pour les fonctions, d'un concert harmonique des moyens »[56].

Il va de soi que la fécondité du modèle aristotélicien dépend avant tout de la proximité qu'il entretient avec l'objet étudié. Outre à cela, il présente un autre avantage : son noyau essentiel – la conception de la finalité organique – peut être partagé par ceux qui campent sur des positions très différentes de l'animisme ou du spiritualisme. En proposant une image non conventionnelle du positivisme de Comte, Ravaisson recherche ce modèle jusque dans les derniers volumes du *Cours de philosophie positive*, là où le développement de la science biologique marque le passage de la méthode *analytique* (typique des sciences physiques et chimiques, et qui tend à expliquer toute chose en la décomposant en ses plus simples éléments) à la méthode *synthétique*, qui privilégie une vision unitaire dans laquelle chaque élément n'est compréhensible qu'à partir du tout. D'accord avec Aristote, Comte affirme alors que « c'est dans le but, c'est dans la fin ou cause finale qu'est le secret de l'organisme »[57].

---

[55] F. Ravaisson, *Rapport sur la philosophie en France au XIXe siècle*, *op. cit.*, p. 222-232.

[56] *Ibid.*, p. 311.

[57] *Ibid.*, p. 129. Canguilhem aussi mettra en évidence cet aspect de la pensée biologique de Comte, en observant qu'il « réintroduit la finalité dans l'essence de l'organisme, sous l'aspect de la totalité » (« La philosophie

Selon Ravaisson, il est prévisible qu'avec l'affirmation de la biologie en tant que science autonome la nécessité de remplacer la conception mécanico-déterministe de la nature par une conception dynamico-téléologique deviendra de plus en plus évidente. Voilà pourquoi un éminent physiologiste comme Claude Bernard, le chef de file incontesté de la biologie expérimentale française, a dû reconnaître un « déterminisme supérieur » – animé et dirigé par un finalisme implicite – à l'ordre duquel obéit l'évolution organique, en y distinguant l'effet « d'un type défini, préexistant, auquel l'organisme se conforme comme un ouvrage d'art s'exécute d'après une pensée déterminée à l'avance ». L'unité et l'harmonie vitales suggèrent à Bernard que la vie est *création*. Ce qui qualifie la machine vivante, c'est la force organisatrice du développement, ou sa formation et son accroissement selon une idée directrice qui, de la naissance à la mort, règle les conditions de son existence. Or, puisqu'« une idée directrice et créatrice ne se peut comprendre sans une intelligence qui la conçoive », il est légitime d'extrapoler de la biologie expérimentale de Bernard la même conclusion métaphysique à laquelle aboutissait l'animisme : la pensée, la volonté sont au fond de tout[58].

Dans la réélaboration proposée par Claude Bernard, le modèle aristotélicien de la finalité organique révèle une connotation esthétique explicite ; il s'agit, du reste, d'une connotation déjà mise en évidence par Ravaisson dans l'*Essai*. Il y rappelait

---

biologique d'Auguste Comte et son influence en France au XIXe siècle », dans *Études d'histoire et de philosophie des sciences*, *op. cit.*, p. 70).

[58] F. Ravaisson, *Rapport sur la philosophie en France au XIXe siècle*, *op. cit.*, p. 178, 181. Dans les notes du *Testament philosophique*, un ouvrage composé presque tout entier dans les années 1899 et 1900 et publié posthume pour la première fois en 1901 par Xavier Léon, Ravaisson souligne explicitement le trait d'union qu'on peut déceler entre l'animisme de Stahl, ses propres thèses exposées dans le traité *De l'habitude* et l'hypothèse bernardienne d'une idée créatrice du développement organique. En effet, cette hypothèse « conduisait nécessairement à supposer en tout vivant une cause semblable à celle que nous constatons en nous et qu'on appelle du nom d'âme ou d'esprit, conséquence que n'a pourtant pas énoncée Claude Bernard » : F. Ravaisson, *Testament philosophique et fragments* (1933), texte revu et présenté par Ch. Devivaise, Paris, Vrin-Reprise, 1983, p. 127 (mais cf. aussi p. 69-74).

l'analogie – justement établie par Aristote – entre les processus de l'art et les processus de la nature. Dans le *Rapport*, cependant, cette analogie n'est pas seulement éclairante, elle est aussi décisive d'un point de vue conceptuel pour dessiner un modèle plus vaste d'enquête destiné à caractériser, pour Ravaisson, une époque philosophique désormais toute proche. De ce point de vue, une thèse aristotélicienne que l'*Essai* laissait dans l'ombre devient très importante, celle qui concerne le rapport finalité-perfection-beauté. En soulignant l'incapacité du matérialisme à saisir la spécificité de l'objet biologique, Ravaisson observe que le vivant « donne existence et forme, par ce qu'il a d'unité active, à ce qu'il renferme de multiple et de passif »[59]. La perfection des organismes ne coïncide pas avec celle d'un idéal abstrait, mais c'est plutôt leur ordre, leur organisation qui exige la prédominance de la forme sur la matière, de la fin sur le moyen ; le concert, la proportion, la symétrie ne sont pas simplement les attributs des organismes vivants, mais le signe indiscutable d'une tendance à la perfection, à la beauté, qui constitue le principe et la raison d'être de chacun de leur élément. Réciproquement, « une œuvre d'art ne peut être belle si elle n'est vivante »[60] : dans l'art, la forme prédomine sur la matière non pas en se conformant à un canon abstrait mais en consacrant la prééminence de l'ensemble, de l'ordre et de l'harmonie sur le détail des parties.

À partir du modèle aristotélicien de la finalité organique, l'esthétique et le biologique convergent donc dans la désignation d'un paradigme de compréhension du réel qui n'est plus fondé sur l'analyse mais sur la synthèse, qui n'est plus fondé sur la cause matérielle mais sur la cause finale ; un paradigme, en d'autres termes, qui tend à expliquer, dans tous les domaines, l'inférieur à travers le supérieur, l'incomplet et l'imparfait à travers le complet et le parfait, l'ébauche à travers l'œuvre achevée, la matière à travers l'esprit. Ainsi, la réflexion philosophique se trouve à un carrefour. Si elle suit les sol-

[59] F. Ravaisson, *Rapport sur la philosophie en France au XIXe siècle*, *op. cit.*, p. 127.
[60] *Ibid.*, p. 74.

licitations des sciences physiques et mathématiques, elle adoptera leur démarche analytique et le matérialisme qui en découle. Si elle suit les sollicitations de l'esthétique et de la biologie, elle adoptera leur démarche synthétique et le spiritualisme qui en est la conséquence.

Il faut pourtant préciser que le nouveau paradigme ne met pas en discussion le seul matérialisme. En effet, même l'idéalisme, bien qu'il s'efforce de parvenir « à ce qu'il y a de plus élevé dans l'ordre intelligible et à l'idéal de la perfection », finit par simplifier les choses en les réduisant, de généralisations en généralisations, à leur état logique le plus élémentaire et le plus abstrait[61]. Dans son *Essai*, Ravaisson ramenait le virage anti-idéaliste d'Aristote à sa réflexion sur le vivant qui l'aurait induit à dépasser la dialectique en direction de la métaphysique. De la même façon, toujours dans le *Rapport*, il revendique la nécessité d'une métaphysique qui n'aplatisse pas le réel sur les relations mécaniques, géométriques, logiques, mais qui sache restituer, d'un point de vue spiritualiste, la complexité et le dynamisme de la nature vivante. Cette métaphysique, cependant, est désormais « esthétisée » ou hybridée par des procédures et des catégories esthétiques, car l'exigence de la soustraire à une formulation intellectualiste du problème ontologique semble impliquer la prééminence, dans le discours philosophique, du modèle esthétique sur le modèle biologique. En d'autres termes, si la vie – comme finalité et création – représente un modèle exemplaire pour l'interprétation de la réalité tout entière, l'art constitue un modèle encore plus puissant, en mesure d'éclairer la vie même en la portant à un niveau supérieur de synthèse et de compréhension[62]. En ce sens, l'esthétique « n'est pas seulement une partie importante de la

---

[61] *Ibid.*, p. 297.

[62] « Prendre exemple sur l'art » écrit Ravaisson dans un fragment publié par Dopp et qui est probablement postérieur à 1875 (J. Dopp, *Félix Ravaisson*, *op. cit.*, p. 372). Pareillement, dans le *Testament philosophique*, on dit que l'art a justement la capacité de « mettre dans une plus vive lumière la loi fondamentale de la vie et de l'organisation », et que par conséquent c'est « l'esthétique qui est le flambeau de la science » (F. Ravaisson, *Testament philosophique*, *op. cit.*, p. 85, 87).

philosophie : considérée dans ses principes, [...] elle devient la philosophie elle-même »[63].

4.5. *La métaphysique* figurée

Chez Ravaisson, l'étude des arts figuratifs a toujours accompagné la réflexion sur les grands thèmes de la métaphysique. Dessinateur de talent et titulaire de charges officielles comme celle de Conservateur au Musée du Louvre, Ravaisson nourrissait un intérêt particulier pour la sculpture de l'Antiquité classique et pour la peinture de la Renaissance italienne. Du reste, c'est un problème de méthodologie philosophique qui va motiver l'entrecroisement des deux lignes de recherche : la recherche d'une unité qui n'exclue pas la pluralité, d'une relation qui n'aplatisse pas les différences ; la tentative connexe de tracer une ontologie du sensible qui en révèle le dessin implicite, les infinies gradations qui le raccordent à l'intelligible.

Ravaisson entretient en particulier un dialogue ininterrompu avec Léonard de Vinci qui, grâce à ses deux facettes d'artiste par excellence et de remarquable théoricien, joue sur le plan de l'esthétique le même rôle de « guide » qu'Aristote sur le plan de la métaphysique. Comme l'observe Bergson, Ravaisson fait devenir l'aristotélisme « la philosophie même de cet art que Léonard de Vinci conçoit et pratique » ; c'est cette confluence qui lui suggère l'idée « que l'art est une métaphysique figurée, que la métaphysique est une réflexion sur l'art, et que c'est la même intuition, diversement utilisée, qui fait le philosophe profond et le grand artiste »[64].

---

[63] F. Ravaisson, *Rapport sur la philosophie en France au XIXe siècle*, *op. cit.*, p. 286-287. Du reste, pour Ravaisson, le point de vue synthétique « est essentiellement celui de l'art, l'art consistant surtout à composer, à construire ; c'est celui notamment de la poésie, qui sans cesse rapproche, associe, marie ensemble les objets les plus éloignés » (*ibid.*, p. 291).

[64] H. Bergson, « La vie et l'œuvre de Ravaisson », dans *Œuvres*, *op. cit.*, p. 1461.

Dans un Rapport adressé en 1853 au Ministre de l'Instruction publique, et publié sous le titre *De l'enseignement du dessin dans les lycées*[65], une question apparemment très technique devient l'outil avec lequel approfondir un thème métaphysique. La question est la suivante : comment organiser l'enseignement du dessin dans les lycées ? Faut-il faire prévaloir une approche géométrique ou une approche esthétique ? Aussi bien l'art du dessin que la géométrie nous font connaître les proportions, c'est-à-dire les rapports de grandeur entre les corps situés dans un espace défini ; et comme la connaissance des choses dépend de leurs principes, les deux se proposent de nous faire connaître les principes sous-tendus aux rapports de grandeur. Mais la notion même de *principe* change : elle coïncide, pour la géométrie, avec les éléments dont se compose une chose, et pour l'art, avec la forme que doit avoir une chose. Par conséquent, dans le premier cas, les proportions sont analysées, décomposées, réduites à leurs rapports quantitatifs ; dans le second, elles sont réunies dans une vue d'ensemble, comprises dans la forme qui les exprime. Tandis que la géométrie se limite à expliquer la « lettre » des proportions, l'art en fait ressortir l'esprit : il rend sensible la qualité qui détermine le « caractère des choses », leur différence spécifique.

À partir de cette problématique, Ravaisson introduit la conception du dessin développée par Léonard de Vinci, la faisant tourner sur le rapport forme-matière, âme-corps. Dans les dessins qui représentent des organismes vivants, il s'agit de faire émerger le principe immatériel qui anime et qui meut la matière : « L'art a deux choses à faire, dit Léonard de Vinci ; il doit représenter le corps de l'homme ; et, par les gestes et les mouvements de ses parties, il doit représenter aussi son esprit »[66]. Pour Léonard, « notre corps est tel que notre âme

[65] F. Ravaisson, *De l'enseignement du dessin dans les lycées*, Paris, Dupont, 1854 ; reproduit dans F. Ravaisson, *L'Art et les mystères grecs*, textes présentés et recueillis par D. Janicaud, Paris, L'Herne, 1985, p. 27-47, sous le titre « Léonard de Vinci et l'enseignement du dessin », p. 27-47.

[66] *Ibid.*, p. 28. Ici comme ailleurs, Ravaisson cite le *Traité de la peinture* de Léonard suivant l'édition publiée à Rome, en 1817, par l'abbé Guglielmo

s'est plu à le former », donc les mouvements mais aussi la figure de chaque corps « est dans toutes ses parties l'expression d'une seule et même pensée, une et indivisible dans son caractère particulier »[67]. Chez tous les êtres de la nature, le concert harmonique des proportions est la marque de l'unité de l'esprit ; la centralité de la beauté, dans l'art, dépend du fait qu'elle condense cette harmonie, établissant une hiérarchie des formes naturelles dans laquelle ce sont les proportions parfaites (ou « divines » pour utiliser la terminologie de Léonard) qui expliquent les proportions imparfaites. L'art est imitation de la nature, mais de la nature telle qu'elle doit et qu'elle veut être : non une simple copie mais une interprétation originale en mesure d'exprimer la raison même des choses, c'est-à-dire de représenter « ce que la philosophie explique : la cause, le principe »[68].

Chez Léonard, Ravaisson voit réapparaître la conception aristotélicienne de la *mimesis* artistique comme représentation des aspects idéaux de la réalité, comme sa recomposition en un tout organique et cohérent régi par la vraisemblance et par la nécessité. Du reste, Ravaisson explicite sa référence en citant l'extrait de la *Poétique* dans lequel il est affirmé que la poésie est plus sérieuse et plus philosophique que l'histoire puisqu'elle tend à montrer non le détail ou l'accidentel mais l'universel[69].

Cependant, la vocation théorétique de l'art ne doit pas dégénérer en abstraction : puisque, dans la nature, la perfection est inséparable de l'individualité, l'artiste réalise effectivement un idéal de perfection dans la mesure où il présente des

---

Manzi d'après le *Codex vaticanus* 1270. Voir Chr. Mauve, « Les manuscrits de Léonard de Vinci en France au XIXe siècle », dans R. Ragghianti, A. Savorelli (éds), *Francia/Italia. Le filosofie dell'Ottocento*, Pisa, Edizioni della Normale, 2007, p. 219-225.

[67] F. Ravaisson, « Léonard de Vinci et l'enseignement du dessin », dans *L'Art et les mystères grecs, op. cit.*, p. 29-30.

[68] *Ibid.*, p. 33.

[69] *Ibidem.* Cf. Aristote, *Poet.*, 1451 *b*. Ravaisson semble pourtant avoir également à l'esprit l'extrait de la *Métaphysique* dans lequel Aristote soutient que, alors que l'expérience vise toujours le détail (les états de fait), l'art et la science visent l'universel, le pourquoi et la cause des choses (*Metaph.*, A 1, 980 *b* 15-30).

individualités réelles et vivantes. Nous retrouvons ainsi les motifs fondamentaux de la métaphysique ravaissonienne. L'art s'inscrit dans un ordre spirituel qui n'est pas caractérisé par des schémas généraux et abstraits, mais par le concret et par le dynamisme de la vie. À travers la beauté, cet ordre devient visible et prend la forme d'un accord harmonieux entre les parties et le tout, que le simple équilibre des proportions ne suffit pas à expliquer. Que signifient, en effet, les célèbres mots de Léonard selon lesquels la peinture est une *chose mentale*, si ce n'est que le principal de l'art consiste dans le bon jugement de l'œil, ou encore en une activité cognitive fondée sur le sens le plus spirituel de tous, la vue ? La peinture peut jouer un rôle de médiateur entre objectivité et subjectivité en traduisant les proportions réelles en apparences sensibles : « Les apparences visibles forment donc un langage muet, dont notre œil est l'organe, et par lequel l'esprit qui a produit les formes et qu'elles manifestent se fait entendre à notre esprit »[70].

Ravaisson revient sur le sujet dans son projet pour la réforme de l'enseignement du dessin à l'école primaire[71]. Jusque-là, on s'était inspirés de la méthode didactique de Pestalozzi qui, pour faciliter l'apprentissage des notions de base du dessin, conseillait d'aller du simple au compliqué, des figures géométriques aux formes vivantes. Selon les principes de cette technique, l'élève devait s'exercer d'abord sur des lignes droites pour passer ensuite aux triangles, aux carrés, aux rectangles et, finalement, aux cercles : à ce point seulement, il pouvait commencer à tracer les contours des formes vivantes, mais en remplaçant les courbes réelles du modèle par des courbes géométriques plus faciles à dessiner. Selon Ravaisson, une telle méthode est gâtée à la racine par l'erreur commune au matérialisme et à l'idéalisme : la prétention d'expliquer la

[70] F. Ravaisson, « Léonard de Vinci et l'enseignement du dessin », dans *L'Art et les mystères grecs*, *op. cit.*, p. 40. Sur les conclusions opposées auxquelles parviennent Ravaisson et Merleau-Ponty pour ce qui touche au rapport entre l'œil et l'esprit, voir D. Janicaud, *Une généalogie du spiritualisme français*, *op. cit.*, p. 56-58.

[71] F. Ravaisson, article « Dessin », dans F. Buisson (éd.), *Dictionnaire de Pédagogie et d'Instruction primaire*, Paris, Hachette, 1882, t. I, p. 671-684.

réalité à partir de ses conditions les plus schématiques ou élémentaires, pour remonter ensuite à ses structures les plus complexes. Mais plus nous dessinons une figure ligne après ligne, détail après détail, moins nous pourrons imaginer qu'elle puisse bouger et respirer.

Le processus analytique, adapté aux objets de la physique et de la mathématique, ne trouve aucune justification dans l'art, qui doit plutôt adopter un « processus esthétique » fondé sur la perception immédiate de totalités organisées et la déduction qui s'ensuit de chaque détail. Si, dans l'enseignement du dessin, le professeur fait étudier les figures géométriques avant les formes vivantes, l'élève continuera par la suite à voir les secondes à travers les premières ; si en revanche nous lui montrons tout de suite des exemples parfaits de figures humaines, il apprendra vite à imiter le mouvement curviligne de la vie et il sera initié sans trop d'efforts également à la construction de lignes géométriques : en effet, c'est la vie – dans l'art du dessin comme ailleurs – qui fournit la clé du monde inerte.

En citant le *Traité de la peinture* de Léonard de Vinci, Ravaisson insiste sur l'importance de la ligne serpentine, si caractéristique de la vie justement parce que, irréductible aux lignes géométriques d'une droite et d'un cercle, elle reproduit le mouvement secret qui va animer la forme. Ravaisson attribue une valeur métaphysique à cette ligne pour plusieurs raisons : en premier lieu, elle rend perceptible la modalité particulière avec laquelle chaque individu extériorise l'intime dynamisme de la vie ; de plus, non isolable en un point défini du dessin, dont elle représente plutôt l'axe générateur, elle indique que l'harmonie entre les éléments doit être recherchée dans le but auquel ils visent, dans une sorte de « volonté » qui leur est commune et qui prend le nom de *grâce*.

Dans la grâce, accomplissement et raison d'être de la beauté, l'essence métaphysique se trouve indissolublement unie à son expression esthétique. En effet, ce qui caractérise les mouvements gracieux, c'est la facilité de leur exécution, dans laquelle prend corps la vertu morale de la bonté, de la condescendance ; quand ces mouvements sont transposés dans le dessin, même les choses semblent avoir une âme pour pouvoir aimer[72]. Pour cela, certains portraits de Léonard nous communiquent une impression presque surnaturelle : dans ces portraits, l'âme de la personne correspond exactement à sa physionomie, tandis que – grâce à la technique du sfumato – les formes visibles renvoient toujours à une source lumineuse et spirituelle, dont elles constituent les différents degrés. En outre, par le biais des savantes variations du clair-obscur, les contours ne semblent plus rigides, mais évanescents. Au lieu de s'opposer, les lumières et les ombres se confondent les unes dans les autres, tout comme les formes qu'elles contribuent à modeler[73].

L'art fonde ainsi une ontologie du sensible qui mène aux conséquences extrêmes le refus de la scission platonique entre idéal et réel, vérité et apparence, ombre et lumière. L'art est déjà vérité, parce qu'il dévoile la présence du supérieur dans l'inférieur, du réfléchi dans l'irréfléchi, de l'esprit dans la matière : « Si les pierres de la fable obéissent à une mélodie qui les appelle, c'est qu'en ces pierres il y a quelque chose qui est mélodie aussi, quoique sourde et secrète, et que, prononcée, exprimée, elle fait passer de la puissance à l'acte »[74]. L'art est le règne de la finalité, mais d'une finalité réalisée, faisant corps avec une matière qui semble lui obéir docilement et la suivre spontanément dans la réalisation de son plan, presque comme si elle était attirée par le charme d'une grâce supérieure ; une finalité qui ne se pose pas comme dernier moment d'un processus dont elle reste absente, mais qui anime toutes les phases de l'exécution en en représentant aussi bien le sens ultime que le début immédiat.

En se mettant à l'école de l'art, la métaphysique doit donc *figurer* l'intelligible à travers le sensible, sceller cette « amitié

---

[72] *Ibid.*, p. 672-673 ; voir aussi *Rapport sur la philosophie en France au XIXe siècle*, *op. cit.*, p. 284-287.

[73] F. Ravaisson, « Léonard de Vinci et l'enseignement du dessin », dans *L'Art et les mystères grecs*, *op. cit.*, p. 41-43.

[74] F. Ravaisson, *Rapport sur la philosophie en France au XIXe siècle*, *op. cit.*, p. 299.

de l'ombre »[75] qui rend possible l'unité *dans* et *à travers* la différence. Cependant, l'art ne pourrait pas montrer cette stratégie de compréhension philosophique s'il ne prenait à son tour comme modèle le dynamisme et l'individualité de la vie : « [...] est-ce par la contemplation assidue des formes individuelles créées par la nature que, se pénétrant de l'esprit de vie dont elle sont animées, il [le grand artiste] se rend capable d'animer à son tour du même esprit ses propres créations »[76].

[75] « Bien plus, l'élément négatif n'est pas absolument l'ennemi. (Böhme rapproche le feu et le principe divin de la colère. Pour Léonard, Rembrandt, Van der Meer, Corrège, même l'*ombre* est amie. De même le fuyant de la perspective, l'*evanescentia* de la mort, la *morbidezza* des grands peintres, la δύναμις d'Aristote [...] » (F. Ravaisson, *Testament philosophique*, *op. cit.*, p. 185).

[76] F. Ravaisson, « Léonard de Vinci et l'enseignement du dessin », dans *L'Art et les mystères grecs*, *op. cit.*, p. 35.

Chapitre V
ART ET PHILOSOPHIE DE LA VIE CHEZ GUYAU

5.1. *La notion de* vie

Depuis quelques années, on enregistre une reprise d'intérêt pour la philosophie française du XIXe siècle, notamment pour un de ses chapitres – la phase de transition du positivisme à l'intuitionnisme – longtemps resté dans l'ombre parce qu'il était considéré comme marginal, sans grandes figures et peu stimulant du point de vue théorique. Aujourd'hui, il nous apparaît au contraire riche en ferments et approches originales, venant aussi bien de l'intérieur que de l'extérieur du positivisme, dans un maillage dense d'échanges et d'influences réciproques[1]. Jean-Marie Guyau (1854-1888) se distingue parmi les protagonistes de cette saison car, plus que les autres, il en

[1] Voir par exemple : P. Vermeren, *Victor Cousin. Le jeu de la Philosophie et de l'État, op. cit.*; S. Douailler, R.-P. Droit, P. Vermeren (éds), *Philosophie, France, XIXe siècle. Écrits et Opuscules*, Paris, Librairie Générale Française, 1994 ; L. Fedi, *Le Problème de la connaissance dans la philosophie de Charles Renouvier*, Paris, L'Harmattan, 1998 ; J.-M. Le Lannou (éd.), *Études sur F. Ravaisson, op. cit.* ; R. Ragghianti, *De Cousin à Benda. Portraits d'intellectuels antijacobins, op. cit.* ; P. Montebello, *L'Autre Métaphysique. Essais sur Ravaisson, Tarde, Nietzsche et Bergson*, Paris, Desclée de Brouwer, 2003 ; R. Ragghianti, A. Savorelli (éds), *Francia/Italia, op. cit.* ; L. Loeffel, *Le Spiritualisme en France au XIXe siècle : une philosophie pour l'éducation ?*, Paris, Vrin, 2014. Une contribution remarquable à cet égard est venue de la collection « Corpus des œuvres de philosophie en langue française », chez Fayard, qui au cours des trente dernières années a republié de nombreux classiques de la période (tels que Comte, Littré, Cousin, Jouffroy, Ravaisson, Renouvier, Guyau), en faisant suivre la plupart des volumes par des numéros spéciaux de la revue *Corpus*.

incarne exemplairement les tensions complexes. Son destin est d'ailleurs singulier : disparu à trente-trois ans seulement, il a exercé une grande influence sur le débat philosophique de la fin du XIXe siècle et du début du XXe (ses écrits, traduits dans la plupart des grandes langues européennes, étaient alors discutés par Durkheim, Bergson, Tolstoï, Nietzsche, Kropotkine). Ensuite sa philosophie, censée interpréter une culture positiviste désormais inactuelle, est tombée dans les oubliettes ; en revanche, nous sommes frappés aujourd'hui par son actualité, par sa proximité des questions qui sont au cœur de nos propres débats. Ce n'est donc pas un hasard si depuis quelques temps plusieurs études et initiatives éditoriales lui sont consacrées[2].

---

[2] Signalons : J.-C. Leroy, « Jean-Marie Guyau, précurseur de l'esthétique moderne », *Semiosis*, 91-92, 1998, p. 127-132 ; J. Riba, *La Morale anomique de Jean-Marie Guyau*, Paris, L'Harmattan, 1999 ; A. Contini, *Jean-Marie Guyau. Esthétique et philosophie de la vie*, Paris, L'Harmattan, 2001 ; M.C. Behrent, « Le débat Guyau-Durkheim sur la théorie sociologique de la religion », *Archives de sciences sociales des religions*, 142, 2008, p. 9-26 ; Ph. Saltel, *La Puissance de la vie. Essai sur l'« Esquisse d'une morale sans obligation ni sanction » de Jean-Marie Guyau*, Paris, Les Belles Lettres, 2008 ; L. Muller, *De l'histoire de la philosophie à la philosophie de l'avenir. L'évolution de la morale d'après Jean-Marie Guyau*, Thèse de doctorat en Philosophie, Université de Paris Nanterre, 2013 ; J. Riba (éd.), *L'Effet Guyau. De Nietzsche aux anarchistes*, Paris, L'Harmattan, 2014. Voir aussi la revue *Sociétés*, numéro spécial *J.-M. Guyau : anomie, temporalité, esthétique* (sous la supervision de J.-C. Leroy), 58, 1997, et la revue *Corpus*, numéro spécial *Jean-Marie Guyau : philosophe de la vie* (sous la supervision de J. Riba), 46, 2004. Éditions récentes de J.-M. Guyau en français : *L'Art au point de vue sociologique*, édition établie par A. Contini, S. Douailler, Paris, Fayard, 2001 ; *Esquisse d'une morale sans obligation ni sanction*, édition avec variantes 1885/1890 par Ph. Saltel, Paris, Les Belles Lettres, 2008 ; *La Mémoire et l'idée de temps*, édition critique de *La Genèse de l'idée de temps* par R. Ragghianti, Paris, L'Harmattan, 2011 ; *Esquisse d'une morale sans obligation ni sanction*, avec les textes de Nietzsche et de Kropotkine, édition établie par J. Riba, Paris, Payot, 2012. Ces dernières années, de nouvelles traductions de certaines œuvres de Guyau ont été publiées en anglais, espagnol, allemand et italien. D'autre part, on peut relever une fréquence notable des références à la philosophie de Guyau dans la pensée éthique et sociologique contemporaine (Jean Duvignaud, Gilles Lipovetsky, Michel Maffesoli, Fernando Savater).

Formé à l'étude de Platon et de Kant par ce maître d'exception qu'était Alfred Fouillée[3], Guyau ne se montre pas seulement ouvert aux sollicitations du débat philosophique français (où l'hégémonie du positivisme de Comte est contestée par le néocriticisme de Renouvier et par le spiritualisme de Ravaisson), mais réceptif également à la pensée anglo-saxonne, qui l'ouvre à l'influence de l'utilitarisme de Stuart Mill et de l'évolutionnisme de Spencer. Son rapport avec l'évolutionnisme est particulièrement important, dans la mesure où, tout en en admettant l'idée centrale (le devenir universel), Guyau en refuse les aspects mécanistes et notamment cette subordination de l'intérieur à l'extérieur qui tend à ramener toute explication à une question de force et de mouvement. Il lui paraît en effet nécessaire de découvrir un principe d'explication moins abstrait, moins superficiel et qui puisse rendre compte, sans sortir de l'horizon positif de la science, du processus intime qui caractérise toute forme d'existence. Un tel principe est la *vie*, car c'est le seul que nous puissions immédiatement saisir en nous-mêmes, par-delà les cadres de l'intelligence et les rigidités du dogmatisme, le seul capable de faire la synthèse de la matière et de l'esprit, du pôle objectif du monde naturel et du pôle subjectif de la conscience. Dans l'unité de la vie, les extrêmes se rejoignent : en tant que *nature*, elle exprime l'aspect matériel de la réalité et renvoie, corrélativement, au pôle « objectif » du savoir scientifique ; en tant que *vivante*, elle en exprime la dimension active, dynamique, connue de l'intérieur grâce au pôle « subjectif » de la conscience.

Guyau justifie le caractère central de la notion de *vie* en l'associant à la révolution méthodologique et conceptuelle qui a marqué le développement scientifique du XIXe siècle, dont la trajectoire lui semble en opposition évidente avec le matéria-

---

[3] Alfred Fouillée (1838-1912), point de référence dans le débat philosophique de l'époque pour son idéalisme évolutionniste axé sur la théorie des *idées-forces*, a été le maître autant que le beau-père de Guyau. Cependant, ces circonstances biographiques risquent de dissimuler les différences profondes entre leurs philosophies : voir à ce sujet notre étude « Etica ed estetica tra Fouillée, Guyau e Durkheim », dans R. Ragghianti, A. Savorelli (éds), *Francia/Italia*, *op. cit.*, p. 227-253.

lisme ingénu de la science du XVIIIe siècle et avec les modèles d'interprétation philosophique engendrés par ce matérialisme. En pénétrant à l'intérieur de l'organisme, la biologie expérimentale a montré les limites de la vision mécaniste de la réalité et elle a poussé également les autres disciplines à prendre le monde organique comme modèle paradigmatique de référence[4]. En outre, au-delà des hypothèses qu'il est possible de formuler sur l'essence de la vie, il est désormais scientifiquement avéré que « la vie, par son évolution même, tend à engendrer la conscience » : si tous les processus psychiques, jusqu'aux plus abstraits et aux plus complexes, peuvent être ramenés à des sensations et à des désirs, et si – corrélativement – tous les phénomènes physiques sont réductibles à des mouvements, la vie consciente réunit ces deux pôles – *sentir* et *se mouvoir* – dans la perception de son propre mouvement, de sa propre activité intrinsèque. Le progrès de la vie se confond avec le progrès de la conscience ; de la sorte, ajoute Guyau, il est difficile de ne pas faire l'hypothèse de la présence, au sein même du dernier des êtres, d'une forme embryonnaire de conscience[5]. Mais ce développement n'a nul fondement dogmatique, il ne tire pas sa garantie d'un principe situé hors de lui-même : c'est dans sa réalisation intrinsèque que la vie se transcende elle-même, devenant – pour reprendre l'expression d'Antonio Banfi – « de plus en plus vie, une concentration de plus en plus intense, une expansion de plus en plus vaste »[6]. Si, dans la conscience de soi, la vie s'élève à l'unité en atteignant la

[4] J.-M. Guyau, *L'Art au point de vue sociologique* (1889, posthume), édition établie par A. Contini, S. Douailler, Paris, Fayard, 2001 (désormais en abrégé : *Art*), p. 9.

[5] J.-M. Guyau, *L'Irréligion de l'avenir. Étude de sociologie*, Paris, Alcan, 1887 (désormais en abrégé : *Irréligion*), p. 437-438.

[6] A. Banfi, « Il naturalismo romantico del Guyau » (1924), dans *Opere*, t. I: *La filosofia e la vita spirituale e altri scritti di filosofia e religione (1910-1929)*, édition établie par E. Eletti en collaboration avec L. Sichirollo, Reggio Emilia, Istituto Antonio Banfi, 1986, p. 204. Selon Banfi, c'est dans cette transcendance que surgit – dialectiquement – la vie de l'esprit : « Chez nul penseur peut-être un tel moment essentiellement dialectique de la philosophie naturaliste de la vie n'est mis en lumière et intimement vécu comme il l'est chez Guyau » (*ibidem*).

forme la plus haute de concentration, cette prise de conscience ne se traduit pas cependant en une pensée abstraite, mais elle s'affirme comme un idéal opérateur doté d'une inépuisable fécondité. La vie, dans la mesure où elle tend à « prendre possession de soi par la *conscience* », cherche à « se répandre par l'*action* »[7] : en s'opposant une fois encore à l'intellectualisme, Guyau lie le savoir à l'agir, la connaissance à la moralité.

Selon Harald Höffding, l'originalité de Guyau tient à ce qu'il a développé – à l'instar de Nietzsche – une philosophie des valeurs, où les idées ne possèdent aucun caractère objectif et absolu, mais doivent être évaluées en fonction de la vie et de l'action ; ce qui pousse à dépasser la donnée empirique, à attribuer une valeur à l'existence, c'est en effet une surabondance d'énergie intérieure, celle-là même qui peut – le cas échéant – créer de nouvelles valeurs pour répondre à de nouvelles exigences vitales[8]. Si ce rapprochement peut, par certains côtés, être légitime, nous estimons toutefois que la particularité de Guyau tient à la signification qu'il attribue à la puissance inépuisable de la vie (laquelle se reconnaît à une capacité d'expansion en direction d'autrui, à une irréductible sociabilité), non moins qu'à l'arrière-plan philosophique d'où lui est venu ce concept, et aux références qu'on y peut découvrir. Lorsqu'on étudie ce côté de la réflexion de Guyau, on remonte habituellement à la philosophie romantique allemande et, plus encore, à la *Naturphilosophie* de Schelling, dont on ne manque pas de rappeler l'influence qu'elle eut sur les courants antipositivistes de l'époque et, en particulier, sur les philosophies de la vie de Bergson et de Nietzsche. Mais ce qu'on oublie souvent, c'est, d'un côté, le réseau des médiations par lesquelles – dans la culture philosophique française – pénètre effectivement cette influence, et de l'autre, les composantes originales de cette culture, qui fournissent à certains concepts leur tonalité spécifique. En France, la philosophie romantique allemande s'est acquis un public à travers l'éclectisme de Cousin et le spiri-

---

[7] *Irréligion*, p. 438.

[8] H. Höffding, *Philosophes contemporains*, trad. fr. A. Tremesaygues, Paris, Alcan, 1907.

tualisme de Ravaisson et au gré d'intentions qui portent l'empreinte d'une philosophie destinée à exercer une large influence sur toute la pensée française du XIXe siècle : la philosophie de l'*effort* de Maine de Biran[9]. La conscience, pour Biran, ne doit pas être comprise comme une chose ou une substance pensante, mais comme une cause, une volonté, une force ; de ce point de vue, l'expérience intérieure peut devenir le fondement d'une vision unifiée de la réalité qui, sans émaner d'une métaphysique abstraite, justifie le caractère dynamique reconnu à tout type d'existence[10]. Et de fait, c'est bien dans la doctrine biranienne de l'*effort*, de l'activité comme principe constitutif du moi et du monde, que Guyau peut trouver la forme d'une conception synthétique de la pensée et de l'action ; conception qui, en outre, est désormais pourvue d'une base biologique, puisqu'elle a reçu indirectement confirmation grâce à la notion bernardienne d'une *idée directrice* ou *créatrice* du développement organique.

L'effort de Guyau préfigure celui que Bergson assigne à la métaphysique comme science de l'expérience : adapter la pensée aux articulations multiples de l'expérience, aller des choses aux concepts au lieu d'aller des concepts aux choses[11]. À cette exigence s'ajoute en outre le besoin de déterminer de nouveaux modèles, de nouveaux critères d'orientation qui, malgré la perte d'un fondement nécessitant (au sens idéaliste ou positiviste du terme), conservent en eux une incessante tension normative. Si donc la sphère de l'activité humaine dans la variété de ses

---

[9] Voir R. Berthelot, *Un romantisme utilitaire*, 3 vol., Paris, Alcan, 1911-1922, qui, tout en apercevant une source romantique commune aux perspectives de Nietzsche, de Guyau et de Bergson, souligne aussi la spécificité du contexte philosophique français et le rôle essentiel joué, dans ce contexte, par la tradition biranienne.

[10] Cf. I. Benrubi, *Les Sources et les Courants de la philosophie contemporaine en France*, 2 vol, Paris, Alcan, 1933, t. I, p. 548-559 ; J. Beaufret, *Notes sur la philosophie en France au XIXe siècle*, *op. cit.* ; H. Gouhier, *Études sur l'histoire des idées en Frances depuis le XVIIe siècle*, Paris, Vrin, 1980.

[11] H. Bergson, « Introduction à la métaphysique », *Revue de Métaphysique et de Morale*, XI, 1, 1903, p. 1-36. Cet article, remanié, sera reproduit dans *La Pensée et le Mouvant* (1934), *Œuvres*, *op. cit.*, p. 1392-1432.

formes (l'art et l'expérience esthétique, la morale et la religion) est bien le terrain privilégié de la réflexion de Guyau, il faudra définir, pour chacune d'entre elles, un *idéal immanent* qui ne perde jamais de vue le caractère concret de ses objets, mais qui en constitue la direction véritable capable d'en éclairer la signification la plus authentique et la plus profonde.

5.2. *Éthique et esthétique*

Notre thèse veut que le rapport privilégié institué par Guyau entre éthique et esthétique n'entre pas en contradiction avec l'objectif proposé dans l'*Esquisse d'une morale sans obligation ni sanction* – élaborer une morale exclusivement scientifique, basée sur des faits concrets et non sur des principes a priori –, mais qu'il en représente plutôt un support crucial, rendu nécessaire par la radicalité avec laquelle cet essai déconstruit les deux piliers de l'éthique traditionnelle, le caractère obligatoire de la loi et la sanction prévue le renforcer. Guyau insiste beaucoup sur les inévitables limites d'une science morale : si le tort des doctrines idéalistes est d'avoir lié la praxis à un devoir absolu et transcendant, celui des doctrines naturalistes est d'avoir voulu donner à une morale positive la même extension, la même force coactive que l'éthique traditionnelle. En réalité, une morale empirique et descriptive ne peut contempler aucun impératif catégorique ; elle ne peut même pas présenter comme premier motif de l'action le bien de la société : puisque la vie morale est constituée avant tout d'individus, dont les intérêts entrent souvent en conflit avec ceux de la collectivité, il faut mettre de côté le problème de ce qu'ils devraient désirer et se limiter à constater ce qu'ils désirent effectivement. Ensuite, il ne faudra pas interpréter le but des actions humaines comme une finalité entièrement et immédiatement consciente, mais comme une motivation inconsciente au début, émergeant de cette dimension instinctuelle qui conditionne de toute manière, avec ses automatismes obscurs, même les comportements désormais empreints d'un désir rationnel[12].

Conformément à ces prémisses, Guyau trouve le motif effectif de l'action dans une tendance qui peut lier les sphères du conscient et de l'inconscient : l'effort instinctif pour conserver et développer la vie. Le principe qui régit de fait la conduite est donc la vie la plus intense et la plus étendue possible, d'un point de vue physique et mental, c'est-à-dire le renforcement de l'activité dans toute la richesse de ses formes. En partant de ce fait avéré, il faudra chercher l'idéal régulateur de la moralité dans une finalité immanente, dans une direction de sens que la vie elle-même se pose quand elle exploite pleinement toutes ses potentialités. Dans tout le domaine de la nature, la vie se présente toujours comme un phénomène à deux faces : nutrition et assimilation d'un côté, production et fécondité de l'autre. Il existe en effet une impulsion vitale qui pousse chaque organisme à dépenser l'excédent d'énergies accumulées pendant l'état de repos ; cette dépense n'est donc absolument pas contre nature. De même que l'inspiration de l'air est inévitablement suivie de son expiration, la vie individuelle ne peut se dérouler dans un état de compression éternelle : pour se conserver et se développer, elle doit s'étendre. C'est cette nécessité qui détermine aussi bien la fécondité strictement physiologique, qui s'exerce dans la reproduction, que la fécondité de la pensée, du sentiment, de la volonté, d'où prend son origine la fécondité proprement morale[13]. La dépense pour les autres, requise par la

---

[12] J.-M. Guyau, *Esquisse d'une morale sans obligation ni sanction* (1885[1] et 1890[2]), avec les textes de Nietzsche et de Kropotkine, édition établie par J. Riba d'après la 2e éd., Paris, Payot, 2012 (désormais en abrégé : *Esquisse*), p. 103-105.

[13] Nous pouvons constater que les idées développées par Guyau dans l'*Esquisse* sont apparentées aux certaines thématiques de la philosophie de Nietzsche. Ce dernier, en effet, lut et annota au moins deux œuvres de Guyau, l'*Esquisse* et l'*Irréligion*. Les annotations qui figuraient dans l'*Irréligion* ont été gravement endommagées lors de la reliure de l'exemplaire possédé par Nietzsche, au point de devenir illisibles. En revanche, celles tracées en marge de l'*Esquisse* – qui ont fait l'objet de plusieurs éditions – offrent un tableau détaillé des assonances et dissonances entre les deux philosophes. Ainsi voit-on Nietzsche exprimer son approbation lorsque Guyau combat le dogmatisme

vie sociale, n'est pas une perte pour l'individu, elle en constitue même l'indispensable croissance en vue de sa pleine réalisation ; ce que les moralistes appellent *devoir* n'est que la conséquence, au niveau médiat de la conscience, d'un *pouvoir* qui demande de s'exercer, de se transformer en action. En renversant l'argumentation de Kant, Guyau voit dans ce pouvoir un premier équivalent naturel du devoir métaphysique et transcendant : « au lieu de dire : *je dois, donc je puis*, il est plus vrai de dire : *je puis, donc je dois »*. Un pouvoir de ce genre dépasse la réalité, dans la mesure où il devient pour celle-ci un idéal ; cependant, « c'est de la vie même et de la force inhérente à la vie que tout dérive : la vie se fait sa loi elle-même par son aspiration à se développer sans cesse ; elle se fait son obligation à agir par sa puissance d'agir »[14].

Cette thèse fut très critiquée par les contemporains de Guyau. On objecta notamment à Guyau de ne pas s'en tenir à

éthico-religieux, et commenter avec enthousiasme les pages de l'*Esquisse* qui insistent sur la subordination de la pensée à l'action ou sur la force inhérente au sentiment de puissance vitale ; cependant Nietzsche désapprouve avec la même énergie l'orientation sociale donnée par Guyau à l'expansion de la vie individuelle, qui lui paraît un renoncement à l'affirmation de la vie en tant que volonté de puissance. Alfred Fouillée avait déjà publié plusieurs extraits de ces annotations dans *Nietzsche et l'immoralisme* (Paris, Alcan, 1902), mais la première édition intégrale parut en appendice à la traduction allemande de l'*Esquisse* par Elisabeth Schwarz (*Sittlichkeit ohne Pflich*, Leipzig, Klinkhardt, 1909, p. 279-303). Une nouvelle édition est due ensuite à Hans Erich Lampl, « Randbemerkungen und Unterstreichungen F. Nietzsche zu Guyaus *Esquisse d'une morale sans obligation ni sanction* », dans *Zweistimmigkeit-Einstimmigkeit ? F. Nietzsche und J.-M. Guyau*, Cuxhaven, Junghans, 1990, p. 9-38 ; trad. fr. J. Riba, « Remarques de Nietzsche à la lecture de l'*Esquisse* », dans *Esquisse*, p. 243-272. Sur les rapports entre les deux philosophes, voir : I. Walther-Dulk, *Materialien zur Philosophie und Ästhetik Jean-Marie Guyaus*, Hamburg, Brigantine, 1965 ; G.C. Fiedler, « On Jean-Marie Guyau, Immoralist », *Journal of History of Ideas*, LV, 1, 1984, p. 75-97 ; S. Douailler, « Ce que vous venez d'entendre », dans U.J. Schneider (éd.), *Dispersions et liaisons. Des lieux et des langues de la philosophie*, Berlin, Institut für Philosophie, 1987 ; J. Riba, « Nietzsche », dans *La Morale anomique de Jean-Marie Guyau*, *op. cit.*, p. 373-381 ; A. Contini, « Nietzsche lecteur de Guyau », dans *Jean-Marie Guyau. Esthétique et philosophie de la vie*, *op. cit.*, p. 283-309 ; F. Andolfi, « Nietzsche et Guyau. Consentements, dissonances, silences », *Corpus*, 46, 2004, p. 109-124.

[14] *Esquisse*, p. 236.

une conception strictement scientifique de la vie, mais d'introduire plus ou moins subrepticement une *métaphysique de la vie*, afin de résoudre l'aporie fondamentale créée par l'imprévisible direction que pouvait prendre le principe d'expansion vitale ; ce dernier, en soi, aurait les mêmes probabilités d'aboutir à l'altruisme et à l'égoïsme, à l'abnégation sociale comme à une volonté individualiste de puissance[15]. Pour notre part, nous estimons que ces critiques visent justes quand elles soulignent que le concept de fécondité morale n'est pas exclusivement déduit de la biologie, impliquant le recours à d'autres modèles et outils d'interprétation ; mais elles ont tort quand elles supposent que ce support est recherché dans la métaphysique. À notre avis, l'idéal régulateur de la moralité dépend plutôt d'une *esthétique de la vie* qui risque de passer inaperçue, parce qu'elle n'est pas basée sur l'idée évolutionniste de vie à laquelle l'*Esquisse* fait explicitement référence, mais sur l'idée de *création vitale* que Guyau emprunte implicitement à Claude Bernard, et dont il tire la possibilité de penser la finalité immanente à la vie en analogie avec la finalité qui dirige de l'intérieur les opérations de l'art[16]. Dans les *Problèmes de*

[15] Voir Ch. Christophe, « Le principe de la vie comme mobile moral selon J.-M. Guyau », *Revue de Métaphysique et de Morale*, IX, 3-4, 1901, p. 343-360 et 487-528; G. Aslan, *La Morale selon Guyau et ses rapports avec les conceptions actuelles de la morale scientifique*, Paris, Alcan, 1906.

[16] Nous ne savons pas si Guyau avait une connaissance directe des écrits de Bernard ; cependant, les thèses exposées dans l'*Introduction à l'étude de la médecine expérimentale* étaient largement discutées dans les milieux philosophiques les plus proches de Guyau (voir par exemple Fr. Pillon, « Claude Bernard. Sa conception de la vie comparée à celle de l'école positiviste », art. cit.). De plus, nous savons que Guyau a lu de manière approfondie le *Rapport sur la philosophie en France au XIXe siècle* (cf. Augustin Guyau, *La Philosophie et la Sociologie d'Alfred Fouillée*, Paris, Alcan, 1913, p. 20), dans lequel Ravaisson mettait en évidence de manière très claire la matrice esthétique de la définition bernardienne de la vie comme création. Même la vision de la vie comme phénomène à deux faces, vision qui est au cœur de la théorie morale de Guyau, peut avoir été influencée par la conception physiologique de Bernard suivant laquelle l'être vivant est caractérisé à la fois par la génération et par la nutrition, et se maintient par deux ordres d'actes : les phénomènes de concentration vitale et les phénomènes de dépense vitale. Cependant, Guyau est influencé également par l'évolutionnisme de Darwin et de Spencer, par conséquent son approche de la

l'esthétique contemporaine, un volume qui précède l'*Esquisse* d'à peine un an, Guyau critique la conception – formulée par Spencer en se fondant sur la théorie esthétique de Kant – qui réduit l'art à un jeu désintéressé et inutile, caractérisé par le fait qu'il n'est pas lié aux fonctions vitales et qu'il n'apporte aucun avantage précis ni à l'individu ni à l'espèce[17]. À son avis, l'expérience esthétique n'implique pas seulement les facultés supérieures mais également cette dimension instinctuelle et émotive à laquelle appartiennent les besoins les plus élémentaires et profonds ; et chaque sensation agréable peut même revêtir un caractère esthétique, à condition qu'elle ait un grand retentissement à l'intérieur de la conscience et qu'elle fasse vibrer toutes les cordes de notre être, y compris l'intelligence et la volonté. De plus, l'art a toujours comme base l'effort de créer et comme fin la plus grande approche possible de la vie. De ce côté, la fiction représente une limitation, et non une condition, de la beauté : Kant, Schiller et leurs successeurs prennent pour une qualité constitutive ce qui est au contraire un défaut de l'art humain, à savoir celui de « ne pas pouvoir donner la vie et l'activité véritable », d'échouer à faire vivre ses œuvres d'une réalité pleine et concrète[18]. Également sur le plan de la jouissance, l'expérience de la beauté ne se résout pas par un exercice contemplatif et passif, elle implique au contraire une stimulation générale de la vie[19] qui se traduit par l'accroissement effectif de notre capacité d'agir. D'ailleurs, le caractère esthé-

question de la vie est aussi bien phylogénique (évolution des espèces) qu'ontogénique (développement des individus).

[17] Guyau se réfère ici à la nouvelle édition des *Principles of Psychology* de Spencer (1870-1872 ; 1855[1]) dont les deux volumes avaient été traduits en français dans les années 1874-1875 sous la direction de Théodule Ribot et Alfred Espinas, et notamment au dernier chapitre du deuxième volume, intitulé « Des sentiments esthétiques ». Il cite aussi les travaux d'autres évolutionnistes comme Charles Grant Allen et James Sully.

[18] J.-M. Guyau, *Les Problèmes de l'esthétique contemporaine*, Paris, Alcan, 1884 ; éd. citée : 13e éd., Paris, Alcan, 1913 (désormais en abrégé : *Problèmes*), p. 29-30.

[19] « En somme, le beau, croyons-nous, peut se définir : une perception ou une action qui stimule en nous la vie sous ses trois formes à la fois (sensibilité, intelligence et volonté) et produit le plaisir par la conscience rapide de cette stimulation générale » (*ibid.*, p. 77).

tique de l'expansion vitale fait écho au caractère vital de l'art : « Vivre d'une vie pleine et forte – observe Guyau – est déjà esthétique ; vivre d'une vie intellectuelle et morale, telle est la beauté portée à son maximum et telle est aussi la jouissance suprême »[20]. Il existe donc une récursivité entre le plan éthique et le plan esthétique, qui vient du fait que la notion de vie posée à la base de la morale sans obligation ni sanction est inséparablement esthétique et biologique[21]. Prenant son origine dans la conscience d'une force, d'une énergie sans obstacle, la beauté donne l'exemple d'une fécondité intérieure qui coïncide avec l'orientation que la vie elle-même nous indique : « Tandis que l'art s'efforce ainsi de donner toujours l'amplitude la plus grande à toute sensation comme à tout sentiment qui vient ébranler notre être, la vie même semble travailler dans le même sens et se proposer une fin analogue »[22].

5.3. *De l'universalisme au pluralisme*

Cette esthétique de la vie demeure implicite dans la section de l'*Esquisse* destinée à établir « le domaine exact de la SCIENCE dans la morale »[23] ; par contre, elle constitue la base d'une esthétisation plus explicite de l'éthique qui n'apparaît que dans les chapitres conclusifs, quand Guyau s'interroge sur le rôle complémentaire de la spéculation métaphysique par rapport à la science morale. Ce rôle ne dépend pas exclusivement des inévitables limitations d'une *physique des mœurs* qui, devant s'en tenir à peu de faits vérifiables empiriquement, ne peut régler minutieusement tous les comportements ; il dépend éga-

[20] *Ibid.*, p. 75.

[21] Le lien avec la conception bernardienne est également attesté par un autre caractère fondamental que Guyau attribue à la vie : l'harmonie intime, c'est-à-dire la solidarité profonde entre les parties et le tout, que Guyau aussi rapproche de la beauté artistique. « Il existe dans l'harmonie intime de la vie, dans la solidarité qu'elle suppose entre tous les membres, une beauté profonde et vraie que l'art peut s'essayer à reproduire [...] » (*ibid.*, p. 34).

[22] *Ibid.*, p. 84.

[23] *Esquisse*, p. 103.

lement d'un problème qui afflige, selon Guyau, une société de plus en plus civilisée et sécularisée, dans laquelle l'esprit critique de la science s'affirme, démystifiant progressivement les dogmes moraux et religieux : l'effet dissolvant exercé par la réflexion sur la force impulsive qui est à l'origine de l'instinct moral. Si ce processus a, d'un côté, une fonction libératoire et ouvre à l'homme un domaine d'activité qui lui était jusqu'alors interdit, de l'autre, il réserve plusieurs inconnues. Ne partageant pas l'optimisme de Spencer, Guyau observe que l'instinct moral pourrait être compromis, plutôt que renforcé, par un développement excessif de l'intelligence réflexive : dans ce cas, l'obligation serait destinée à disparaître non parce qu'elle serait remplacée désormais par un altruisme instinctif, spontané, mais bien au contraire parce que « l'homme ne tiendrait plus compte d'aucun instinct, raisonnerait absolument sa conduite, déroulerait sa vie comme une série de théorèmes »[24]. Face au risque donc d'une dissolution non seulement de la morale traditionnelle, mais du sens moral lui-même, Guyau recherche les derniers « équivalents » ou substituts du devoir mystique et transcendant dans le territoire de l'intelligence réflexive, en confiant aux hypothèses métaphysiques la double tâche de renforcer la motivation instinctive à l'aide d'une motivation rationnelle et de justifier – dans certains cas extrêmes, quand un intérêt supérieur de la collectivité est en jeu – le pur désintéressement poussé jusqu'au sacrifice de sa propre vie.

De cette manière, Guyau récupère et, en même temps, transforme profondément la conception – avancée par Alfred Fouillée – d'une synergie nécessaire entre la *physique* et la *métaphysique des mœurs*. Pour Fouillée, il faut accepter comme une donnée scientifique la base naturaliste de la vie morale et valoriser parallèlement les tensions idéales dont l'homme est porteur en tant qu'être sensible mais aussi intelligent, doué d'instinct mais aussi de raison, acteur en somme – plus que simple produit – du processus d'évolution. En effet, quand nous devons faire un choix moral, nous pouvons mettre en jeu une double forme de connaissance : une connaissance positive, fon-

[24] *Ibid.*, p. 145.

dée sur des faits certains, observables de façon empirique ; une connaissance hypothétique, fondée sur des idéaux qui ne sont pas immédiatement vérifiables parce qu'ils sont seulement possibles ou probables. Pour autant, une science authentique de la morale doit aussi inclure en elle-même une métaphysique des mœurs, entendue comme spéculation non dogmatique mais ouverte, empreinte de doute et problématique. D'ailleurs, la métaphysique est le seul savoir capable de nous restituer une vision intégrale de la réalité, objective et subjective, grâce à sa capacité de coordonner dans une synthèse universelle toutes les lois fondamentales de la nature avec toutes les données et tous les idéaux de la conscience. Autrement dit, la métaphysique peut fonder rationnellement le devoir moral parce que son statut problématique, dubitatif, ne compromet pas l'universalité des hypothèses spéculatives et des idéaux éthiques qu'elle propose[25].

Or, c'est justement ce caractère d'universalité que Guyau ne reconnaît plus à une métaphysique libérée de ses suppositions dogmatiques : la métaphysique ne peut jouer un rôle complémentaire par rapport à la science morale qu'en tant que spéculation hypothétique, provisoire et subjective sur des problèmes (comme l'essence des choses et le destin des êtres) qui ne sont pas susceptibles de développement scientifique mais conditionnent profondément les choix éthiques, surtout les choix difficiles et risqués. Après la morale, c'est la métaphysique qui subit une déconstruction analogue : son statut est celui d'un savoir individuel, variable, pluraliste, dont le critère de justification ne correspond plus à une vérité objective mais à l'efficacité pratique démontrée dans la mobilisation des éner-

[25] A. Fouillée, *Critique des systèmes de morale contemporains*, Paris, Alcan, 1883; voir aussi Id., *L'Avenir de la métaphysique fondée sur l'expérience*, Paris, Alcan, 1889, p. 82, où Fouillée exprime son désaccord avec qui comme Friedrich Lange (dans *Geschichte des Materialismus und Kritik seiner Bedeutung in der Gegenwarte*, Iserlohn, Baedeker, 1866) avait tenté de réhabiliter la métaphysique en tant que « poésie de l'idéal ». Fouillée soutient que la poésie tend à individualiser et à incorporer dans une forme sensible toutes ses créations, même les types généraux ; la métaphysique, en revanche, « roule sur l'universel et, dans le particulier même, c'est l'universel qu'elle cherche à saisir et à dégager de ses formes ».

gies morales des personnes. Une hypothèse métaphysique est vraie parce qu'elle est féconde et elle est féconde parce que l'agent moral sent qu'il est redevable à la loi rationnelle qu'il tire de cette hypothèse ; mais – et c'est le point décisif – une hypothèse peut lier le comportement d'un individu uniquement si et dans la mesure où elle correspond à une libre construction de son imagination métaphysique. L'hypothèse métaphysique doit être vraie pour l'individu qui la crée et qui, de cette manière, se représente sous une certaine forme (correspondante à l'image de l'acte qu'il entend accomplir) une essence nouménale qui autrement serait privée de valeur morale. Guyau écrit :

> L'agent moral joue ici le même rôle que l'artiste : il doit projeter au-dehors les tendances qu'il sent en lui, et faire un poème métaphysique avec son amour. Le *x* inconnaissable et neutre est le pendant du marbre que façonne le sculpteur, des mots inertes qui se rangent et prennent vie dans la strophe du poète. L'artiste ne façonne que la forme des choses ; l'être moral qui est toujours un métaphysique spontané ou réfléchi façonne le fond même des choses, arrange l'éternité sur le modèle de l'acte d'un jour qu'il conçoit, et il donne ainsi à cet acte, qui sans cela semblerait suspendu en l'air, une racine dans le monde de la pensée[26].

Comme on peut le remarquer, l'esthétisation de la métaphysique et l'esthétisation de l'éthique sont étroitement liées. Mais dans les deux cas, l'esthétisation ne se résout pas par une attitude de désengagement, par un scepticisme intellectuel et moral visant à affirmer l'égalité des hypothèses métaphysiques et de leurs tables axiologiques : si toutes les hypothèses sont légitimes, elles n'ont pas toutes la même valeur, elles ne sont pas toutes en accord avec cette fécondité du sentiment, de l'intelligence et de la volonté basée sur la corrélation intime entre intensification et expansion de la vie. De plus, il est vrai que l'art devient le modèle exemplaire d'une pensée qui agit, d'une activité qui crée ; cependant, il s'agit d'un modèle qui a pour référence non pas l'*art pour l'art*, mais un art sérieux,

---

[26] *Esquisse*, p. 167-168.

vital, intrinsèquement moral. La position de Guyau est plutôt axée sur la tentative de reconnaître la pleine responsabilité subjective de l'agent moral ; en ce sens, l'esthétisation de l'éthique se traduit dans une subjectivisation de l'action pratique rendue possible par la créativité individuelle et rendue nécessaire par la singularité unique de chaque parcours existentiel[27].

Cela découle, à l'évidence, de la connotation esthétique attribuée à l'une des notions les plus discutées et stimulantes de l'éthique de Guyau : la notion d'*anomie.* En soulignant que les hypothèses métaphysiques peuvent varier selon les individus et les tempéraments intellectuels, Guyau affirme que la conséquence logique de ce processus est « l'absence de loi fixe qu'on peut désigner sous le terme d'*anomie*, pour l'opposer à l'autonomie des kantiens »[28]. Cette définition de l'anomie fait ressortir notamment deux éléments : 1) l'anomie n'est pas (comme le soutiendra plus tard Durkheim[29]) la négation de tout

---

[27] De ce point de vue, la pensée de Guyau est proche de la philosophie de la vie qu'on retrouve chez G. Simmel, *Das individuelle Gesetz* (1913), édition établie par M. Landmann, Frankfurt a. Main, Suhrkamp, 1987.

[28] *Esquisse*, p. 170. C'est donc à Guyau – et non à Durkheim – qu'il faut attribuer la paternité du concept d'*anomie* et son introduction dans le champ des études sociologiques, même si Guyau lui donne une signification positive qui ne sera pas partagée par la tradition sociologique postérieure : voir M. Orrù, « L'anomia come concetto morale: Jean-Marie Guyau ed Émile Durkheim », *Rassegna italiana di sociologia*, XXIV, 3, 1983, p. 429-451 (repris dans M. Orrù, *Anomie. History and Meanings*, Winchester Mass., Allen & Unwin, 1987) ; P. Besnard, *L'Anomie : ses usages et ses fonctions dans la discipline sociologique depuis Durkheim*, Paris, PUF, 1987, p. 21-26 ; J. Riba, *La Morale anomique de Jean-Marie Guyau, op. cit.* L'anomie, en tant que condition éthique où chaque individu se construit librement sa propre obligation, représente l'un des thèmes les plus actuels de la philosophie de Guyau : voir M. Maffesoli, *Aux creux des apparences, op. cit.*, p. 29-30 ; G. Lipovetsky, *Le Crépuscule du devoir, op. cit.*, p. 60.

[29] Émile Durkheim utilise pour la première fois le terme d'anomie en 1887, sans le discuter, dans un compte rendu de l'*Irréligion de l'avenir* de Guyau (É. Durkheim, *Textes 2. Religion, morale, anomie*, Paris, Plon, 1975, p. 149-165) ; il reprend ce concept six ans plus tard dans l'Introduction à la *Division du travail social*, où il le définit, de manière implicitement polémique à l'égard de Guyau, comme « la négation de toute morale » (É. Durkheim, *De la Division du travail social*, Paris, Alcan, 1893, p. 32). Dès la seconde édition de cet ouvrage (1902), la partie centrale de l'Introduction

principe normatif, mais le manque d'un appareil prescripteur jugé à tort absolu et invariable ; 2) l'anomie est une condition éthique et spirituelle opposée à l'autonomie postulée par Kant, pour qui la liberté de l'agent moral s'exerce dans sa capacité de se conformer à une loi apodictique et universelle. Cependant, comme le montrent les passages qui suivent juste après, le contraste avec Kant ne roule pas sur l'idéal de l'autonomie, mais sur les stratégies les plus aptes à le réaliser. L'anomie est l'autonomie finalement dissociée du rigorisme moral de l'impératif catégorique, puis agrandie et intensifiée selon sa ligne de développement la plus cohérente ; en ayant recours à *Kant contre Kant*, Guyau trouve dans l'anomie la radicalisation de l'instance typiquement kantienne d'une volonté auto-législatrice : « La vraie "autonomie" doit produire l'originalité individuelle et non l'universelle uniformité. Si chacun se fait sa loi à lui-même, pourquoi n'y aurait-il pas plusieurs lois possibles, par exemple celle de Bentham et celle de Kant ? »[30]. De ce côté, l'anomie est synonyme de pluralisme moral et non de relativisme, de création des valeurs et non de dissolution : en promouvant l'autodétermination de l'individu, elle le rappelle à sa responsabilité d'être lui-même, de modeler son action sur des horizons de sens librement conçus et choisis.

Au début, le « risque métaphysique » semblait marqué par une vision héroïque de la vie morale faite de choix extrêmes et définitifs ; maintenant, on voit au contraire se profiler la possibilité que les hypothèses métaphysiques soient virtuellement aussi nombreuses que les individus et que chacun crée les raisons de ses actes, même des plus courants et quotidiens. Dans cette acception, le thème de l'anomie implique la morale dans sa globalité, devenant le point culminant de sa reconfiguration radicale. Nous avons déjà vu qu'une morale scientifique ne peut proposer à l'individu qu'une éthique minimum, un idéal régulatif plutôt général ; d'autre part, les hypothèses méta-

---

(où apparaît notamment la première définition de l'anomie) est supprimée ; cette partie est aujourd'hui disponible dans É. Durkheim, *Textes 2*, *op. cit.*, p. 257-288.

[30] *Esquisse*, p. 171.

physiques qui la complètent se fractionnent en une multitude de modèles théoriques et d'orientations pratiques. Cela veut dire que la morale, à part un nombre restreint de cas où seraient impliquées les conditions nécessaires de la vie sociale, doit abandonner l'individu à son *self-government*. Selon Guyau, l'universalisme moral n'est plus une position soutenable : de plus en plus, à l'avenir, le déclin des dogmes et des croyances mystiques transcendantes laissera place à un polythéisme des valeurs, à une variabilité de comportements et de styles éthiques. Ce processus ne doit être ni craint ni combattu : en reprenant la conception de Spencer pour qui l'évolution est une différenciation croissante de structure et de fonctions, contre-balancée par une intégration croissante entre les parties qui la composent, il affirme que seule la coexistence de différences individuelles est en mesure de produire des convergences authentiques[31]. De même que la division du travail représente désormais la condition nécessaire de toute richesse économique, la « division de la pensée », générée par la variété des doctrines, représente et représentera de plus en plus la condition nécessaire de tout véritable progrès spirituel et social. Ce n'est pas un hasard si Guyau estime que la sanction morale (entendue comme une récompense ou une peine appliquée à la sensibilité) doit être supprimée : effectivement, il ne faut pas confondre l'exigence légitime de défendre la société par des sanctions, et celle – intrinsèquement immorale – de réparer le mal moral par des peines sensibles. Au fond, il mise sur le fait que le caractère coercitif (l'obligation) et punitif (la sanction) de l'éthique traditionnelle puisse être remplacé par le caractère créatif et responsabilisant de la nouvelle morale anomique.

Par ailleurs, cette nouvelle morale ne préfigure aucune forme d'individualisme anarchique[32] : pour Guyau, la différenciation

---

[31] *Ibid.*, p. 171-172. Cf. H. Spencer, *First Principles* (1862), dans *The Works of Herbert Spencer*, Osnabrück, Zeller, 1966, t. I, p. 321.

[32] Cela n'empêche pas Pierre Kropotkine de saluer en Guyau le « fondateur de l'éthique anarchiste », celui qui a su discerner l'origine véritable du sentiment moral dans le besoin – inhérent à l'individu – de vivre une vie pleine, intense et féconde. Puisque ce besoin est d'ordre naturel, il n'est pas nécessaire de mutiler la liberté de l'individu en lui imposant un carcan rigide

croissante des styles éthiques doit en fait s'intégrer à une solidarité sociale croissante, à laquelle – comme nous le verrons dans le paragraphe suivant – l'expérience esthétique peut donner une contribution décisive.

5.4. *Art, vie, socialité*

La philosophie de Guyau tout entière tend à se structurer autour de la notion de *vie* qui apparaît comme le point d'intersection de ses deux faces fondamentales, éthique et esthétique. Cependant, dans l'*Esquisse* comme dans les *Problèmes de l'esthétique contemporaine*, la vie individuelle représentait à la fois le sujet d'étude et l'angle de perspective : l'accent était mis sur le concept de solidarité organique, sur la liaison fonctionnelle entre les parties et le tout qui préserve l'harmonie de chaque organisme et qui assure son équilibre interne, ainsi que sur la dynamique évolutive qui en détermine la croissance et le développement. Dans ce contexte, la biologie servait de science de référence : ses lois générales coïncidaient avec les principes fondamentaux d'une éthique non normative d'un côté, d'une esthétique non formaliste de l'autre ; il n'est pas jusqu'à la beauté elle-même qui n'entrât dans ce schéma général, en se définissant comme processus d'intensification vitale enraciné dans la sensibilité, c'est-à-dire dans une émotion de type physiologique. Réciproquement, l'idéal biologique (l'intensi-

de prescriptions et de sanctions ; autrement dit, l'autorité d'un État disposant de moyens coercitifs n'est pas requise pour concilier le bien-être de l'individu et celui de la société. Kropotkine admet toutefois que Guyau est « anarchiste sans le savoir », et que son rôle de précurseur se limite au domaine de la morale. D'ailleurs, une harmonie complète entre bonheur individuel et bonheur collectif ne pourra se réaliser que « lorsque les grandes causes de dépravation – capitalisme, religion, justice, gouvernement – auront cessé d'exister » : P. Kropotkine, *La Morale anarchiste*, Paris, Les Temps Nouveaux, 1889, p. 3, 24-27. Selon Jordi Riba, le rapprochement avec Kropotkine nous fait comprendre que la morale anomique et cependant solidariste de Guyau implique effectivement un virage vers le politique, même s'il ne va pas dans la direction souhaitée par Kropotkine : J. Riba, « Anomie et solidarité : le mot du politique chez Jean-Marie Guyau », dans *Esquisse*, p. 17-36.

fication et l'expansion de la vie) semblait supposer un idéal esthétique, modelant son statut normatif sur la finalité inhérente à la création artistique et dont l'expérience de la beauté donne l'exemple.

En regard d'une telle perspective, le « dernier » Guyau exécute manifestement une volte-face : à partir de l'*Irréligion de l'avenir*, jusqu'à l'*Art au point de vue sociologique* et *Éducation et Hérédité* (tous deux publiés à titre posthume), prend forme un projet sociologique qui redéfinit la notion même de vie, en la dotant de caractères nouveaux et en la faisant agir selon des modalités encore inexplorées. En premier lieu, l'attention se concentre sur la vie sociale, qui devient le nouveau terrain d'enquête des différentes recherches philosophiques ; en second lieu, la science de référence n'est plus la biologie, mais la sociologie, dont le principe d'explication est étendu à des phénomènes très différents les uns des autres comme la religion[33], l'expérience esthétique et la pratique éducative. Comment expliquer ce changement et quel sens lui attribuer dans l'itinéraire spéculatif de Guyau ?

On doit signaler que Guyau inscrit la théorisation de la mission cruciale de la sociologie dans un contexte plus vaste formé par la révolution méthodologique et conceptuelle qui caractériserait, dans son ensemble, le développement scientifique du XIXe siècle, et la nécessité consécutive de nouvelles stratégies de recherche, de nouveaux paradigmes. À ses yeux, la vision égoïste des rapports moraux, partagée par la majorité des philosophes du XVIIIe siècle, reflète le matérialisme naïf d'une

[33] Avec *L'Irréligion de l'avenir*, Guyau s'inscrit dans le cadre des recherches, déjà très nombreuses à l'époque, qui essayaient de trouver, selon une méthode historico-critique, l'origine du phénomène religieux dans le monde primitif ; il introduit cependant une nouveauté importante : en considérant « l'idée d'un lien social entre l'homme et certaines puissances supérieures » comme un trait essentiel et unifiant de toutes les religions, il estime qu'il faut étudier ce phénomène d'un point de vue sociologique (*Irréligion*, p. I-III). Sur ce courant de la réflexion de Guyau et plus généralement sur les rapports – aussi bien d'affinité que de divergence – entre la conception sociologique de Guyau et celle élaborée par la culture positiviste, nous renvoyons à notre volume *Jean-Marie Guyau. Esthétique et philosophie de la vie*, *op. cit.*, p. 245-265.

science demeurée encore à un niveau d'analyse superficiel, qui ne cherche pas « à pénétrer dans l'intérieur de l'organisme, à sonder la cellule vivante ou l'atome, encore moins la conscience »[34]. C'est en effet l'affirmation de la biologie comme science autonome qui a entraîné un approfondissement substantiel du niveau des recherches et qui a imposé une attention nouvelle pour l'*intérieur* : en mobilisant progressivement tous les champs du savoir, la science du vivant a scellé l'inexorable déclin du matérialisme mécaniste des Lumières. Cette transformation radicale qui a découlé du plus grand degré de profondeur et de complexité atteint par la science a eu des retombées importantes jusque dans les conceptions philosophiques et morales, en démontrant, à rebours de l'inévitable égoïsme de l'« homme machine », la sociabilité constitutive de l'homme comme de tout autre être vivant, et en dévoilant la source biopsychologique du sentiment de solidarité.

C'est évidemment le modèle de la solidarité organique qui sanctionne l'insuffisance de l'atomisme moral d'un Helvétius ou d'un Bentham ; or, si Comte avait certes déjà décrit la société en termes d'organisme collectif, Guyau entend amplifier ce modèle en utilisant la contribution de la psychologie expérimentale, qui connaissait un développement considérable en France grâce à des personnages tels que Jean-Martin Charcot, Théodule Ribot et Pierre Janet. Guyau souligne les découvertes qu'il considère comme cruciales : « attraction des sensibilités et des volontés, solidarité des intelligences, pénétrabilité des consciences »[35]. Il se réfère surtout à la psychopathologie qui, en se basant sur l'étude de phénomènes comme l'hystérie et la suggestion hypnotique, avait considéré dans une perspective inédite les cas de dédoublement de la personnalité ou de personnalité multiple, jusqu'à y trouver une clé d'accès au fonctionnement normal de l'âme. Et Guyau accentue la portée de ces enquêtes : ce qui l'intéresse le plus, c'est la possibilité d'y extrapoler une vision non atomistique de la vie

---

[34] *Art*, p. 9.
[35] *Ibid.*, p. 10.

psychique, où la conscience individuelle apparaîtrait aussi perméable à l'influence des autres consciences qu'intérieurement constituée d'une pluralité d'états de conscience élémentaires. En faisant ressortir « le côté *social* de l'individu humain »[36], la psychologie expérimentale exerce une fonction de charnière entre biologie et sociologie : si la société est représentée comme un organisme, celui-ci d'un autre côté peut être vu comme une société vivante.

Probablement, cette conclusion renferme le sens le plus profond du chemin qui mène de la biologie à la sociologie : l'exigence de Guyau d'approfondir certains points clés de sa morale « sans obligation ni sanction », répondant ainsi aux nombreuses critiques que celle-ci n'avait pas manqué de soulever. Sous cet aspect, l'expérience esthétique apparaît comme une sorte de laboratoire dans lequel expérimenter de nouvelles formes de synergie, de lien social ; elle semble en effet susciter spontanément, dans son déroulement même, « le sentiment sérieux et profond d'une vie individuelle accrue par la relation sympathique où elle est entrée avec la vie d'autrui, avec la vie sociale »[37]. Dans l'*Art au point de vue sociologique*, par conséquent, de nouvelles catégories entrent en jeu : la *sympathie* (entendue comme faculté de s'identifier à la vie d'autrui), qui devient la loi constitutive de l'expérience esthétique ; la *sociabilité* (entendue comme capacité de communiquer, de transmettre à autrui idées, émotions, et sentiments), qui devient la norme immanente au faire artistique, son principe interne de développement (et donc également son principal effet esthétique).

Comme dans les *Problèmes de l'esthétique contemporaine*, Guyau commence par analyser les bases physiologiques de l'émotion esthétique : ainsi revient l'exigence de dilater le territoire du beau et de l'étendre au domaine des sensations vitales qui, étant accompagnées du sentiment d'une vie plus intense et harmonieuse, se traduisent par une stimulation générale de nos facultés. Cependant, le concept de solidarité est

---

[36] *Ibid.*, p. 9.
[37] *Ibid.*, p. 13.

transposé du domaine organique au domaine sociologique ; alors qu'auparavant prévalait le paradigme de l'*unité* (une émotion devenait esthétique si et dans la mesure où elle tendait à embrasser la totalité de la vie individuelle), c'est désormais le paradigme de la *relation* qui l'emporte (une émotion est effectivement esthétique si et dans la mesure où elle fait vibrer harmoniquement les différents moi qui composent chaque conscience). Déduit de la théorie du « polypsychisme »[38], ce nouveau modèle donne également une signification différente au sentiment de solidarité organique, qui n'en demeure pas moins le premier degré de l'émotion esthétique.

En atténuant sa prise de position initiale en faveur d'un lien entre le domaine de l'utile et celui du beau, Guyau affirme que l'agréable devient beau lorsqu'il est en mesure de refléter la structure sociale de la vie individuelle. Cette dynamique sociale s'accentue à mesure qu'on s'élève à une émotion esthétique de plus haut degré, dont le principe déborde la simple solidarité organique pour embrasser la véritable solidarité sociale, et jusqu'à la « sympathie universelle » ; dans ce dernier cas, on constate non seulement un déploiement de l'individualité dans toute la richesse de ses formes, mais aussi une rupture de l'état d'autosuffisance du sujet, qui s'ouvre à la communication avec le monde extérieur en dotant de vie la matière inanimée elle-même[39].

Si ensuite nous passons sur le terrain spécifique de l'art, de ses processus de production et de jouissance, nous voyons encore se perfectionner la dynamique sociologique que Guyau place à la base de l'extension de l'individualité et de sa convergence harmonieuse vers la relation intersubjective. Pour asseoir

---

[38] Cette théorie, très en vogue à l'époque chez les psychologues expérimentaux français, affirme la coexistence – dans une même personne – de nombreux *moi* qui, dans des conditions normales, s'intègrent l'un dans l'autre de manière plus ou moins harmonieuse tandis que, dans des conditions pathologiques, ils donnent lieu à de véritables personnalités multiples en contraste les unes avec les autres. Sur ces recherches et sur leur contiguïté avec la découverte freudienne de l'inconscient, cf. H.F. Ellenberger, *The Discovery of the Unconscius. The History and Evolution of Dynamic Psychiatric*, New York, Basic Books, 1970.

[39] *Art*, p. 24-31.

sa théorie sur une base scientifique, Guyau fait précéder la description de l'émotion esthétique et artistique d'un paragraphe qui synthétise les découvertes de la psychologie expérimentale en matière de transmissibilité des émotions. Se référant surtout aux travaux de Pierre Janet, il rapporte certains cas de somnambulisme et de suggestion hypnotique où les patients, bien que situés à distance du médecin, en reproduisent les mouvements et les états psychophysiques, jusqu'à en éprouver des sensations de forte douleur comme sous le coup d'une véritable blessure[40]. On est ici en présence, remarque Guyau, d'une transmission inconsciente directe et pilotée par le médecin, qui exploite bien entendu les conditions pathologiques particulières où se trouvent les patients. Cependant, la vie normale elle aussi fait communément assister à des phénomènes de transmission ou de « contagion » émotive, comme lorsque deux mains se rencontrent et se touchent, mettant en communication immédiate à la fois les centres nerveux et les consciences des deux individus. Dans le cas de l'art, il s'agit de transmettre une émotion sans qu'il y ait de contact réel : de même que la sociabilité de l'artiste devient une composante intégrale de l'œuvre d'art, la contagion émotive produite par l'œuvre devient la prémisse et la condition de son effet, à savoir sa réception par le public[41].

Sous cet aspect, l'esthétique de Guyau apparaît irréductible aux théories contemporaines d'un Proudhon ou d'un Taine, dont l'intention consiste certes à souligner la destination ou l'origine sociale de l'art, mais toujours comme phénomène de second rang, sans en rechercher les répercussions sur ses modalités concrètes de production et de jouissance. A contrario, Guyau ouvre de nouvelles perspectives à la méthode sociologique et annonce certains aspects fondamentaux de la sociologie

---

[40] *Ibid.*, p. 16-18. Guyau emprunte ses citations à un article de Pierre Janet : « Les actes inconscients et le dédoublement de la personnalité pendant le somnambulisme provoqué », *Revue philosophique*, XXII, 1886, p. 577-592.

[41] Cf. D. Hoeges, *Literatur und Evolution. Studien zur französischen Literaturkritik im 19. Jahrhundert* : *Taine, Brunetière, Hennequin, Guyau*, Heidelberg, Carl Winter Universitätsverlag, 1980, p. 143-194, qui voit en Guyau le précurseur d'une esthétique de la réception.

de l'art du XXe siècle[42] lorsqu'il souligne que l'art est social non seulement par son origine et par son but, mais aussi et surtout par sa loi interne comme par son essence constitutive :

> En résumé, l'art est une extension, par le sentiment, de la société à tous les êtres de la nature, et même aux êtres conçus comme dépassant la nature, ou enfin aux êtres fictifs créés par l'imagination humaine. L'émotion artistique est donc essentiellement sociale ; elle a pour résultat d'agrandir la vie individuelle en la faisant se confondre avec une vie plus large et universelle. *Le but le plus haut de l'art est de produire une émotion esthétique d'un caractère social*[43].

C'est dans ce contexte que prennent place les considérations sur les tâches et le statut de la critique, ou les observations sur la naissance et le développement du roman, en particulier dans ses versions « psychologique » et « sociologique »[44]. Comme le fait observer Elio Franzini, l'émotion artistique, « quoique fondée sur l'émotion esthétique, tend à se spécifier dans un sens historico-social »[45], puisque l'art transcende le plan physiologique de la vie en nous pour investir le domaine tout entier des significations (scientifiques, philosophiques, morales, et plus généralement, culturelles) nécessaires à la production de « cette stimulation générale et harmonieuse de la vie consciente qui constitue le sentiment du beau »[46]. Si, dans les *Problèmes*, Guyau identifiait de fait l'émotion artistique avec l'émotion

[42] Nous pensons, en particulier, à la sociologie de l'art de P. Francastel et de J. Duvignaud. Mais son influence est déjà sensible plus tôt (et pas seulement en France) dans les théories qui soulignent la dimension sociale de l'art : voir, par exemple, L. Tolstoï, *Qu'est-ce que l'art ?* (1897), trad. fr. T. Wyzewa, Paris, PUF, 2006. Sur le rôle joué par Guyau dans la fondation de l'esthétique sociologique, cf. H.A. Needham, *Le Développement de l'esthétique sociologique en France et en Angleterre au XIXe siècle*, Paris, Honoré Champion, 1926, p. 243-257 ; J. Mukařovský, *Il significato dell'estetica* (1966), trad. it. S. Corduas, Torino, Einaudi, 1973, p. 6, 99, 104-106.

[43] *Art*, p. 41.

[44] Ces thèmes sont traités surtout dans la seconde partie de *L'Art au point de vue sociologique*, où Guyau cherche à appliquer les principes théoriques exposés dans la première partie

[45] E. Franzini, *L'estetica francese del Novecento. Analisi delle teorie*, Milano, Unicopli, 1984, p. 62.

[46] *Art*, p. 34-35.

esthétique, et cette dernière avec n'importe quelle sensation assez vaste pour se diffuser dans tout notre être, il reconnaît à présent que la sensation est seulement un instrument employé par l'art pour « mettre l'état sentant en communication et en société avec une vie plus ou moins semblable à la sienne ». Le problème de la beauté glisse au second plan, alors qu'acquiert un poids déterminant, dans l'évaluation même d'une œuvre, sa capacité à « condenser l'émotion individuelle pour la rendre immédiatement transmissible à autrui ». En effet, l'émotion artistique suscite chez qui en jouit trois modalités spécifiques du plaisir ayant la même valeur sociologique : la première est du type intellectuel et dépend de la capacité qu'a l'œuvre de réveiller le souvenir de choses ou de situations analogues à celles qu'elle présente ; la deuxième découle du rapport sympathique qui s'instaure avec l'auteur de l'œuvre, avec son travail et son talent, c'est-à-dire avec une forme émergente de l'activité humaine ; le troisième type, enfin, consiste à sympathiser avec les figures et les personnages créés par l'artiste, c'est-à-dire avec la réalité imaginaire décrite dans l'œuvre[47].

Cette théorie de l'expérience esthétique s'annonce riche en sollicitations également sur le plan moral. L'expérience esthétique éduque la partie sensible de l'homme en l'orientant vers des plaisirs qui sont accrus – plutôt que compromis – par un large partage et en montrant la valeur sociale – et non égoïste – de la sphère émotionnelle. De cette façon, l'expérience esthétique justement peut montrer une voie pour sortir de l'impasse dans laquelle se trouve une morale anomique : la difficulté de concilier l'individualisation progressive des styles de vie et l'exigence de garantir la solidarité et la cohésion sociale. Alors que, dans les *Problèmes*, le plaisir esthétique s'épuisait dans la conscience d'une stimulation générale de la vie, c'est maintenant justement cette stimulation qui exige une profonde communication – si ce n'est même une identification – avec la vie d'autrui : « Le poète ou l'artiste ont pour tâche de stimuler la vie en la rapprochant d'une autre vie avec laquelle elle puisse

---

[47] *Ibid.*, p. 35-38.

sympathiser »[48]. Du reste, pour accomplir une telle tâche, l'art ne doit pas recourir à des principes ou à des finalités externes : selon Guyau, il « a en lui-même sa moralité profonde et sa profonde sociabilité », sans lesquelles il n'aurait ni épaisseur ni vie[49]. Dans l'*Art*, il apparaît désormais clair que l'organisme social « ne peut subsister que par la solidarité et le *consensus* des individus, qui sont ses organes élémentaires »[50] : il ne suffit pas que la vie individuelle possède intrinsèquement une valeur sociale ; il ne suffit pas non plus que l'individu soit perméable aux émotions d'autrui ni que l'art fasse pression sur cette perméabilité pour susciter des sentiments de partage et de sympathie. La limite de l'expérience esthétique, telle qu'elle a été ébauchée jusqu'à présent, est de supposer un sujet essentiellement passif : l'insistance sur les bases physiologiques et sur les processus de contagion émotive qui la caractérisent met dans l'ombre l'activité inhérente à cette expérience, sa contribution à la réalisation de l'effet esthétique – la sociabilité précisément – de l'œuvre. Pour que cet effet soit atteint, il faut que la personne qui jouit de l'œuvre d'art étende vraiment ses limites, en expérimentant activement de nouvelles formes de synergie et de cohésion sociale ; mais, pour ce faire, il doit trouver dans l'artiste un modèle d'individualité aussi créative que sociable et, dans le monde créé par cet artiste, un modèle de société aussi pluraliste qu'intimement soudée. L'artiste de génie, selon Guyau, peut assurer cette double médiation, car son être tend à l'affirmation et à la fécondité de la vie : « le génie artistique et *poétique* est une forme extraordinairement intense de la sympathie et de la sociabilité, qui ne peut se satisfaire qu'en créant un monde nouveau, et un monde d'êtres vivants »[51].

[48] *Ibid.*, p. 38

[49] *Ibid.*, p. 13. Guyau insiste sur le fait que la valeur éthico-sociale de l'art ne saurait résulter d'un effet calculé, d'une intention didactique (*ibid.*, p. 380-388).

[50] *Ibid.*, p. 469.

[51] *Ibid.*, p. 48.

5.5. *Génie et créativité sociale*

Le chapitre que Guyau consacre à l'étude du génie artistique est l'un des plus importants de l'*Art au point de vue sociologique*, où se donne à voir avec la plus grande netteté l'infléchissement des notions positivistes dans une direction qui annonce l'intuitionnisme bergsonien et qui se situe dans la droite ligne des décisions les plus innovantes de la culture européenne de l'époque.

Guyau ne considère pas le génie comme un apanage exclusif de l'art : le génie artistique est seulement un exemple du processus créatif à l'œuvre également dans les inventions scientifiques, qui savent tirer de nouvelles combinaisons à partir d'éléments préexistants, en proposant une reconstruction partielle du monde analogue à celle qui soutient et anime l'art[52]. Grâce à sa puissance imaginative, le génie dépasse la réalité donnée pour apercevoir des possibilités encore inexplorées ; grâce à sa puissance communicative, le génie ne garde pas pour lui ce qu'il a découvert, mais ressent le besoin d'« engendrer » ses propres intuitions en les traduisant en œuvres concrètes, offertes aux regards de tous. Étant donné que la sociabilité est le principe normatif immanent au faire artistique, le génie ne se réduit pas à une hypertrophie de la subjectivité ; son trait distinctif consiste même au contraire en la capacité de « se dépersonnaliser », de se mettre à la place d'autrui, jusqu'à coïncider avec ses propres personnages au point d'en faire des individus véritables, autonomes, et non de simples copies de lui-même. Ainsi parvient-il à « deviner ce qu'il y a d'ineffable dans tout individu pris à part » : bref, le génie artistique réunit en lui imagination et sensibilité, individualité et sociabilité, en un développement extraordinairement harmonieux de toutes ses facultés qui en fait presque un prototype de l'homme idéal de l'avenir[53].

Mais comment concilier cette activité du génie avec le déterminisme des lois naturelles ? Selon Guyau, même si l'on

[52] *Problèmes*, p. 159-161.
[53] *Art*, p. 48.

n'admet pas l'hypothèse scientifiquement infondée du libre arbitre, il faut toutefois reconnaître que le génie semble impliquer une infraction à ces lois, dans la mesure où il se présente comme le fruit de circonstances si complexes et si difficiles à déchiffrer que toutes les tentatives pour en fournir une explication exhaustive ont échoué. La critique de Guyau vise en premier lieu la méthode à la fois anecdotique et biographique de Sainte-Beuve et sa conviction qu'une analyse attentive et minutieuse de la vie d'un artiste délivrerait la clé d'accès à son œuvre, en en fournissant une explication complète et exhaustive. Mais, observe Guyau, a-t-on accompli des progrès vraiment décisifs dans la compréhension du génie d'un Balzac lorsqu'on a enfin appris qu'il était enclin aux opérations financières audacieuses, qu'il était assailli par des créanciers, que pour survivre il recourait à des expédients ingénieux, et ainsi de suite ? En anticipant les raisons qui pousseront Proust à stigmatiser sévèrement la confusion, pratiquée par Sainte-Beuve, entre le moi superficiel et le moi profond d'un auteur[54], Guyau affirme que l'existence pratique constitue seulement l'enveloppe la plus extérieure et éphémère de la vie d'un artiste, dont l'essence se dissimule à l'intérieur de l'œuvre : chez un véritable créateur, c'est l'œuvre qui explique l'existence, et non l'inverse.

D'autre part, Guyau critique aussi la méthode sociologique inaugurée par Taine ou, pour mieux dire, l'application mécanique et aveugle des présupposés théoriques de cette méthode, à savoir les principes de *race*, de *milieu*, et de *moment*[55]. Certes, il

---

[54] M. Proust, *Contre Sainte-Beuve,* précédé de *Pastiches et mélanges* et suivi de *Essais et articles,* édition établie par P. Clarac, Y. Sandre, Paris, Gallimard, 1971, p. 10-20. Cet écrit proustien, laissé à l'état d'esquisse et publié posthume, remonte aux années 1908-1910.

[55] Nous savons que l'un des motifs conducteurs de l'œuvre de Taine est sa conviction qu'il existe un rapport analogique entre les sciences naturelles et les sciences morales, rapport fondé sur la possibilité d'appliquer la méthode d'analyse scientifique dans tous les champs du savoir : les faits moraux tout autant que les faits naturels sont des simples produits dont il est possible d'identifier les causes génératrices. C'est dans le cadre de cette « botanique morale » que prend place d'adhésion précoce de Taine aux principes essentiels de la conception de Darwin (la sélection naturelle, la lutte pour

n'est pas question de nier le rapport entre art et facteurs extra-artistiques : l'influence exercée sur l'artiste par l'hérédité et par le contexte historique et social lui apparaît comme un fait indiscutable ; en outre, il s'accorde avec Taine pour estimer que l'œuvre la plus significative est celle qui est la plus sociale, c'est-à-dire la plus en mesure de représenter à la fois la société où l'artiste a vécu et celle qui l'a historiquement précédée. Cependant, au sein de cette convergence se creuse l'espace d'une profonde divergence : « Le génie n'est pas seulement un reflet, il est une production, une invention : c'est donc surtout le degré d'anticipation sur la société à venir, et même sur la société idéale, qui caractérise les grands génies »[56].

Les idées et les sentiments du milieu historique et social constituent seulement la *matière* sur laquelle travaille l'artiste, à laquelle il impose une *forme* qu'aucune connaissance même détaillée de cette matière n'aurait pu laisser prévoir. En d'autres termes, quoique conditionné par le milieu environnant, le génie n'en représente pas le simple produit, puisqu'il a au contraire le pouvoir de le transformer en préfigurant de nouveaux modèles de vie sociale. Lorsqu'il formule de tels jugements, Guyau se sert de certaines observations tirées de la *Critique scientifique* d'Émile Hennequin, qui avait souligné la difficulté de remonter du milieu à l'œuvre, en raison de l'influence non déterminante exercée sur l'homme par le milieu naturel mais également de la variété croissante du milieu social lui-même, de plus en plus

---

l'existence, la transmission héréditaire des caractère) qui, une fois transposés dans le domaine de l'histoire, de la psychologie, de l'esthétique, se retrouvent dans la fameuse triade des principes de race, de milieu et de moment. En effet, la *race* est l'ensemble des caractères héréditaires imprimés par la famille aux générations ; le *milieu* est tout ce qui façonne les individus, c'est-à-dire l'ensemble des conditions physiques, géographiques, sociales, politiques ; le *moment* est le contexte historique. Toutes les choses humaines, que ce soit le génie d'un artiste ou le génie d'un homme d'État, la littérature d'un peuple ou ses institutions, procèdent de ces trois causes primordiales. Voir H. Taine, *Philosophie de l'art*, Paris, G. Baillière, 1865 ; D. Hoeges, *Literatur und Evolution*, *op. cit.* ; J.-T. Nordmann, *Taine et la critique scientifique*, Paris, PUF, 1992 ; P. Seys, *Hippolyte Taine et l'avènement du naturalisme. Un intellectuel sous le Second Empire*, Paris, L'Harmattan, 2000.

[56] *Art*, p. 56.

subdivisé en sous-ensembles hétérogènes et autonomes[57]. Par ailleurs même la théorie de Hennequin – selon laquelle l'œuvre d'art exprime les idées et les sentiments d'un groupe, d'une nation, non pas parce qu'elle en serait le produit, mais parce que la nation ou le groupe s'y reconnaît, et fait d'elle un objet d'imitation et de culte – semble à Guyau incomplète : si Hennequin a montré avec raison le rapport qui unit l'artiste à ses admirateurs, saisissant bien ainsi la portée émotionnelle de l'œuvre sur le plan social, il a cependant excessivement accentué l'aspect de l'auto-reconnaissance, sous-évaluant alors le rôle peut-être plus important encore joué par la nouveauté de l'œuvre, par rapport aux idées et aux sentiments originaires du public. Or, c'est bien ce dernier aspect qui intéresse au plus haut point Guyau : la capacité, propre à l'artiste de génie, non seulement de susciter l'admiration de son public, mais aussi de faire fond sur cette admiration pour amorcer une créativité sociale. Si l'œuvre d'art ne se sépare pas de la réalité vitale et sociale, elle en constitue cependant une anticipation, une projection idéale qui en fait briller les possibilités implicites. Pas moins de trois sociétés, reliées l'une à l'autre par un lien de dépendance réciproque, se nouent ainsi au sein de l'image offerte par le génie et son milieu :

> 1) la société réelle préexistante, qui *conditionne* et en partie suscite le génie ; 2) la société idéalement modifiée que conçoit le génie même, le monde de volontés, de passions, d'intelligences qu'il crée dans son esprit et qui est une spéculation sur le *possible ;* 3) la formation consécutive d'une société nouvelle, celle des admirateurs du génie, qui, plus ou moins, réalisent en eux par *imitation* son *innovation*[58].

Il faut remarquer qu'il ne s'agit pas d'une imitation passive : d'un côté, l'impulsion de l'innovation se retrouve dans le public même, bien qu'à un degré moins intense et moins élevé ; de l'autre, la jouissance esthétique présente toujours un caractère actif, parce que s'identifier avec l'artiste veut dire imiter éga-

[57] É. Hennequin, *La Critique scientifique*, Paris, Alcan, 1888.
[58] *Art*, p. 69.

lement sa disposition à créer et à innover, en expérimentant à titre personnel la possibilité de transformer l'existant[59]. L'art possède donc une mission éducatrice, que le déclin des fois dogmatiques et des valeurs traditionnelles rend désormais nécessaire : « Les grands poètes, les grands artistes redeviendront un jour les grands initiateurs des masses, les prêtres d'une religion sans dogme »[60].

« Il est très difficile de définir scientifiquement la vie »[61], admet Guyau. L'art, cependant, propose l'image d'un acte créateur qui, plus encore que la création vitale, se fait sa loi par son aspiration à se développer sans cesse ; il offre un modèle d'activité intellectuelle et morale capable de redécrire et de restructurer l'expérience ; il offre également un espace dans lequel expérimenter de nouveaux styles de vie individuels et de nouvelles formes de cohésion sociale. L'art ne se limite pas à exposer un modèle de créativité, il éduque aussi à la créativité, renforçant une potentialité inhérente à chacun de nous et fournissant à celle-ci les moyens de s'exprimer ; sa force vitale est un facteur de croissance pour l'organisme aussi bien individuel que social. Certes, là où une morale dogmatique pourrait prescrire des objectifs certains et des valeurs absolues, l'art peut seulement indiquer des chemins à prendre, des mondes possibles. Mais justement cette limite le rend irremplaçable quand la crise des certitudes décrète la fin de la morale a priori et le début de la création des valeurs.

---

[59] Par là, Guyau prend explicitement ses distances avec la perspective sociologique de Gabriel Tarde, selon lequel la société se diviserait en deux groupes fondamentaux, les « novateurs » et les « répétiteurs » (cf. *Les Lois de l'imitation*, Paris, Alcan, 1890, ouvrage préparé par une série d'articles parus dans la *Revue philosophique*, où Guyau puise probablement ses informations).

[60] *Art*, p. 221.

[61] *Ibid.*, p. 86.

Chapitre VI
ART ET LOGIQUE DU VIVANT CHEZ BERGSON

6.1. *Un nouveau modèle d'intelligibilité*

Henri Bergson (1859-1941) n'a jamais écrit une esthétique entendue comme théorie spécifique du beau et de l'art. On peut néanmoins parler de fondements esthétiques de la philosophie bergsonienne de plusieurs points de vue. On a souligné, par exemple, le caractère *littéraire* – plus que philosophique par excellence – de toute l'œuvre de Bergson, y reconnaissant tantôt la réalisation d'un but explicite (la fameuse « conversion de la métaphysique en art ») tantôt le résultat inéluctable d'une métaphysique romantique de la vie, d'une pensée qui avance par suggestions, par impressions non fondées de façon critique[1]. Il faut dire cependant que, ces dernières décennies, cette ligne d'interprétation a été considérablement redimensionnée : des études importantes ont mis en évidence la systématicité de la réflexion bergsonienne, son dialogue assidu avec certaines pers-

[1] Voir, à titre d'exemple, les essais suivants : J. Benda, *Le Bergsonisme, ou une philosophie de la mobilité*, Paris, Mercure de France, 1912 ; B. Russell, *The Philosophy of Bergson*, Cambridge, Bowes and Bowes, 1914[2] ; G. Politzer, *La Fin d'une parade philosophique : le bergsonisme*, Paris, Les Revues, 1929 ; E. Cassirer, « Henri Bergsons Ethik und Religionsphilosophie », *Der Morgen*, IX, 1, 1933, p. 20-29 et IX, 2, 1933, p. 138-151 ; J. Wahl, *Tableau de la philosophie française*, Paris, Fontaine, 1946. En revanche, bien que parlant de « conversion de la métaphysique en art », Vladimir Jankélévitch (*Bergson*, Paris, Alcan, 1931 ; éd. augmentée, *Henri Bergson*, Paris, PUF, 1959) offre une interprétation beaucoup plus complexe, que l'auteur même considérait comme exacte et profonde (cf. H. Bergson, *Mélanges*, textes publiés et annotés par A. Robinet, Paris, PUF, 1972, p. 1495).

pectives ouvertes par la science et sa recherche constante d'une méthodologie scientifiquement rigoureuse[2]. Une autre manière d'aborder le sujet serait de ne pas circonscrire le discours au thème de l'art, mais de voir dans la philosophie de Bergson, qui attribue un rôle crucial aux processus sensoriels et perceptifs, une interrogation sur le caractère esthétique de l'expérience en tant que telle ; cette dernière lecture, qui pourrait se révéler féconde, n'a pas encore été poursuivie de manière organique, même si nous pouvons en trouver des passages importants dans des monographies désormais classiques telles que celles de Gilles Deleuze et de Vittorio Mathieu[3].

De notre coté, nous aimerions proposer un parcours interprétatif qui mette plutôt l'accent sur le rôle de paradigme assigné à l'art par Bergson, dans le cadre d'une réflexion qui entend recogiter les rapports entre science et philosophie en se fondant sur le modèle dessiné au XIXe siècle par les déve-

---

[2] Cf. L. Husson, *L'Intellectualisme de Bergson. Genèse et développement de la notion bergsonienne d'intuition*, Paris, PUF, 1947 ; H. Gouhier, « Le bergsonisme dans l'histoire de la philosophie française » (1959), in *Études sur l'histoire des idées en France depuis le XVIIe siècle*, Paris, Vrin, 1980, p. 81-95 ; V. Mathieu, *Bergson. Il profondo e la sua espressione*, Napoli, Guida, 1971 ; E. Garin, « Note sul pensiero del Novecento : "rinascita dell'idealismo", polemica antipositivistica e "ragioni" dell'irrazionale », *Rivista critica di storia della filosofia*, XXXIII, 2-4, 1978, p. 209-223, 308-325 et 397-404 ; H. Hude, *Bergson*, 2 vol., Paris, PUF, 1989-1990 ; A. Philonenko, *Bergson ou de la philosophie comme science rigoureuse*, Paris, Cerf, 1994 ; C. Zanfi, *Bergson et la philosophie allemande*, Préface de Fr. Worms, Paris, Colin, 2013. Sur la réception de la pensée bergsonienne en France après la Seconde Guerre mondiale, voir P. Vermeren, « 1949 : déclin et mort du bergsonisme ? », *Cahiers critiques de philosophie*, 7, 2008, p. 95-111. Pour une mise au point des rapports entre Bergson et le savoir scientifique de son époque et de la nôtre, voir Ph. Gallois, G. Forzy (éds), *Bergson et les neurosciences*, Paris, Institut Synthélabo, 1997 ; R. Jaffard, B. Claverie, B. Andrieu (éds), *Cerveau et mémoires. Bergson, Ribot et la neuropsychologie*, Paris, Éditions Osiris, 1998 ; Fr. Worms (éd.), *Annales bergsonniennes III : Bergson et la science*, Paris, PUF, 2007 ; A. Fagot-Largeault, Fr. Worms (éds), *Annales bergsoniennes IV : « L'évolution créatrice » 1907-2007 : épistémologie et métaphysique*, Paris, PUF, 2008.

[3] G. Deleuze, *Le Bergsonisme*, Paris, PUF, 1966 ; V. Mathieu, *Bergson*, *op. cit*. Voir aussi M. Bertolini, *L'estetica di Bergson. Immagine, forma e ritmo nel Novecento francese*, Milano, Mimesis Edizioni, 2002 ; G. Didi-Huberman, « L'image *est* le mouvant », *Intermédialités*, 3, 2004, p. 11-30.

loppements des sciences biologiques. Il ne s'agit pas de transformer la philosophie en art mais de distinguer les potentialités heuristiques de l'art dans un contexte épistémologique qui ne prend plus la machine comme terme de référence, mais la vie. Pour Bergson, la philosophie doit être une science[4] ; mais elle ne peut l'être à la manière de la tradition cartésienne et galiléenne (et de sa version du XIXe siècle : le mécanisme positiviste) qui soude la rationalité scientifique à une image mathématique de la science même, associant la rigueur méthodologique à la quantification progressive des résultats de l'expérience. Elle peut l'être par contre à la manière de la biologie : de cette science qui a atteint au cours du XIXe siècle un statut expérimental autonome justement en se fondant sur une délégitimation de l'iatromécanisme des XVIIe et XVIIIe siècles, autrement dit la médecine d'inspiration cartésienne.

Ce point nous paraît décisif pour démentir une fois de plus l'image du bergsonisme comme réaction idéaliste contre la science, triomphe de l'irrationnel, revanche du romantisme et du mysticisme ; il nous paraît en même temps indiquer une image moins stéréotypée de la période qui l'a précédé, en soulignant que la discussion philosophique prenait des directions originales et complexes, ne se réduisant pas toujours à une opposition nette entre positivisme et idéalisme ou spiritualisme. Et la réflexion sur le vivant – de l'école de Montpellier jusqu'à la philosophie de la vie de Guyau, en passant par Comte, Bernard et Ravaisson – nous a montré une infinité d'échanges entre plusieurs domaines et traditions de pensée, qui convergent tous vers l'élaboration d'un nouveau modèle de rationalité. Dans le paragraphe qui suit, nous verrons que les affinités

---

[4] Bergson est revenu maintes fois sur ce point auquel il tenait beaucoup ; voir en particulier l'essai sur « Le Parallélisme psycho-physique et la métaphysique positive » (1901), dans *Mélanges*, *op. cit.*, p. 472-488, où l'auteur polémique contre une ligne d'enquête métaphysique qui, restant attachée à un modèle intellectualiste et mathématisant, ne parvient pas à saisir les sollicitations provenant des nouvelles disciplines expérimentales et notamment de la science du vivant. Toujours sur ce thème, cf. P. Trotignon, *L'Idée de vie chez Bergson et la critique de la métaphysique*, Paris, PUF, 1968.

surprenantes qui existent entre Guyau et Bergson viennent du choix commun de ceux-ci en faveur d'un nouveau paradigme : la nature statique du mécanisme laisse place à un acte créateur analogue à celui de l'art. L'intuitionnisme de Bergson montre donc certains éléments de continuité avec le positivisme ou, tout au moins, avec une perspective – comme l'est celle de Guyau – qui transforme de l'intérieur les théories et les outils de matrice positiviste.

6.2. *De Guyau à Bergson*

Dans l'Avant-propos de la *Morale d'Épicure*, le premier des deux volumes que Guyau consacre à la reconstruction historique de la « morale de l'utilité et de l'intérêt »[5], un problème méthodologique de caractère général se pose. À ses yeux, il existe deux méthodes fondamentales de concevoir l'histoire de la philosophie, qui correspondent à deux manières différentes d'articuler dans un ordre systématique les idées d'un auteur. D'un côté, on trouve la méthode la plus scolastique et la plus traditionnelle, qui fixe par avance le schéma général auquel se conformera l'exposition des différentes doctrines, et qui les classe selon un système de divisions et de subdivisions artificielles dont le degré d'abstraction semble en garantir un usage constant et homogène. De cette façon, toutefois, on manque précisément cette particularité, cette épaisseur spéci-

[5] J.-M. Guyau, *La Morale d'Épicure et ses rapports avec les doctrines contemporaines*, Paris, G. Baillière, 1878 (éd. revue et augmentée, Paris, Alcan, 1886, sur laquelle se base la 4e éd., parue en 1904, désormais en abrégé *Morale d'Épicure*), et *La Morale anglaise contemporaine. Morale de l'utilité et de l'évolution*, Paris, G. Baillière, 1879 (éd. revue et augmentée, Paris, Alcan, 1885, sur laquelle se base la 5e éd., parue en 1904). Aussi bien la *Morale d'Épicure* que la *Morale anglaise contemporaine* auront un certain retentissement dans le débat philosophique de l'époque, suscitant un intérêt considérable chez ceux qui, comme Bergson, proposaient de nouveaux modèles de réflexion à partir d'une critique de la méthodologie positiviste : cf. H. Bergson, *Cours II. Leçons d'esthétique. Leçons de morale, psychologie et métaphysique*, édition établie par H. Hude, Paris, PUF, 1992, notamment p. 51-163, où la référence aux textes de Guyau est plus évidente.

fique qui caractérise toute pensée vivante : l'histoire de la philosophie tend à devenir une sorte de géométrie plane, où l'on ne trouve plus que des formes abstraites sans le moindre relief ni la moindre profondeur. À cette méthode « géométrique », Guyau oppose une méthode « organique » dont l'intention de fond consiste à reproduire le développement interne à chaque doctrine, en suivant pas à pas toutes les phases traversées par la pensée d'un auteur ; en d'autres termes, il s'agit de fonder l'histoire de la philosophie à son tour sur l'« idée qui tend aujourd'hui à dominer toutes les sciences » : celle d'évolution[6].

Dans la *Morale anglaise contemporaine*, Guyau attribue une extrême importance au paradigme de l'évolution, qui aurait révolutionné la conception naturaliste de l'homme et de l'univers en y introduisant un principe dynamique, en l'espèce une loi nécessaire de développement qui n'est pas indépendante du réseau des rapports de causalité ; par ailleurs, il critique l'évolutionnisme spencérien dont le noyau essentiel – l'évolution de l'univers en tant que redistribution continue de la matière et du mouvement – lui apparaît fortement connoté dans un sens mécaniste, au point de préfigurer une véritable subordination de l'*intérieur* (le plan subjectif des phénomènes mentaux) à l'*extérieur* (le plan objectif des phénomènes physiques)[7]. Il est donc permis de supposer qu'en posant l'exigence de soumettre l'exposition des doctrines philosophiques au nouveau paradigme de l'évolution, Guyau n'entend pas pour autant accepter de telles conséquences. En réalité, il semble plutôt attiré par la base biologique de ce paradigme, par son enracinement dans un concept de développement organique étendu à tous les niveaux de l'échelle évolutive. En d'autres termes, l'idée d'évolution se plie vers celle de *vie*, par où la vie assumera bientôt tous les caractères les plus dynamiques de l'évolution, sans en conserver les aspects mécaniques qui marquaient – chez Darwin comme chez Spencer – sa référence

---

[6] *Morale d'Épicure*, p. 1. Pour l'influence que cette idée exerce sur toute l'œuvre philosophique de Guyau, cf. D. Hoeges, *Literatur und Evolution*, *op. cit.*, p. 143-197.

[7] J.-M. Guyau, *La Morale anglaise contemporaine*, *op. cit.*, p. 414-419.

univoque au monde extérieur et donc son inévitable résidu statique[8].

Dans l'Avant-propos de la *Morale d'Épicure*, ce processus alchimique est seulement ébauché : le problème de la vie est encore inséré dans le contexte plus large de l'évolution, dont le déterminisme n'épargne pas même l'expression la plus élevée de la vie, c'est-à-dire la pensée. La méthode proposée par Guyau se fonde sur la conviction « que la loi de la vie et la loi de la pensée sont les mêmes, que toutes deux se ramènent à la grande loi d'évolution et qu'il faut, dans chaque système, connaître et reproduire cette évolution même »[9]. Toutefois, c'est au sein d'une telle option que s'affirme bientôt une tendance différente, capable d'altérer le sens originel de l'évolutionnisme spencérien en modifiant le rapport entre l'*extérieur* et l'*intérieur*. En effet, nous pouvons constater qu'il y a une oscillation dans la manière dont Guyau utilise le mot «évolution». D'un côté, il semble se réclamer d'une évolution au sens large, étendue à tout genre de phénomène ; de l'autre il semble se réclamer d'une évolution biologique, au double sens de l'évolution des espèces et du développement ontogénique des individus. L'élément unifiant vient du fait qu'il entend appliquer à l'histoire de la pensée les lois qui régissent l'évolution des êtres vivants, ce qui présuppose de considérer les systèmes philosophiques comme des êtres vivants et mouvants. Le sens biologique semble donc prévaloir, bien que Guyau ne précise pas s'il adopte ainsi un point de vue ontogénique ou phylogénétique, ou les deux.

Guyau se limite à remarquer que la nouvelle perspective rendra impossible toute présupposition qui affirme l'existence de systèmes statiques et fermés : « chaque système, chez un même auteur, change et se transforme perpétuellement, va des principes aux conséquences, des conséquences revient aux principes, par un perpétuel mouvement d'expansion et de

---

[8] Cf. L. Fedi, « Guyau et Darwin : la lecture de la vie », *Corpus*, 46, 2004, p. 25-45.

[9] *Morale d'Épicure*, p. 7.

concentration qui rappelle le mouvement même de la vie »[10]. Comme on peut l'observer, l'objectif de Guyau est d'esquisser une méthode qui fasse apparaître la dimension « mobile et vivante » de la pensée humaine et qui en saisisse ce processus intime qui la différencie radicalement de l'horizon simplement spatial d'une linéarité géométrique. Cette précision est importante, parce qu'elle permet de découvrir l'influence du philosophe français qui plus que tout autre avait critiqué l'application de l'esprit de géométrie à l'étude du vivant : Ravaisson. Lorsqu'il combattait le schématisme abstrait des idées platoniciennes, autant que lorsqu'il s'opposait au « matérialisme géométrique » du premier Comte, Ravaisson ne se lassait d'avancer cette thèse : de même qu'il est impossible d'expliquer l'unité des formes vivantes en recourant au modèle d'un assemblage mécanique dont les parties individuelles seraient simplement soudées et juxtaposées, de même il est impossible d'expliquer l'activité de la pensée en la décomposant en ses éléments matériels ou en la réduisant à des formes statiques privées d'épaisseur et de mouvement[11].

Mais, dans le processus alchimique mis en œuvre par Guyau, l'influence de Ravaisson se mêle à celle de Taine, philosophe qui, plus que tout autre – en France – avait insisté sur la nécessité d'étendre les principes méthodologiques de l'évolutionnisme à l'ensemble des sciences morales, et à la science historique en particulier. Reprenant certains points décisifs de la réflexion de Taine, Guyau affirme qu'il faut identifier l'« idée maîtresse » de la doctrine exposée, soit l'idée qui fait office d'élément central du système, auquel elle confère « son caractère personnel, son unité et sa vie »[12]. À l'instar des

[10] *Ibid.*, p. 4.

[11] F. Ravaisson, *Rapport sur la philosophie en France au XIXe siècle*, *op. cit.*, p. 110-112, 127-130.

[12] *Morale d'Épicure*, p. 4. Cf. H. Taine, « Introduction », dans *Histoire de la littérature anglaise*, 5 vol., Paris, Hachette, 1863, t. I, p. III-XLIX. Pour Taine, l'étude de l'histoire ne saurait se réduire au simple catalogage des événements, mais doit enquêter sur leurs causes, sur les lois psychologiques qui ont présidé à leur développement. Si donc l'esprit humain est constitué – à l'instar de tout composé organique ou même inorganique – de différents éléments placés dans une situation de connexion réciproque, qu'il convient

organismes, chaque doctrine apparaît en effet dotée d'une individualité propre, irréductible à la généralisation arbitraire d'un schéma abstrait : afin de ne pas niveler les différents systèmes en les projetant tous sur un plan identique qui finit par neutraliser leurs particularités, il est nécessaire de mettre en avant l'idée qui – dans la mesure où elle possède une priorité logique aussi bien que chronologique – est à la base de chacun d'entre eux, en constitue l'« âme », le point de force. Il faudra alors resituer cette idée dans le milieu historique qui l'a vue naître et la mettre en rapport avec la série des « résistances » (objections soulevées par d'autres philosophes, difficultés rencontrées au fil du temps, etc.) qui, en l'engageant dans une confrontation analogue à la lutte darwinienne pour la survie, en ont scandé et accompagné la croissance. En ce sens, l'idée maîtresse est celle qui, ayant franchi tous les obstacles de son milieu historique d'appartenance, a su graduellement s'imposer et coaguler autour d'elle un ensemble de plus en plus compact d'articulations : à partir d'elle, l'historien pourra déduire les conséquences et les principes de la doctrine en question, tout en en saisissant le plan unitaire qui la motive et lui donne sens.

On touche ainsi du doigt la transformation profonde que Guyau fait subir aux catégories de Taine : tandis que celui-ci identifiait, dans tout phénomène évolutif, une adaptation au milieu ambiant, pour Guyau l'évolution de la pensée se présente comme une corrélation entre les circonstances extérieures et la réflexion intérieure, qui conserve le statut d'élément actif et,

---

d'analyser et de comparer entre eux pour découvrir quels sont les éléments « dominants », l'histoire d'un peuple, d'une civilisation, d'une littérature doit avoir pour but d'identifier les façons de penser de ce peuple, de cette civilisation, de cette littérature, ce que Taine nomme les *conceptions maîtresses*. En effet, et bien que ces conceptions se manifestent exemplairement chez certains individus, elles déterminent plusieurs aspects de la vie sociale et intellectuelle de la période examinée. De plus, en étudiant une œuvre littéraire, on peut comprendre la psychologie de son auteur ; cette étude, intégrée par l'analyse de sa biographie, dévoile la *faculté maîtresse*, soit le caractère dominant qui détermine l'œuvre en question. À son tour, la faculté maîtresse peut être expliquée par les trois causes primordiales : *la race*, *le milieu* et *le moment.* Dans chaque créateur, Taine croit déceler une faculté maîtresse, dont il déduit tous les autres caractères selon la loi « des dépendances mutuelles ».

dans une certaine mesure, indépendant du milieu intellectuel et historique. Par conséquent, chaque système philosophique doit être étudié dans sa vie même : « L'histoire de la philosophie a été surtout conçue jusqu'ici comme une anatomie de la pensée humaine ; nous croyons qu'on pourrait en faire une embryogénie » [13]. Si l'embryogénie s'oppose à l'anatomie, c'est que cette dernière est une science du statique, de l'immobile, étudiant les formes figées de l'organisme et ayant comme objet ce qui est mort[14]. Par contre, l'histoire de la philosophie doit se modeler sur la science du vivant ou, pour mieux dire, sur la partie de cette science qui a comme objet les phénomènes les plus spécifiques de la vie, soit les processus de formation et de croissance de l'organisme.

On peut détecter ici l'influence de plusieurs thèses de Claude Bernard : l'interaction entre l'organisme et le milieu extérieur ; le refus de subordonner la science du vivant à l'anatomie et à ses procédés de dissection ; la vision de l'organisme comme un tout harmonique, hiérarchisé, dont les manifestations sont intimement liées les unes aux autres et irréductibles à la somme de leurs propriétés distinctes ; l'analogie entre la pensée et la vie, suggérée par l'hypothèse d'une « idée directrice » du développement organique qui expliquerait l'organisation des éléments physico-chimiques en une forme cohérente ; enfin, l'équation vie = création. Dans le travail de l'historien, l'évolution se décline donc dans un sens ontogénétique :

Pour créer la vie, en effet, la nature ne procède pas artificiellement en rassemblant toutes les parties d'un corps et en les soudant ; c'est sur une seule cellule ou sur plusieurs que s'entent toutes les autres.

---

[13] *Morale d'Épicure*, p. 8.

[14] « Aussi, lorsque l'anatomie prétend étudier le vivant, c'est au nom d'un paradoxe, puisque sa méthode contredit son objet. C'est pourquoi Guyau la considère comme artificielle : elle reconstruit la vie selon un schéma qui lui est étranger et qui ne permettra jamais de l'animer. L'opposition conceptuelle de fond qui travaille l'embryogénie et l'anatomie est donc celle de la vie et du mort, qui reconduit l'opposition du mouvement et du statique, selon que l'on adopte un point de vue intérieur ou au contraire extérieur à la doctrine étudiée » (L. Muller, *De l'histoire de la philosophie à la philosophie de l'avenir*, *op. cit.*, p. 43).

C'est également ainsi que procède la pensée humaine, créant une ou plusieurs idées d'abord vagues, puis les développant, les fécondant par leur contact avec d'autres idées, et arrivant ainsi à faire un système, c'est-à-dire au fond un tout harmonique, un organisme. Or, c'est ce travail que la pensée de l'historien, pour être vraiment fidèle à sa tâche, doit s'efforcer d'accomplir une seconde fois[15].

Tout comme la nature, la pensée ne procède pas artificiellement, mais elle engendre des systèmes réglés par des lois internes, notamment celle de la hiérarchie des idées. Chaque système va en effet s'organiser à partir d'une idée directrice qui fait la singularité de la théorie, son unité et son individualité. Le philosophe qui élabore un système crée un tout harmonique, un organisme, que l'historien devra à son tour recréer en suivant le modèle du romancier qui cherche à peindre un caractère à partir de quelques traits saillants. Les systèmes, selon Guyau, ne diffèrent pas des individus, ni les pensées des actions réelles : de même qu'il n'est possible de comprendre le développement unitaire d'une existence qu'en l'insérant dans la dimension concrète et temporelle qui, au fil du temps, en a motivé les choix, de même si l'on veut comprendre la cohérence intime d'un système « il faut y introduire la vie et la gradation des idées ». Dans un cas comme dans l'autre, les contradictions ne sont souvent qu'apparentes, car elles tirent leur origine de la tendance à immobiliser ce qui est dynamique en autant de subdivisions rigides qui en suppriment la continuité de fond. Dans la méthode organique, le paradigme scientifique de l'évolution est ainsi amené à s'unir – par l'intermédiaire de la notion de vie – au modèle opératoire offert par l'art :

L'histoire de la philosophie serait alors, en son idéal, une œuvre de science et d'art tout à la fois, de science en tant qu'elle étudie la pensée et ses lois, c'est-à-dire la vie dans sa manifestation la plus élevée, – d'art en tant qu'elle s'efforce de reproduire cette vie intellectuelle en son mouvement, en son activité et sa plénitude[16].

[15] *Morale d'Épicure*, p. 5.
[16] *Ibid.*, p. 7-8.

Si nous rapprochons ces pages de Guyau d'un texte présenté par Bergson, en 1911, au Congrès international de philosophie de Bologne et intitulé « L'intuition philosophique »[17], de surprenantes analogies ne manquent pas d'apparaître, qui ont conduit Jankélévitch à trouver préfigurés dans l'Avant-propos de la *Morale d'Épicure* l'ensemble des principes essentiels de l'intuitionnisme bergsonien[18]. Le texte de Bergson – prenant pour objet, à son tour, la méthode à adopter en histoire de la philosophie – introduit son propos en insistant lui aussi sur la superficialité d'une approche qui, considérant chaque système comme « un édifice complet, d'une architecture savante, où les dispositions ont été prises pour qu'on y pût loger commodément tous les problèmes »[19], se contente d'en recomposer les divers éléments comme s'il s'agissait des pièces d'une mosaïque. En effet, une doctrine philosophique n'est point un assemblage mécanique doté d'un équilibre statique, mais un organisme vivant sujet à une dynamique évolutive, dont les parties sont intimement reliées par un rapport de compénétration réciproque. Selon Bergson, il convient de dissiper deux équivoques de fond : qu'un philosophe se saisisse de certaines idées pré-

[17] H. Bergson, « L'intuition philosophique » (1911), dans *La Pensée et le Mouvant* (1934), *Œuvres*, *op. cit.*, p. 1345-1365.

[18] V. Jankélévitch, « Deux philosophies de la vie : Bergson et Guyau », *Revue philosophique*, XCVII, 1924, p. 440-442. Des analogies encore plus fortes lient *La Genèse de l'idée de temps* de Guyau, un ouvrage posthume publié par Alfred Fouillée en 1890 chez Alcan, et l'*Essai sur les données immédiates de la conscience* de Bergson (Paris, Alcan, 1889). Guyau étant décédé en 1888, ce texte semblait faire de lui un précurseur immédiat de Bergson ; mais Bergson lui-même avança le soupçon que les assonances étaient dues à l'apport de Fouillée et aux suggestions qu'il avait pu tirer de la lecture de l'*Essai*, sorti après la mort de Guyau mais avant la publication de la *Genèse* (H. Bergson, « Compte rendu de *La Genèse de l'idée de temps* de Guyau », *Revue philosophique*, XXXI, 1891, p. 185-190, désormais in *Mélanges*, *op. cit.*, p. 349-356). Le problème a été récemment solutionné dans l'édition critique de la *Genèse* établie par Renzo Ragghianti (J.-M. Guyau, *La Mémoire et l'idée de temps*, *op. cit.*), où le chercheur montre que le texte a été entièrement rédigé par Guyau et que les analogies les plus surprenantes avec l'*Essai* sont dues à la reprise commune, dans les deux textes, de thèses déjà avancées à cette époque par d'autres auteurs.

[19] H. Bergson, « L'intuition philosophique », dans *Œuvres*, *op. cit.*, p. 1346.

existantes et qu'il se borne à les combiner entre elles au sein d'une synthèse supérieure ; que l'interprète, par conséquent, ne doive rien faire d'autre que repérer les éléments constitutifs d'un système chez les philosophes précédents, pour en effectuer ensuite une reconstruction sur la base de coordonnées déjà connues. Comme l'avait observé Guyau, on n'obtient de cette façon qu'un schéma abstrait, aux contours linéaires et prévisibles ; on procède d'une manière artificielle, en oubliant la différence irréductible qui sépare les processus de fabrication mécanique des processus d'organisation vitale. Et de fait, c'est bien à la biologie que Bergson a, lui aussi, recours pour illustrer la mobilité de l'acte de penser et les rapports qui le lient au dynamisme de la signification linguistique :

> Le philosophe ne prend pas des idées préexistantes pour les fondre dans une synthèse supérieure ou pour les combiner avec une idée nouvelle. Autant vaudrait croire que, pour parler, nous allons chercher des mots que nous cousons ensuite ensemble au moyen d'une pensée. La vérité est qu'au-dessus du mot et au-dessus de la phrase il y a quelque chose de beaucoup plus simple qu'une phrase et même qu'un mot : le sens, qui est moins une chose pensée qu'un mouvement de pensée, moins un mouvement qu'une direction. Et de même que l'impulsion donnée à la vie embryonnaire détermine la division d'une cellule primitive en cellules qui se divisent à leur tour jusqu'à ce que l'organisme complet soit formé, ainsi le mouvement caractéristique de tout acte de pensée amène cette pensée, par une subdivision croissante d'elle-même, à s'étaler de plus en plus sur les plans successifs de l'esprit jusqu'à ce qu'elle atteigne celui de la parole[20].

Au lieu de tourner autour de la pensée d'un philosophe, il faut donc pénétrer à l'intérieur de cette pensée et en saisir le tissu conjonctif profond : on verra alors que les différentes parties se compénètrent jusqu'à converger en un point unique, extraordinairement simple, dans lequel se concentre l'intuition originale du philosophe. Pour s'approcher de ce point, l'interprète devra en saisir d'abord l'image médiatrice « entre la simplicité de l'intuition concrète et la complexité des abstrac-

[20] *Ibid.*, p. 1358.

tions qui la traduisent » ; peu à peu il pourra remonter ensuite à cette chose unique que le philosophe a essayé de dire : « nous nous représenterons cette fois comment de ce centre de force, d'ailleurs inaccessible, part l'impulsion qui donne l'élan, c'est-à-dire l'intuition même »[21]. Tout comme l'idée maîtresse de Guyau, c'est ce point unique qui constitue l'individualité d'une pensée, qui en révèle la différence qualitative, correspondant à sa véritable unité. C'est pourquoi la structure vivante d'un système philosophique ne saurait être saisie au moyen d'une conceptualité abstraite : tout autant que pour Guyau, l'histoire de la philosophie devient pour Bergson un *art*, et ce dans la mesure même où elle cherche à exprimer la *vie* d'une doctrine, à recréer ce qu'elle a d'actif, d'individuel et de mobile[22]. Précisons toutefois que cet art, pour Bergson, est fondé sur l'intuition, avec laquelle il ne fait qu'un ; pour Guyau, au contraire, cet art se déploie en associant le moment intuitif au moment déductif : une fois installé à l'intérieur d'un système et après en avoir saisi le noyau le plus intime, l'exégète pourra en déduire toutes les conséquences implicites.

En essayant de souligner les analogies et les différences entre Bergson et Guyau, Jankélévitch observe que tandis que le premier critique radicalement le mécanicisme positiviste en élaborant un vitalisme dynamique fondé sur les « données immédiates de la conscience », le second balance entre une approbation superficielle du positivisme et une adhésion plus profonde au biologisme spiritualiste d'origine romantique. En d'autres termes, vu les deux courants opposés de la pensée philosophique du XIXe siècle – l'un, illustré par Spencer, qui sacrifie la spécificité de la vie et l'autonomie de la conscience au déterminisme physique et chimique et l'autre, illustré par Bergson, qui voit dans la vie une activité créatrice et dans l'évolution une invention permanente de formes nouvelles –, Guyau occuperait une position somme toute intermédiaire,

---

[21] *Ibid.*, p. 1347, 1357.

[22] Jankélévitch observe à ce propos : « La pensée philosophique considérée comme un "art" et comme une sorte de *vie* spontanée : c'est tout le thème de l'*Introduction à la métaphysique* » (« Deux philosophies de la vie : Bergson et Guyau », art. cit., p. 442).

interprétant la vie dans un sens tantôt statique tantôt dynamique, tour à tour la réduisant à un simple mécanisme et l'élevant à l'état d'énergie spirituelle[23]. À notre avis, cette lecture critique présente une double limite. D'un côté, on néglige l'effort de synthèse qui imprègne la philosophie de la vie de Guyau, laquelle essaie, tout en restant fidèle à l'exigence naturaliste de récupérer l'infinie pluralité du réel, de dépasser le dogmatisme inhérent aux schémas intellectualistes de la science, lui opposant la « coïncidence de la réalité immédiate et de la valeur »[24]. De l'autre, on sous-estime la relation qu'entretient Bergson avec un aspect fondamental de l'épistémologie positiviste : les théories scientifiques du vivant.

Dans le chapitre précédent, nous avons vu que Guyau donne un nouveau statut aussi bien à l'éthique qu'à la métaphysique, en orientant le modèle biologique dans un sens esthétique ; or, dans le cas de Bergson, quel rapport y a-t-il entre la recherche d'un nouveau paradigme basé sur la science du vivant et la problématique de l'œuvre d'art ? Pour répondre à cette question, il faut se demander à quel modèle biologique il pense lorsqu'il veut faire de la philosophie une recherche du genre expérimental.

6.3. *La médiation du biologique*

Les manières susceptibles d'instituer une nouvelle alliance entre la philosophie et les sciences sont élucidées par Bergson dans un discours prononcé à la cérémonie du Centenaire de Claude Bernard, au Collège de France, le 30 décembre 1913. Dans ce discours, intitulé « La philosophie de Claude Bernard », il fait du maître de la biologie française « un maître de la pensée contemporaine », qui a joué vis-à-vis des sciences expérimentales concrètes (ou de laboratoire) le même rôle que celui de Descartes vis-à-vis des sciences abstraites de la ma-

[23] *Ibid.*, p. 402-422.
[24] A. Banfi, « Il naturalismo romantico del Guyau », art. cit., p. 202.

tière[25]. Malgré le parallélisme institué ici entre Descartes et Bernard, il est évident que leurs contributions à la science et à la philosophie vont dans deux directions opposées : tandis que Descartes formule un modèle physique et mathématique qui se concentre sur les éléments les plus généraux et quantifiables de la matière, attribuant à l'expérience la seule fonction de démarrer et de vérifier les procédures de calcul, Bernard trace un modèle biologique et expérimental qui « suit l'expérience dans toutes ses sinuosités sans jamais perdre contact avec elle »[26]. Il ne s'agit pas simplement de deux méthodes différentes applicables à deux typologies différentes de sciences – la physique d'un côté et la biologie de l'autre –, mais de deux paradigmes opposés capables de conditionner la manière globale dont une certaine époque conçoit la connaissance et sa relation avec la réalité.

Pour Bergson, la définition de méthode expérimentale qu'offre Bernard reformule les concepts de nature, d'expérience, de recherche scientifique, mettant radicalement en discussion la tradition épistémologique d'inspiration cartésienne. La clé de voûte de cette transformation se retrouve dans le revirement du rapport faits-théorie : pour Bernard, l'enquête expérimentale consiste en un dialogue entre l'esprit et la nature, au cours duquel le fait observé ne sert pas seulement d'impulsion initiale et de contrôle final d'une certaine hypothèse, mais également d'interlocuteur constant. Comme l'observation scientifique ne se limite jamais à enregistrer passivement une série de faits, mais qu'elle interroge toujours les faits en posant des questions à la nature, les réponses de celle-ci « donnent à l'entretien une tournure imprévue, provoquant des questions nouvelles auxquelles la nature

[25] H. Bergson, « La philosophie de Claude Bernard », dans *Œuvres*, *op. cit.*, p. 1439. Voir également « La philosophie française » (1915), dans *Mélanges*, *op. cit.*, p. 1167-1168, où Bergson écrit : « L'*Introduction à la médecine expérimentale* de Claude Bernard a été, pour les sciences concrètes de laboratoire, ce que le *Discours de la méthode* de Descartes avait été pour les sciences abstraites ».

[26] H. Bergson, « La philosophie de Claude Bernard », dans *Œuvres*, *op. cit.*, p. 1433.

réplique en suggérant de nouvelles idées, et ainsi de suite indéfiniment »[27]. Par conséquent, il n'y a pas de différence entre une observation bien prise et une généralisation bien fondée. La science ne note pas des faits bruts, en attendant la venue d'un travail de synthèse capable de les soumettre à des lois. La synthèse même n'est pas l'utilisation de faits déjà recueillis, mais « la capacité de pénétrer à l'intérieur d'un fait qu'on devine significatif et où on trouvera l'explication d'un nombre indéfini de faits ». En somme, loin de réduire la science à une collection de données empiriques, la référence constante à l'expérience confirme que l'invention doit être partout, jusque dans la plus humble recherche des faits les plus simples : « Là où il n'y a pas un effort personnel, et même original, il n'y a même pas un commencement de science »[28].

Cette maxime pédagogique résume, selon Bergson, la philosophie de Bernard, qui ne coïncide pas du tout avec la métaphysique de la vie – tantôt vitaliste et tantôt au contraire mécaniste – à laquelle on a essayé de ramener ses réflexions ; une métaphysique qui, selon Bergson, en réalité n'existe pas, puisque le seul but du déterminisme des phénomènes vitaux est d'assurer à la physiologie le statut d'une science rigoureuse, tandis que le seul but de l'hypothèse d'une idée créatrice et directrice est d'en faire une science autonome. La philosophie de Bernard est plutôt liée à son projet épistémologique, à sa tentative de définir non pas la vie mais la science de la vie. Bien avant que les philosophes n'aient insisté sur le caractère symbolique et conventionnel de la science, il avait mesuré l'écart entre la logique de l'homme et celle de la nature : un écart venant du fait que la nature ne cache pas en elle-même un ensemble de lois emboîtées les unes dans les autres, mais une réalité infiniment plus complexe et mobile, porteuse d'une logique que le savant ne pourra jamais saisir complètement. Pour ce motif, selon Bernard, si nous ne sommes jamais assez prudents en vérifiant une hypothèse, nous ne serons jamais assez créatifs en la formulant : toute hypothèse devra être aussi audacieuse

[27] *Ibid.*, p. 1434.
[28] *Ibid.*, p. 1435.

(puisque « ce qui est absurde à nos yeux ne l'est pas nécessairement au regard de la nature ») que flexible, c'est-à-dire disposée à être remplacée par une autre qui adhérerait plus étroitement à l'expérience[29]. Science et philosophie peuvent partager ainsi un même objectif : s'opposer à l'*esprit de système*, à la tentative de renfermer la totalité des choses dans un quelconque principe dogmatique et absolu ; dilater la pensée, briser les cadres conceptuels abstraits, modeler les idées sur la réalité.

D'autre part, le caractère paradigmatique attribué à la connaissance du vivant met en lumière une difficulté inhérente à la connaissance de toute réalité. La pensée ne peut aborder la vie que si elle reconnaît son inaptitude fondamentale à en saisir la mobilité, la plasticité : de ce point de vue, le savoir biologique nous enseigne qu'une théorie, aussi flexible soit-elle, n'aura jamais la flexibilité des choses. L'hypothèse même de Bernard d'une idée créatrice du développement organique apparaît à Bergson comme un expédient théorique destiné à souligner la double originalité du vivant : par rapport aux phénomènes physiques et chimiques certes, mais également par rapport à nos schémas conceptuels. Comme il l'avait observé quelques années auparavant dans son *Évolution créatrice*, notre intelligence s'insurge contre l'idée d'une irréductible originalité du vivant : « C'est pourquoi la vie a beau évoluer sous nos yeux comme une création continue d'imprévisible forme : toujours l'idée subsiste que forme, imprévisibilité et continuité sont de pures apparences, où se reflètent autant d'ignorances »[30]. Cela veut dire qu'une théorie de la vie doit être accompagnée d'une critique de la connaissance ; dans le cas contraire, elle serait obligée d'accepter tels quels les concepts que l'intellect met à sa disposition, enfermant les faits dans des schémas préconstitués

[29] *Ibid.*, p. 1438. Sur le décalage entre la logique de l'homme et celle de la nature vivante, voir également H. Bergson, *L'Évolution créatrice* (1907), dans *Œuvres*, *op. cit.*, p. 489-494, et les observations critiques de Canguilhem, qui rapproche les positions des deux auteurs (*La Connaissance de la vie*, *op. cit.*, p. 50-51). Cf. M. Meletti Bertolini, « Conoscenza comune, scienza e filosofia. Note su alcuni momenti epistemologici del secondo Ottocento : Bergson tra Spencer e Bernard », *Filosofia*, 39, 1988, p. 19-44.

[30] H. Bergson, *L'Évolution créatrice*, *op. cit.*, p. 519.

et considérés comme définitifs[31]. Mais cela signifie aussi que, pour adhérer vraiment à son objet, une théorie de la vie doit essayer d'en reproduire l'activité originale et la créativité. Le problème, c'est que la pensée se trouve constamment en retard sur la créativité du vivant : alors qu'il existe une affinité de fond entre nos schémas logiques et la matière inerte, il est très difficile de repérer une découverte biologique due au raisonnement pur. Le plus souvent, « quand l'expérience a fini par nous montrer comment la vie s'y prend pour obtenir un certain résultat, nous trouvons que sa manière d'opérer est précisément celle à laquelle nous n'aurions jamais pensé »[32]. La seule stratégie permettant d'obvier à cette difficulté semble être celle de prendre comme modèle une activité consciente caractérisée par une activité inventive continuelle : la création artistique.

6.4. *La médiation de l'esthétique*

En 1904, élu à l'Académie des Sciences morales et politiques pour succéder à Ravaisson, Bergson présente une Notice sur « La vie et les œuvres de M. Félix Ravaisson-Mollien » qui demeure le document le plus significatif du lien étroit qui existait entre les deux auteurs. La coutume imposait au nouvel élu d'axer son discours sur la vie et l'œuvre de son prédécesseur, mais dans ce cas nous avons beaucoup plus qu'un éloge maniéré : les deux perspectives semblent plutôt se croiser à tel point qu'il est difficile de déterminer où finit la philosophie de l'un et où commence celle de l'autre. Des années plus tard, l'auteur de ces pages ne se dérobera pas au reproche d'avoir quelque peu *bergsonifié* Ravaisson[33] ; mais si cela est la limite

---

[31] *Ibid.*, p. 492. Sur les rapports entre vie et connaissance, non seulement dans *L'Évolution créatrice* mais dans tout l'itinéraire philosophique de Bergson, voir Fr. Worms, *Bergson ou les deux sens de la vie*, Paris, PUF, 2004.

[32] H. Bergson, *L'Évolution créatrice*, *op. cit.*, p. 490.

[33] Voir la note d'introduction au texte, ajoutée en 1932 (H. Bergson, « La vie et l'œuvre de Ravaisson », dans *Œuvres*, *op. cit.*, p. 1450, note 1). Sur les rapports entre Ravaisson et Bergson, cf. J. Beaufret, *Notes sur la philosophie en France au XIXe siècle*, *op. cit.* ; D. Janicaud, *Une généalogie du spiritua-*

de la Notice, c'en est aussi – du point de vue que nous sommes en train de considérer – l'aspect le plus intéressant : dans les pages dédiées à Ravaisson, nous verrons se préciser le trait d'union entre l'esthétique et le biologique qui conduit à une nouvelle notion de méthode.

Après avoir reconstitué les premières étapes de l'itinéraire philosophique de Ravaisson, Bergson souligne un élément qui lui semble décisif : les analogies entre la conception de la peinture exprimée par Léonard de Vinci et l'interprétation ravaissonnienne de la métaphysique d'Aristote ; des analogies fortes au point de faire de l'aristotélisme l'équivalent philosophique de l'art de Léonard et de suggérer une convergence essentielle au sein de la pensée même de Ravaisson :

> Toute la philosophie de M. Ravaisson dérive de cette idée que l'art est une métaphysique figurée, que la métaphysique est une réflexion sur l'art, et que c'est la même intuition, diversement utilisée, qui fait le philosophe profond et le grand artiste. M. Ravaisson prit possession de lui-même, il devint maître de sa pensée et de sa plume le jour où cette identité se révéla clairement à son esprit. L'identité se fit au moment où se rejoignirent en lui les deux courants distincts qui le portaient vers la philosophie et vers l'art[34].

Apparemment, le lien entre l'art et la métaphysique semble reposer sur une affinité de contenus : comme la peinture qui, pour Léonard de Vinci, doit représenter l'individualité du modèle en en restituant la façon particulière de « serpenter », la « ligne flexueuse » dans laquelle se concentre son âme secrète, de même la métaphysique aristotélicienne, pour Ravaisson, ébauche une perspective anti-idéaliste qui discerne dans la substance individuelle l'unique et véritable réalité, tout à fait actuelle car dotée d'une fin intrinsèque et pulsant d'une vie

---

lisme français, *op. cit.* ; Cl. Marin, « Ravaisson et Bergson : la science du vivant », in Fr. Worms (éd.), *Annales bergsoniennes III*, *op. cit.* p. 377-392.

[34] H. Bergson, « La vie et l'œuvre de Ravaisson », dans *Œuvres*, *op. cit.*, p. 1461.

propre[35]. Cependant, si l'on poursuit l'analyse de Bergson, on s'aperçoit que le lien entre l'art et la métaphysique participe essentiellement d'une affinité de stratégies : de la tendance commune à procéder non pas de façon analytique mais synthétique, c'est-à-dire non pas en décomposant la réalité en éléments matériels ou en formes logiques qui lui seraient propres, mais en assumant comme point de vue la totalité vivante, le dynamisme intime dont est animée toute existence concrète.

Bergson saisit fort bien le rôle exemplaire confié par Ravaisson à la philosophie d'Aristote : celle-ci n'apparaît pas tant comme une réflexion définie d'un point de vue historique, mais plutôt comme la seule alternative au matérialisme et à l'idéalisme, un modèle qu'il faut récupérer si l'on veut adapter la philosophie à la révolution théorique et méthodologique qu'a fait éclater, dans tous les domaines, l'étude approfondie du vivant. En effet, c'est là le point central vers lequel converge l'interprétation de Bergson : Ravaisson et son enseignement ont apporté une énorme contribution en ce qu'il a prédit la crise qui, justement à partir des sciences positives, aurait investi la conception mécanique de l'homme et de la nature, et en ce qu'il a compris qu'une nouvelle orientation générale se faisait jour, une façon de voir et de connaître les choses qui n'est plus empreinte des sciences physiques et mathématiques mais des sciences biologiques[36].

En résumant quelques passages du *Rapport sur la philosophie en France au XIXe siècle*, Bergson reconnaît explicitement que, pour Ravaisson, c'est la structure de l'objet examiné

---

[35] Bergson se réfère ici aux deux ouvrages de Ravaisson : l'*Essai sur la métaphysique d'Aristote*, et l'article « Dessin » rédigé pour le *Dictionnaire de Pédagogie et d'Instruction primaire*.

[36] « Que l'étude approfondie des phénomènes de la vie doive amener la science positive à élargir ses cadres et à dépasser le pur mécanisme où elle s'enferme depuis trois siècles, c'est une éventualité que nous commençons à envisager aujourd'hui, encore que la plupart se refusent à l'admettre. Mais, au temps où M. Ravaisson écrivait, il fallait un véritable effort de divination pour assigner ce terme à un mouvement d'idées qui paraissait aller en sens contraire » (H. Bergson, « La vie et l'œuvre de Ravaisson », dans *Œuvres*, *op. cit.*, p. 1469).

– la vie – qui détermine cette mutation de perspective : déjà, Comte avait admis, dans les sections du *Cours* portant sur la biologie, l'inadéquation de la méthode analytique face aux processus vitaux ; plus tard, lorsqu'il doit définir la spécificité du vivant par rapport aux domaines physique et chimique, Claude Bernard « arrive à l'hypothèse d'une idée directrice, et même créatrice, qui serait la cause véritable de l'organisation »[37]. Du reste, une fois mis l'accent sur le caractère autopoïétique de l'activité organique, comment continuer à expliquer la matière en termes d'inertie ou de mouvements mécaniques ? Bergson saisit parfaitement les implications métaphysiques du discours de Ravaisson mais il saisit tout aussi bien l'exigence – soulignée par ce dernier – de trouver dans le domaine artistique le modèle sur lequel penser la création vitale :

> Si la vie est une création, nous devons nous la représenter par analogie avec les créations qu'il nous est donné d'observer, c'est-à-dire avec celles que nous accomplissons nous-mêmes. Or, dans la création artistique, par exemple, il semble que les matériaux de l'œuvre, paroles et images pour le poète, formes et couleurs pour le peintre, rythmes et accords pour le musicien, viennent se ranger spontanément sous l'idée qu'ils doivent exprimer, attirés, en quelque sorte, par le charme d'une idéalité supérieure[38].

Jusqu'à quel point est-il permis d'attribuer à Bergson les positions sur la vie et la science de la vie, sur l'art et la métaphysique, qu'il ramène à Ravaisson ? On pourrait observer qu'entre les deux auteurs la convergence n'est pas toujours parfaite : par exemple, Bergson amplifie le rôle joué par les sciences biologiques (et, en particulier, par la conception de Claude Bernard) dilatant les cadres conceptuels de la philosophie, là où Ravaisson insiste plutôt sur le spiritualisme implicite qui unirait savants et philosophes engagés dans la recherche du

---

[37] *Ibid.*, p. 1467. Cf. F. Ravaisson, *Rapport sur la philosophie en France au XIXe siècle*, *op. cit.*, p. 128-139 (sur la philosophie biologique de Comte), et p. 172-181 (sur l'épistémologie de Claude Bernard).

[38] H. Bergson, « La vie et l'œuvre de Ravaisson », dans *Œuvres*, *op. cit.*, p. 1467-1468.

vivant. Néanmoins, l'emphase de Bergson semble significative, surtout si on la rapproche du silence de l'*Évolution créatrice*, où le nom du physiologiste n'est jamais cité, pas même lorsqu'on se réfère à ses théories les plus célèbres[39]. On pourrait en fait envisager que, dans l'ouvrage dédié à un philosophe considéré comme un maître, Bergson ait pu admettre implicitement sa dette théorique et méthodologique envers Bernard, tout en soulignant la fonction-clé assumée par la médiation ravaissonnienne. Il y aurait, nous semble-t-il, au moins deux conceptions empruntées à Bernard : l'irréductibilité de la vie à ses conditions physiques et chimiques[40] ; la définition de la vie comme création et l'idée conséquente d'une créativité naturelle, d'une morphogenèse qualitativement différente de la somme de ses éléments, même si Bergson en accentue un caractère d'imprévisibilité incompatible avec le déterminisme biologique de Bernard.

Dans l'*Évolution créatrice*, nous trouvons même des expressions qui rappellent nettement le lexique de Bernard : par exemple, quand Bergson affirme la continuité entre l'évolution de l'embryon et celle de l'organisme complet (« La poussée en vertu de laquelle l'être vivant grandit, se développe et vieillit,

---

[39] Par exemple, Bergson cite le concept de *milieu intérieur*, ou bien la distinction entre la vie comme *destruction* et la vie comme *création*. Pour un examen ponctuel des théories bernardiennes implicitement rappelées dans *L'Évolution créatrice*, voir Y. Conry, *L'Évolution créatrice d'Henri Bergson. Investigations critiques*, Préface de Fr. Dagognet, Paris, L'Harmattan, 2000 ; pour une confrontation entre Bernard et Bergson liée à leurs conceptions de fond, voir A. Prochianz, « La forme n'est qu'un instantané pris sur une transition », dans A. Fagot-Largeault, Fr. Worms (éds), *Annales bergsoniennes IV*, *op. cit.*, p. 201-211.

[40] En ce qui concerne cet aspect, Bergson pourrait se référer également à la grande tradition du vitalisme français et notamment à Barthez ; bien qu'il ne le cite pas expressément, il semble penser à l'auteur des *Nouveaux éléments* lorsqu'il observe : « Sans doute le “principe vital” n'explique pas grand-chose : du moins a-t-il l'avantage d'être une espèce d'écriteau posé sur notre ignorance et qui pourra nous la rappeler à l'occasion, tandis que le mécanisme nous invite à l'oublier » (*L'Évolution créatrice*, *op. cit.*, p. 530). Sur les convergences et les divergences entre Barthez et Bergson, nous renvoyons à H.-J. Han, « L'heuristique du vitalisme : le principe vital de Barthez et l'élan vital de Bergson », dans A. Fagot-Largeault, Fr. Worms (éds), *Annales bergsoniennes IV*, *op. cit.*, p. 147-161.

est celle même qui lui a fait traverser les phases de la vie embryonnaire »[41]), tout en reconnaissant que le vieillissement est sans doute accompagné de phénomènes de destruction organique auxquels s'attachera une explication mécaniste ; ou encore, lorsqu'il fait remarquer que, dans le domaine de la vie, « le calcul a prise, tout au plus, sur certains phénomènes de *destruction* organique. De la *création* organique, au contraire, des phénomènes évolutifs qui constituent proprement la vie, nous n'entrevoyons même pas comment nous pourrions les soumettre à un traitement mathématique »[42]. En outre, Bergson en appelle lui aussi à l'exemple de l'art pour illustrer les modalités de la création organique ; le plus curieux est que Bergson recoure à cet exemple au moment où il essaie de prendre les distances tant par rapport au mécanisme (qui se représente la nature comme « une immense machine régie par des lois mathématiques ») que par rapport au finalisme (qui distingue dans la nature la réalisation d'un plan déjà établi) :

L'une et l'autre doctrine répugnent à voir dans le cours des choses, ou même simplement dans le développement de la vie, une imprévisible création de forme. Le mécanisme n'envisage de la réalité que l'aspect similitude ou répétition. [...] Mieux se dégage la géométrie qu'il contient, moins il peut admettre que quelque chose se crée, ne fût-ce que de la forme. En tant que nous sommes géomètres, nous repoussons donc l'imprévisible. Nous pourrions l'accepter, assurément, en tant que nous sommes artistes, car l'art vit de création et implique une croyance latente à la spontanéité de la nature. Mais l'art désintéressé est un luxe, comme la pure spéculation. Bien avant d'être artistes, nous sommes artisans. Et toute fabrication, si rudimentaire soit-elle, vit sur des similitudes et des répétitions, comme la géométrie naturelle qui lui sert de point d'appui[43].

---

[41] H. Bergson, *L'Évolution créatrice*, *op. cit.*, p. 509-510.

[42] *Ibid.*, p. 511.

[43] *Ibid.*, p. 533. Dans l'*Évolution créatrice*, Bergson se réfère plusieurs fois à l'art pour représenter l'imprévisibilité de la vie, qu'elle soit biologique ou psychologique, et la manière dont il faut comprendre sa créativité : voir par exemple *ibid.*, p. 499-500, 571-572, 698-699.

Nous verrons comment les convergences indiquées plus haut justifient l'adhésion de Bergson à un point-clé de l'épistémologie bernardienne : la nature mimétique du savoir biologique, qui transforme le savant expérimentateur en inventeur de phénomènes, en contremaître de la création. En philosophie, cela se traduit par la recherche d'une méthode qui, d'après la double suggestion offerte par les créations biologique et artistique, sauvegarde non seulement l'individualité de ses objets, mais active une instance créative au niveau aussi bien conceptuel que linguistique.

6.5. *Mécanisme et langage*

La Préface du petit volume *Le Rire* (ajoutée par Bergson en 1924) risque d'étonner le lecteur, car l'auteur y déclare que la méthodologie de l'œuvre « consiste à déterminer les *procédés de fabrication* du comique »[44]. Même s'il est fait allusion dans ce contexte à l'intention d'interroger la réalité concrète du comique, sans se borner à le définir, le terme *fabrication* conserve une valeur mécanique, liée à la logique instrumentale de l'activité pratique humaine : fabriquer veut dire « assembler des parties de matière qu'on a taillées de telle façon qu'on puisse les insérer les unes dans les autres et obtenir d'elles une action commune »[45]. Néanmoins, au fil de la lecture de cet ouvrage, la méthode apparaît cohérente avec l'objet examiné. En dépit de ses multiples aspects et facettes, le comique peut rentrer dans une formule aussi générale que concise : *« du mécanique plaqué sur du vivant »*[46]. Mécanisme, réversibilité, artifice, répétition, interférence entre différentes séries sont les signaux indicateurs d'une perte de l'élan vital, d'une fascination exercée sur l'âme par la matière, d'une rechute dans l'inorganique. Mais ce sont là les traits communs au comique de

[44] H. Bergson, *Le Rire. Essai sur la signification du comique* (1900), dans *Œuvres*, *op. cit.*, p. 383.

[45] H. Bergson, *L'Évolution créatrice*, *op. cit.*, p. 573, où la fabrication est opposée à l'activité organique.

[46] H. Bergson, *Le Rire*, *op. cit.*, p. 405.

situation, de mots et de caractère : ce qu'il y a toujours de risible, c'est « une certaine *raideur de mécanique* là où l'on voudrait trouver la souplesse attentive et la vivante flexibilité d'une personne »[47].

Voilà pourquoi le comique s'oppose d'une part à la vitalité, d'autre part à la catégorie esthétique qui y est étroitement liée, c'est-à-dire la grâce. En d'autres termes, le comique possède un statut ambivalent : dès lors qu'il dénonce, en provoquant la sanction du rire, la dégradation de la vie dans la rigidité d'un automatisme, il entre dans le territoire de l'art ; dès lors qu'il adopte une méthodologie de classement et d'observation extérieure (en transformant par exemple les personnages en types généraux : l'avare, le misanthrope, etc.), il entre dans le territoire de l'existence pratique, qui ne sélectionne dans les objets que « l'impression *utile* pour y répondre par des réactions appropriées »[48].

En effet, ordinairement, nous ne percevons que ce qui peut constituer un éventuel champ d'action, ce qui nous permet d'entrer en relation avec les objets et le monde environnant ; les choses ne sont classées qu'en vertu de l'avantage que nous pourrions en tirer et les sentiments mêmes sont expérimentés dans leur généralité, dans leur aspect impersonnel : « Ainsi, jusque dans notre propre individu, l'individualité nous échappe »[49]. L'ambivalence du comique reflète la structure paradoxale de l'existence qui d'un côté est création (comme l'expérience de la durée intérieure nous le laisse parfois percevoir) et de l'autre abstraction et simplification (comme nous le percevons bien plus souvent dans l'expérience parcellisée de l'action). Dans cette perspective, réapparaît la cri-

---

[47] *Ibid.*, p. 391.

[48] *Ibid.*, p. 459. Cette conception pragmatiste des fonctions mentales avait déjà été exposée par Bergson dans l'*Essai sur les données immédiates de la conscience* (où la dimension de la durée intérieure est opposée à la dimension extérieure et homogène du moi superficiel, plié aux exigences de la vie sociale) et dans *Matière et mémoire* (où il est affirmé qu'entre la perception et le souvenir il existe une différence de nature : tandis que la première est destinée à l'action, aux exigences pratiques de la vie présente, le second est désintéressé et essentiellement impuissant).

[49] H. Bergson, *Le Rire*, *op. cit.*, p. 460.

tique bergsonienne du langage en tant que début de solidification de la réalité vivante :

Enfin, pour tout dire, nous ne voyons pas les choses mêmes ; nous nous bornons, le plus souvent, à lire des étiquettes collées sur elles. Cette tendance, issue du besoin, s'est encore accentuée sous l'influence du langage. Car les mots (à l'exception des noms propres) désignent des genres. Le mot, qui ne note de la chose que sa fonction la plus commune et son aspect le plus banal, s'insinue entre elle et nous, et en masquerait la forme à nos yeux si cette forme ne se dissimulait déjà derrière les besoins qui ont créé le mot lui-même[50].

Lié par une profonde complicité à la stratégie cognitive de l'intelligence, le langage ne dissimule pas seulement l'individualité des choses et des êtres ; il cèle aussi l'originalité et la spécificité de nos états d'âme, « la mélodie ininterrompue de notre vie intérieure ». Dans un seul cas l'artifice se brise et l'expression linguistique est fidèle au dynamisme du réel : en tant que perception désintéressée, l'art soulève le voile qui s'interpose entre nous et les choses, entre nous et nous-mêmes et inaugure en même temps une autre manière de signifier. Tout d'abord, il écarte « les symboles pratiquement utiles, les généralités conventionnellement et socialement acceptées » ; ensuite, par le truchement de formes et de couleurs, de mots et de sons, il anime le langage d'une vie originale et il nous communique « des choses que le langage n'était pas fait pour exprimer »[51]. Les instruments d'expression demeurent les mêmes, mais c'est leur utilisation qui change : l'art propose un usage créatif du langage qui sert de leçon à la philosophie elle-même, lorsque celle-ci est une métaphysique positive ayant pour cible l'intuition du réel.

---

[50] *Ibidem*. Bergson avait déjà souligné le lien entre abstraction et langage dans l'*Essai sur les données immédiates de la conscience*. Cf. aussi Id., *Cours I. Leçons de psychologie et de métaphysique*, édition établie par H. Hude, Paris, PUF, 1990, p. 188-198, 212-226, et *Cours II*, *op. cit.*, p. 376-393.

[51] H. Bergson, *Le Rire*, *op. cit.*, p. 459.

6.6. *La métaphysique entre la science et l'art*

Dans un article publié en 1903 sous le titre « Introduction à la métaphysique », Bergson explicite son programme philosophique en distinguant deux différentes manières de connaître le réel : l'analyse et l'intuition. La première, celle de la science positive, « dépend du point de vue où l'on se place et des symboles par lesquels on s'exprime » ; en d'autres termes, quelques points de vue que nous puissions multiplier, nous aurons toujours une vision extérieure et partielle de l'objet. Par exemple, toutes les photographies d'une ville prises de toutes les perspectives possibles n'équivaudront jamais à cet exemplaire en relief qui est la ville où l'on se promène ; toutes les traductions d'un poème dans toutes les langues possibles ne rendront jamais le sens intérieur de l'original. En revanche la deuxième, celle de la métaphysique, nous transporte « à l'intérieur d'un objet pour coïncider avec ce qu'il a d'unique et par conséquent d'inexprimable » ; nous n'aurons plus toute une série de points de vue successifs et de notations partielles, mais l'objet nous sera donné tout d'un coup dans son intégralité. Autrement dit, la métaphysique, en tant qu'intuition de l'expérience intégrale, « *est la science qui prétend se passer de symboles* »[52].

En se fondant sur ce passage et bien d'autres disséminés dans les œuvres de Bergson, la critique a souvent souligné autant l'opposition entre la science et la métaphysique que la fonction exclusivement négative attribuée par Bergson au langage, qui constituerait par essence un *medium* inadapté pour exprimer l'intuition. En réalité, la position de Bergson nous semble plus complexe : il polémique, plus que contre la science tout court, contre le monisme méthodologique de matrice positiviste[53]. De la même manière, ce n'est pas tant contre le

[52] H. Bergson, « Introduction à la métaphysique », dans *Œuvres*, *op. cit.*, p. 1393, 1395, 1396.

[53] Dans une note ajoutée en 1934, Bergson précise qu'il est commode d'appeler « scientifique » la première connaissance, et « métaphysique » la seconde, même si chez de grand savants comme Galilée ou Newton l'invention d'une nouvelle méthode d'analyse a été inspirée par l'intuition du

langage tout court qu'il polémique, mais plutôt contre les stéréotypes et les conventions linguistiques, contre un mauvais usage du langage risquant de dépouiller de son utilité le travail philosophique[54]. Celui-ci se différencie non seulement de l'analyse scientifique, mais également du travail habituel de l'intelligence, destiné aux divers intérêts de la vie pratique. Habituellement, penser signifie aller des concepts aux choses, c'est-à-dire prendre des concepts préfabriqués, dont la signification a déjà été établie, puis étiqueter une multiplicité de choses sous ces concepts, sans se soucier des milliers de nuances qui les séparent. Comme les vêtements de confection iront aussi bien à Pierre qu'à Paul, ces concepts siéent à tout un chacun, puisqu'ils n'épousent la forme d'aucun. Mais philosopher consiste, précisément, « *à invertir la direction habituelle du travail de la pensée* »[55]. On n'ira plus des concepts aux choses, mais des choses aux concepts ; on n'utilisera plus de concepts déjà faits, mais on travaillera sur mesure en *taillant*, pour tout nouvel objet d'étude, un concept approprié à ce seul objet. Or un concept de ce genre (individuel, singulier, modelé sur l'objet qu'il se propose de connaître) reste-t-il encore un concept ? Et comment le philosophe procédera-t-il, lorsqu'il voudra exprimer sa pensée sur l'objet, communiquer son intuition à d'autres ?

---

dessin des choses. Néanmoins, « il est incontestable que la connaissance appuie dans une direction bien définie quand elle dispose son objet en vue de la mesure, et qu'elle marche dans une direction différente, inverse même, quand elle se dégage de toute arrière-pensée de relation et de comparaison pour *sympathiser* avec la réalité. Nous avons montré que la première méthode convenait à l'étude de la matière et la seconde à celle de l'esprit, qu'il y a d'ailleurs empiétement réciproque des deux objets l'un sur l'autre et que les deux méthodes doivent s'entraider » (*ibid.*, p. 1392-1393, note 1).

[54] Bergson revient plusieurs fois sur l'inadéquation philosophique du langage : voir par exemple *L'Évolution créatrice*, *op. cit.*, p. 628-633, 725-747, et « Introduction (Deuxième partie). De la position des problèmes » (1922), dans *La Pensée et le Mouvant* (1934), *Œuvres*, *op. cit.*, p. 1271-1330. Sur ce thème, l'interprétation de V. Mathieu, *Bergson*, *op. cit.*, reste fondamentale.

[55] H. Bergson, « Introduction à la métaphysique », dans *Œuvres*, *op. cit.*, p. 1422.

L'intelligence se dirige vers ce que le réel a de stable et de solide[56]. En conséquence, elle est à son aise dans la matérialité, dont elle recherche les rapports réguliers et les lois invariables : c'est le même modèle de pensée – schématique, analytique, symbolique – qui informe la vie pratique et les sciences physiques et mathématiques, dans lesquelles l'intelligence ne doit rien faire d'autre que suivre son inclination naturelle. Le problème surgit si l'on tente d'appliquer ce modèle – qui se sert forcément d'idées abstraites, de concepts généraux – à la recherche métaphysique, avec le double effet d'immobiliser l'objet et d'en décomposer l'unité concrète en éléments, en notations partielles correspondant à leur tour à autant d'expressions symboliques. En fait, tout comme on n'obtient pas le concret indivisible du réel en en sommant et juxtaposant les fragments, on ne peut passer de l'analyse à l'intuition, de la fixité des concepts à la mobilité, à la réalité vécue des choses. Cette réalité est une durée qui se fait continuellement ; elle peut nous être suggérée indirectement par des images, mais « elle ne saurait – si on laisse au mot “concept” son sens propre – s'enfermer dans une représentation conceptuelle »[57].

D'où le paradoxe de la métaphysique, car à l'instar des autres sciences, celle-ci doit en appeler à des déterminations analytiques extérieures, à des concepts. Mais d'autre part, elle doit aller par-delà la dimension conceptuelle. En direction de quoi ? Peut-être est-ce une opposition récurrente dans cet essai qui contient la réponse à cette question, et plus exactement l'opposition entre original et traduction, entre création et reproduction. Toutes les traductions d'un poème, soutient Bergson, ne rendront jamais le sens intérieur de l'original. Pareillement, il est impossible de déduire le sens du poème d'après la forme des lettres qui le composent ou les intervalles qui le divisent.

[56] H. Bergson, *L'Évolution créatrice*, *op. cit.*, p. 489-490. Voir aussi « Le possible et le réel » (1920), dans *La Pensée et le Mouvant* (1934), *Œuvres*, *op. cit.*, p. 1331-1344.

[57] H. Bergson, « Introduction à la métaphysique », dans *Œuvres*, *op. cit.*, p. 1402.

Vous avez cherché la signification du poème dans la forme des lettres qui le composent, vous avez cru qu'en considérant un nombre croissant de lettres vous étreindriez enfin la signification qui fuit toujours, et en désespoir de cause, voyant qu'il ne servait à rien de chercher une partie du sens dans chacune des lettres, vous avez supposé qu'entre chaque lettre et la suivante se logeait le fragment cherché du sens mystérieux ! Mais les lettres, encore une fois, ne sont pas des parties de la chose, ce sont des éléments du symbole[58].

Que perd-on dans les deux cas ? Le dynamisme perpétuel du langage qui doit animer le rapport entre le sens et les formes d'expression, un usage créatif du langage qui se voit trahi par la littéralité de l'expression dans la mesure où celle-ci prétend coïncider avec la chose même dont nous voulons parler. Bergson écrira plus tard : « il y a des cas où c'est le langage imaginé qui parle sciemment au propre, et le langage abstrait qui parle inconsciemment au figuré »[59].

Sous cet angle s'explique le recours aux images pour décrire la durée, non pas parce qu'elles peuvent en rendre le sens original, mais plutôt pour leur impuissance évidente à le saisir, pour leur capacité à détourner l'attention du lecteur sur le problème de la production du sens, sur l'effort nécessaire pour atteindre l'intuition[60]. Cet effort est essentiellement créatif. Nul ne peut l'accomplir à notre place, ni le communiquer sous forme d'une traduction conceptuelle prédéfinie. Invertir la direction habituelle de la pensée, signifie refonder sans cesse

---

[58] *Ibid.*, p. 1414. Par contre, « un empirisme vrai est celui qui se propose de serrer d'aussi près que possible l'original lui-même, d'en approfondir la vie, et, par une espèce d'auscultation spirituelle, d'en sentir palpiter l'âme ; et cet empirisme vrai est la vraie métaphysique » (*ibid.*, p. 1408).

[59] H. Bergson, « Introduction (Deuxième partie). De la position des problèmes », dans *Œuvres*, *op. cit.*, p. 1285.

[60] « Or, l'image a du moins cet avantage qu'elle nous maintient dans le concret. Nulle image ne remplacera l'intuition de la durée, mais beaucoup d'images diverses, empruntées à des ordres de choses très différents, pourront, par la convergence de leur action, diriger la conscience sur le point précis où il y a une certaine intuition à saisir. En choisissant les images aussi disparates que possible, on empêchera l'une quelconque d'entre elles d'usurper la place de l'intuition qu'elle est chargée d'appeler, puisqu'elle serait alors chassée tout de suite par ses rivales » (H. Bergson, « Introduction à la métaphysique », dans *Œuvres*, *op. cit.*, 1399).

ses catégories : s'affranchir « des concepts raides et tout faits pour *créer* des concepts bien différents de ceux que nous manions d'habitude, je veux dire des représentations souples, mobiles, presque fluides, toujours prêtes à se mouler sur les formes fuyantes de l'intuition »[61].

Il ne s'agit pas de renoncer à la rigueur philosophique, mais d'instituer un modèle de rationalité qui, à l'instar du savoir biologique[62], suive la réalité dans ses moindres replis, se crée en même temps que son objet, en trouvant dans l'art un moment exemplaire et paradigmatique. L'intuitionnisme bergsonien peut être lu comme la tentative de décliner ce paradigme dans un sens philosophique, d'explorer un nouveau lien entre la science et la philosophie à travers la médiation du domaine de l'art : « [...] quand la philosophie prend pour modèle les sciences de la vie, un nouveau problème se pose : sur quel modèle penser la vie ? C'est alors que l'art entre dans la métaphysique pour lui fournir l'image grossissante d'un acte créateur »[63].

---

[61] *Ibid.*, p. 1401-1402. Souligné par nous-mêmes.

[62] Bergson remarque que même « les plus concrètes des sciences de la nature, les sciences de la vie, s'en tiennent à la forme visible des êtres vivants, de leurs organes, de leurs éléments anatomiques. Elles comparent les formes les unes aux autres, elles ramènent les plus complexes aux plus simples, enfin elles étudient le fonctionnement de la vie dans ce qui en est, pour ainsi dire, le symbole visuel » (*ibid.*, p. 1396). Il semble cependant évident qu'il se réfère ici à l'anatomie ou à la physiologie comme *anatome animata*. Par contre, lorsqu'il se réfère à la nouvelle physiologie expérimentale de Claude Bernard, il souligne la leçon philosophique que l'on peut tirer d'une science de la vie correctement comprise : « Travaillons donc à dilater notre pensée ; forçons notre entendement; brisons, s'il le faut, nos cadres ; mais ne prétendons pas rétrécir la réalité à mesure de nos idées, alors que c'est à nos idées de se modeler, agrandies, sur la réalité » (H. Bergson, « La philosophie de Claude Bernard », dans *Œuvres*, *op. cit.*, p. 1439). Du reste, comme le précise Bergson dans l'*Évolution créatrice* (*op. cit.*, p. 519), c'est justement l'objet biologique qui exige une « marche inverse » de celle employée dans les sciences physico-chimiques : « En vain, nous poussons le vivant dans tel ou tel de nos cadres. Tous les cadres craquent. Ils sont trop étroits, trop rigides surtout pour ce que nous voudrions y mettre. Notre raisonnement, si sûr de lui quand il circule à travers des choses inertes, se sent d'ailleurs mal à son aise sur ce nouveau terrain ».

[63] H. Gouhier, « Introduction » à H. Bergson, *Œuvres*, *op. cit.*, p. XXIX.

BIBLIOGRAPHIE

I. Le vitalisme de Montpellier

a) *Sources*

Barthez P.-J., « Observations sur la Constitution épidémique de l'année 1756 dans le Cotentin », *Mémoires de Mathématiques et de Physique de l'Académie royale des Sciences*, t. III, 1760, p. 438.

– *Nouveaux éléments de la Science de l'Homme* (1778), 2e éd. élargie et revue, 2 vol., Paris, Goujon-Brunot, 1806.

– « Nouvelles recherches sur la déclamation théâtrale des anciens Grecs et Romains », *Magasin encyclopédique*, janvier 1801, p. 209.

– *Traité des maladie goutteuses*, 2 vol., Paris, Déterville, 1802.

– « Réponse à M. de Villoison sur le *Diverbium* », *Magasin encyclopédique*, juin 1805, p. 109.

– « Littérature grecque. Suite des nouvelles recherches sur la déclamation théâtrale des anciens Grecs et Romains », *Magasin encyclopédique*, novembre 1805, p. 1-19.

– « Nouvelles remarques sur le rythme chez les Grecs et les Latins », *Magasin encyclopédique*, janvier 1806, p. 1-20.

– *Théorie du beau dans la nature et les arts*, ouvrage posthume mis en ordre et publié par son frère A. Barthez, Paris, Colin, 1807.

Batteux Ch., *Les Beaux-Arts réduits à un même principe* (1746), Paris, Desaint et Saillant, 1770 (Genève, Slatkine Repr., 1969).

Baumgarten A.G., *Meditationes philosophicae de nonnullis ad Poema pertinentibus*, Halle, 1735.

– *Aesthetica*, 2 vol., Frankfurt a.d. Oder, 1750-1758 (réimpr. Hildesheim-New York, G. Olms, 1986).

– *Esthétique* (§§ 1-77, 423-504, 555-612), précédée des *Méditations philosophiques sur quelques sujets se rapportant à l'essence du poème* et de la *Métaphysique* (§§ 501 à 623), trad. fr., présentation et notes par J.-Y. Pranchère, Paris, L'Herne, 1988.

BAUMGARTEN A.G, KANT I., *Il battesimo dell'estetica*, Introduction et éd. it. par A. Amoroso, Pisa, Ets, 1993.

BICHAT X., *Recherches physiologiques sur la vie et la mort* (1800), Verviers, Éditions Gérard & Co., 1973.

BORDEU TH. DE, *Dissertatio Physiologica de Sensu Generice Considerato* (1742), dans *Œuvres Complètes de Bordeu*, précédées d'une Notice sur sa vie et ses ouvrages par M. le Chevalier de Richerand, 2 vol., Paris, Caille et Ravier, 1818 (sigle OCB), t. I, p. 1-13.

– *Chilificationis Historia* (1743), dans OCB, t. I, p. 14-35.

– *Recherches anatomiques sur la position des glandes et sur leur action* (1751), dans OCB, t. I, p. 45-208.

– article « Crise » (1754), dans D. Diderot, J.-B. D'Alembert *et al.*, *Encyclopédie, ou Dictionnaire raisonné des sciences, des arts et des métiers* (1751-1780), nouv. impr. en facs. de la 1re éd. en 35 vol., Stuttgart-Bad Cannstatt, Frommann-Holzboog, 1966 (abréviation *Enc.*), t. IV, p. 471-489.

– *Recherches sur les pouls* (1754), dans OCB, t. I, p. 253-421.

– *Recherches sur les crises* (1756), dans OCB, t. I, p. 209-252.

– *Recherches sur l'histoire de la médecine* (1768), dans OCB, t. II, p. 548-734.

– *Correspondance*, édition critique présentée et annotée par M. Fletcher, 4 vol., Montpellier, Centre national de la Recherche scientifique et Université Paul Valéry, 1977-1979.

BUFFON G.-L. L. DE, *Histoire générale des animaux* (1749), dans *Œuvres philosophiques*, éd. J. Piveteau, Paris, PUF, 1954.

BURKE E., *A Philosophical Enquiry into the Origin of Our Ideas of the Sublime and Beautiful* (1759²), éd. J.T. Boulton, London, Routledge and Kegan Paul, 1958.

CROUSAZ J.-P. DE, *Traité du Beau* (1714), 2e éd. revue et augmentée, 2 vol., Amsterdam, L'Honoré & Chatelain, 1724 (Genève, Slatkine Repr., 1970).

DESCARTES R., *Traité de l'Homme* (1664), dans *Œuvres de Descartes*, 11 vol., éd. Ch. Adam, P. Tannery, Paris, Cerf, 1896-1909, t. XI, p. 119-215.

DIDEROT D., article « Beau » (1751), dans *Enc.*, t. II, p. 169-181.

– *Pensées sur l'interprétation de la nature* (1753), texte établi et présenté par J. Varloot, commentaire de H. Dieckmann, J. Varloot, dans *Œuvres complètes*, éd. H. Dieckmann, J. Proust, J. Varloot *et al.*, Paris, Hermann, 1975 et suiv. (sigle DPV), t. IX : *Idées III.*

– *Essais sur la peinture* (1766), texte établi et présenté par G. May, dans DPV, t. XIV : *Beaux-Arts I.*

– *Salon de 1767*, texte établi par A. Lorenceau, commentaire de E.M. Bukdahl, M. Denon, dans DPV, t. XVI : *Beaux-Arts III.*

– *Le Rêve de d'Alembert* (1769), texte établi par G. Dulac, présentation et commentaire par J. Varloot, dans DPV, t. XVII : *Idées IV.*

– *Éléments de physiologie*, texte établi, présenté et commenté par P. Quintili, Paris, Honoré Champion, 2004.

DU BOS J.-B., *Réflexions critiques sur la poésie et sur la peinture* (1719), 3 vol., Paris, Pissot, 1770 (Genève, Slatkine Repr., 1967).

FOUQUET H., article «Sensibilité, Sentiment» (1766), dans *Enc.*, t. XV, p. 38-52.

HALLER A. VON, *Primae lineae physiologie*, Gottingae, Vandenhoeck, 1747 ; trad. fr. P. Tarin, *Eléments de physiologie, ou Traité de la structure et des usages des différentes parties du corps humain*, Paris, Prault fils, 1752 (réimpr. Hildesheim-New York, G. Olms, 1974).

– « De partibus corporis humani sensibilibus et irritabilibus », *Commentarii Societatis Regiae Scientiarum Gottingensis*, 1752, t. II, p. 114-158 ; trad. fr. M. Tissot, *Dissertation sur les parties irritables et sensibles des animaux*, Lausanne, Bousquet, 1755.

HERDER J.C., *Übers Erkennen und Empfinden in der menschlichen Seele* (1774[1] et 1775[2]), dans *Werke*, t. II, éd. W. Pross, München-Wien, Hanser, 1987.

HOFFMANN F., *Medicinae rationalis systematicae*, 8 vol., Venetiis, apud Ballionem, 1730-1739 ; trad. fr. J.-J. Bruhier, *La Médecine raisonnée*, 9 vol., Paris, Briasson, 1739-1743.

HUME D., *Of the Standard of Taste* (1757), dans *The Philosophical Works of David Hume*, t. III, éd. T.H. Green, T.H. Grose, Darmstadt, Scientia Verlag Aalen, 1964.

HUTCHESON F., *An Inquiry into the Original of Our Ideas of Beauty and Virtue in Two Treatises* (1725), éd. W. Leidhold, Indianapolis, Liberty Fund, 2008 ; trad. fr. M.-A. Eidous, *Recherches sur l'origine des idées que nous avons de la beauté et de la vertu*, 2 vol., Amsterdam, Durand, 1750.

KANT I., *Kritik der reinen Vernunft*, 1781[1] et 1787[2], dans *Kant's gesammelte Schriften*, hrsg. von der Königlich Preußischen Akademie der Wissenschaften, Berlin, Reimer, 1902 et suiv., t. III-IV ; trad. fr. J. Barni revue et corrigée par A.J.-L. Delamarre, F. Marty, *Critique de la raison pure*, dans *Œuvres philosophiques*, éd. F. Alquié, 3 vol., Paris, Gallimard, 1980-1986, t. I.

– *Kritik der Urtheilskraft* (1790), dans *Kant's gesammelte Schriften*, *op. cit.*, t. V, p. 165-485 ; trad. fr. A. Philonenko, *Critique de la faculté de juger*, Paris, Vrin, 1965.

LAMARCK J.-B. DE, *Recherches sur l'organisation des corps vivants*, Paris, Maillard, 1802.

MAUPERTUIS P.-L. MOREAU DE, *Système de la nature* (1751), dans *Œuvres*, nouv. éd. corrigée et augmentée, 4 vol., Lyon, Jean-Marie Bruyset, 1768, t. II.

MENDELSSOHN M., *Briefe über die Empfindungen* (1755), dans *Gesammelte Schriften*, t. I : *Schriften zur Philosophie und Ästhetik*, éd. F. Bamberger, Berlin, Akademie Verlag, 1929 (réimpr. Stuttgart-Bad Cannstatt, Frommann-Holzboog, 1971), p. 41-123.

MENURET DE CHAMBAUD J.-J., article « Observation » (1765), dans *Enc.*, t. XI, p. 313-321.

SAINT-LAMBERT J-F. DE, article « Génie » (1757), dans *Enc.*, t. VII, p. 581-584.

STAHL G.E., *Disquisitio de mechanismi et organismi diversitate*, Halle, Sumptibus & Impensis Orphanotrophei, 1706 ; trad. fr. *Recherches sur la différence qui existe entre le Mécanisme et l'Organisme*, dans *Œuvres médico-philosophiques et pratiques de G.E. Stahl*, traduites et commentées par Th. Blondin, 6 vol., Paris, J.-B. Baillière et fils, 1859-1863, t. II : *Traités divers*, p. 177-251.

– *Demonstratio de mixti et vivi corporis vera diversitate*, Halle, Sumptibus & Impensis Orphanotrophei, 1707 ; trad. fr. *Véritable distinction à établir entre le Mixte et le Vivant du corps humain*, dans *Œuvres médico-philosophiques et pratiques de G.E. Stahl*, *op cit.*, t. II : *Traités divers*, p. 253-387.

SULZER J.G., *Untersuchung über den Ursprung der angenehmen und unangehnemen Empfindungen*, dans *Vermischte philosophische Schriften*, Aus den Jahrbüchern der Akademie der Wissenschaften zu Berlin gesammelt, Leipzig, 1773 (réimpr. Hildesheim-New York, G. Olms, 1974), p. 1-98.

TREVINARUS G.R., *Biologie, oder Philosophie der lebenden Natur für Naturforscher und Ärzte*, 6 vol., Göttingen, Röwer, 1802-1822.

b) *Études*

AMOROSO L., *Ratio & aesthetica. La nascita dell'estetica e la filosofia moderna*, Pisa, Ets, 2000.

ASTRUC P., « Les sciences médicales et leurs représentants dans l'*Encyclopédie* », *Revue d'histoire des sciences*, IV, 3-4, 1951, p. 359-368.

BECQ A., *Genèse de l'esthétique française moderne. De la Raison classique à l'Imagination créatrice (1680-1814)*, Paris, Albin Michel, 1994.

BERNIER R., « La notion de principe vital chez Barthez », *Archives de philosophie*, XXXV, 3, 1972, p. 423-441.

BITBOL-HESPERIES A., *Le principe de vie chez Descartes*, Paris, Vrin, 1990.

BOLLINO F., *Teoria e sistema delle belle arti. Charles Batteux e gli* esthéticiens *del sec. XVIII*, Modena, Mucchi, 1976.

BOURY D., « Théophile de Bordeu : source et personnage du *Rêve de D'Alembert* », *Recherches sur Diderot et sur l'Encyclopédie*, 34, 2003, p 11-34.

– *La Philosophie médicale de Théophile de Bordeu (1772-1776)*, Paris, Honoré Champion, 2004.

CANGUILHEM G., « Du singulier et de la singularité en épistémologie biologique » (1962), dans *Études d'histoire et de philosophie des sciences* (1968), 7e éd. augmentée, Paris, Vrin, 1994, p. 211-225.

– « La constitution de la physiologie comme science » (1963), dans *Études d'histoire et de philosophie des sciences*, *op. cit.*, p. 226-273.

– « La physiologie animale », dans M. Savorelli, L. Tullio (éds), *Storia generale delle scienze*, t. II : *La scienza moderna dal 1450 al 1800*, Firenze, Edizioni Casini, 1965, p. 526-530.

CHANCEREL J.-E., *Recherches sur la pensée biologique de Stahl*, Paris, Imprimerie Dubois et Bauer, 1934.

CHEUNG, T., « Tonische Bewegung, Energie und *ratio* : Georg Ernst Stahls Agentenmodell des *Organismus* und die kategorielle Differenz zwischen Lebendigem und Unlebendigem », *Early Science and Medecine*, XII, 4, 2007, p. 337-375.

CHOUILLET J., *La Formation des idées esthétiques de Diderot*, Paris, Colin, 1973.

– « Esthétique et philosophie dans l'œuvre de Diderot », *Revue Internationale de Philosophie*, CXLVIII, 9, 1984, p. 140-157.

CIMINO G., DUCHESNEAU FR. (éds), *Vitalism from Haller to the Cell Theory*, Firenze, Olschki, 1997.

D'ANGELO P., *L'estetica del Romanticismo*, Bologna, Il Mulino, 1997.

DIECKMANN H., « Théophile de Bordeu und Diderots *Rêve de D'Alembert* », *Romanische Forschungen*, LII, 1938, p. 55-122.

DI TROCCHIO F., « Fisiologia e meccanica newtoniana in Paul-Joseph Barthez », *Medicina nei secoli*, XV, 1, 1978, p. 93-108.

– *Automa e vita. Saggio sulla fisiologia di P.-J. Barthez*, Roma, Edizioni Studium, 1981.

– « Paul-Joseph Barthez et l'*Encyclopédie* », *Revue d'histoire des sciences*, XXXIV, 2, 1981, p. 123-136.

DUCHESNEAU FR., *La Physiologie des Lumières. Empirisme, modèles et théories*, La Haye, M. Nijhoff, 1982.

DUFLO C., « La nature ne fait rien d'incorrect. Forme artistique et forme naturelle chez Diderot », dans A. Ibrahim (éd.), *Diderot et la question de la forme*, Paris, PUF, 1999, p. 61-86.

– « Diderot et Ménuret de Chambaud », *Recherches sur Diderot et sur l'Encyclopédie*, 34, 2003, p. 25-44.

DULIEU L., « Les articles d'Henri Fouquet dans l'*Encyclopédie* », *Revue d'histoire des sciences*, V, 1, 1952, p. 18-25.

– « Paul-Joseph Barthez », *Revue d'histoire des sciences*, XXIV, 2, 1971, p. 149-176.

– *La Médecine à Montpellier*, 4 vol., Avignon, Les Presses Universelles, 1975-1990.

FERRY L., *La Naissance de l'esthétique*, Paris, Cercle d'Art, 2004.

FOUCAULT M., *Les Mots et les Choses*, Paris, Gallimard, 1966.

FRANZINI E., *L'estetica del Settecento*, Bologna, Il Mulino, 1995.

HAIGH E. V., *Roots of the Vitalism of Xavier Bichat*, The University of Wisconsin, Ph. Dissertation, 1973.

IBRAHIM A., « Maupertuis dans *Le Rêve de D'Alembert* : l'essaim d'abeilles et le polype », *Recherches sur Diderot et sur l'Encyclopédie*, 34, 2003, p. 71-83.

– *Diderot. Un matérialisme éclectique*, Paris, Vrin, 2010.

JOURDAN A.-J.-L. (éd.), article « Barthez », dans *Dictionnaire des sciences médicales : Biographie médicale*, t. I, Paris, Panckoucke, 1820, p. 572-588.

KAITARO T., *Diderot's Holism. Philosophical Anti-Reductionism and Its Medical Background*, Frankfurt a. Main, P. Lang, 1997.

KRISTELLER P.O., « The Modern System of the Arts : A Study in the History of Aesthetics », *Journal of the History of Ideas*, XII, 4, 1951, p. 496-527, et XIII, 1, 1952, p. 17-46.

LAVABRE-BERTRAND T., « Barthez et le vitalisme », dans L. Dulieu (éd.), *La médecine à Montpellier du XII*[e] *au XX*[e] *siècle*, Paris, Hervas, 1990, p. 142-144.

– « Le vitalisme de l'École de Montpellier », dans P. Nouvel (éd.), *Repenser le vitalisme. Histoire et philosophie du vitalisme*, Paris, PUF, 2011, p. 57-71.

LEMOINE A., *Le vitalisme et l'animisme de Stahl*, Paris, G. Baillière, 1864.

LORDAT J., *Exposition de la doctrine médicale de P.-J. Barthez et mémoires sur la vie de ce médecin*, Paris, Gabon, 1818.

MALINOWSKI-CHARLES S., « Entre rationalisme et subjectivisme. L'esthétique de Jean-Pierre de Crousaz », *Revue de Théologie et de Philosophie*, CXXXVI, 1, 2004, p. 7-21.

MAZZOCUT-MIS M. (éd.), *Entrare nell'opera : I* Salons *di Diderot. Sezione antologica e analisi critica*, Firenze, Le Monnier Università, 2012.

METZEGER H., *Newton, Stahl, Boerhaave et la doctrine chimique*, Paris, Blanchard, 1974.

MIGLIORINI E., *Studi sul pensiero estetico del Settecento*, Firenze, Fiorino, 1966.

MODICA M., « Nota ai testi », dans D. Diderot, J.-B. D'Alembert *et al.*, *L'estetica dell'*Encyclopédie, trad. it. M. Modica, Roma, Editori Riuniti, 1988, p. 63-76.

MONTI M.T., *Congettura ed esperienza nella fisiologia di Haller*, Firenze, Olschki, 1990.

MORAVIA S., *Il pensiero degli Idéologues. Scienza e filosofia in Francia (1780-1815)*, Firenze, La Nuova Italia, 1974.

– *Filosofia e scienze umane nell'età dei Lumi*, Firenze, Sansoni, 1982.

MORETTI G., *Il Genio*, Bologna, Il Mulino, 1998.

MORPURGO-TAGLIABUE G., *Il Gusto nell'estetica del Settecento*, Palermo, Aesthetica - Supplementa, 2002.

PARRET H., « De Baumgarten à Kant : sur la beauté », *Revue Philosophique de Louvain*, 4e série, XC, 87, 1992, p. 317-343.

PEPIN F., « Vitalisme, chimie et philosophie autour de l'*Encyclopédie* et de Diderot », dans P. Nouvel (éd.), *Repenser le vitalisme*, *op. cit.*, p. 131-143.

PRANCHERE J.-Y., « L'invention de l'esthétique », Introduction à A.G. Baumgarten, *Esthétique*, *op. cit.*

QUINTILI P., *La Pensée critique de Diderot. Matérialisme, science et poésie à l'âge de l'*Encyclopédie *(1742-1782)*, Paris, Honoré Champion, 2001.

RAYNAUD D., « La controverse entre organicisme et vitalisme : étude de sociologie des sciences », *Revue Française de Sociologie*, XXXIX, 4, 1998, p. 721-750.

REY R., *Naissance et développement du vitalisme en France, de la deuxième moitié du XVIII*e *siècle à la fin du Premier Empire*, Thèse de doctorat d'État, Université de Paris I, 1987, puis Oxford, Voltaire Foundation, 2000.

– « Lignes de force et tendances actuelles des études sur le vitalisme », dans G. Cimino, Fr. Duchesneau (éds), *Vitalisme from Haller to the Cell Theory*, *op. cit.*, p. 19-30.

ROGER J., *Les sciences de la vie dans la pensée française du XVIII*e *siècle* (1963), Paris, Colin, 1971[2].

RUSSO L. (éd.), *Il Genio. Storia di un'idea estetica*, Palermo, Aesthetica Edizioni, 2008.

SCHWAB R.N., REX W.E., LOUGH J., *Inventory of Diderot's Encyclopédie*, 7 vol., Oxford, Voltaire Foundation, 1971-1972, 1984.

SCHWEIZER H.R., « Begründung der Ästhetik als Wissenschaft der sinnlichen Erkenntnis », Einführung zu A.G. Baumgarten, *Theoretische Ästhetik*, Hamburg, Meiner, 1988, p. VII-XVI.

SPALLANZANI M., *L'Arbre et le Labyrinthe. Descartes selon l'ordre des Lumières,* avec une Préface de J. Dagen, Paris, Honoré Champion, 2009.

TEDESCO S., *Studi sull'estetica dell'illuminismo tedesco*, Palermo, Fondazione Nazionale « Vito Fazio-Allmayer », 1998.

– *L'estetica di Baumgarten*, Palermo, Aesthetica - Supplementa, 2000.

TODOROV T., *Théories du symbole*, Paris, Seuil, 1977.

TROTTEIN S. (éd.), *L'Esthétique naît-elle au XVIII*e *siècle ?*, Paris, PUF, 2000.

WILLIAMS E.A, *Cultural History of Medical Vitalism in Enlightenment Montpellier*, Farnham, Ashgate Publishing, 2003.

– *The Physical and the Moral. Anthropology, Physiology, and Philosophical Medicine in France, 1750-1850*, Cambridge, Cambridge University Press, 1994.

WOLFE C.T., TERADA M., « The Animal Economy as Object and Program in Montpellier Vitalism », *Science in Context*, XXI, 4, 2008, p. 537-579.

II. LA PHILOSOPHIE BIOLOGIQUE DE COMTE

a) *Sources*

BICHAT X., *Anatomie générale, appliquée à la physiologie et à la médecine*, 4 vol., Paris, Brosson, Gabon et Cie, 1801.

BROUSSAIS F., *Traité de physiologie pathologique*, Paris, Delaunay, 1825.

COMTE A., *Écrits de jeunesse 1816-1828*, textes établis et présentés par P.E. de Berrêdo Carneiro, P. Arnaud, Paris-La Haye, Mouton, 1970.

– *Cours de philosophie positive* (1830-1842), dans *Œuvres d'Auguste Comte*, nouv. éd. en 12 volumes, présentée par S. Pérignon, Paris, Éditions Anthropos, 1968-1971, t. I-VI.

– *Cours de philosophie positive : leçons 46-51*, édition réalisée et commentée par M. Bourdeau, L. Clauzade, F. Dupin, Paris, Hermann, 2012.

– *Système de politique positive* (1851-1854), dans *Œuvres d'Auguste Comte, op. cit.*, t. VII-X.

– *Œuvres choisies*, avec une Introduction par H. Gouhier, Paris, Aubier-Montaigne, 1943.

– *Correspondance générale*, éd. P.E. de Berrêdo Carneiro, P. Arnaud, 5 vol., Paris-La Haye, Mouton, 1973-1983.

COUSIN V., *Fragments philosophiques* (1826), Paris, Ladrange, 1833².

CUVIER G., *Le Règne animal distribué d'après son organisation. Pour servir de base à l'histoire naturelle des animaux et d'introduction à l'anatomie comparée*, 4 vol., Paris, Imprimerie Belin, 1817.

DUCROTAY DE BLAINVILLE H., *De l'organisation des animaux, ou Principes d'anatomie comparée*, 4 vol., Paris, Levrault, 1822.

GEOFFROY SAINT-HILAIRE É., *Philosophie anatomique*, 2 vol., Paris, Rignoux, 1818-1822.

LAMARCK J.-B. DE, *Philosophie zoologique*, 2 vol., Paris, Dentu, 1809.

RENOUVIER CH., *Essais de critique générale*, t. I : *Analyse générale de la connaissance*, Paris, Ladrange, 1854.

– « Le *Cours de philosophie positive* est-il encore au courant de la science ? », *La Critique philosophique*, VI, 33, 1877, p. 97-106.

b) *Études*

ARNAUD P., *La Pensée d'Auguste Comte*, Paris, Bordas, 1969.

BOURDEAU M., *Les Trois États : science, théologie et métaphysique chez Comte*, Paris, Cerf, 2006.

BOURDEAU M., CHAZEL F., *Auguste Comte et l'idée de science de l'homme*, Paris, L'Harmattan, 2002.

BRAUNSTEIN J.-F., *La Philosophie de la médecine d'Auguste Comte*, Paris, PUF, 2009.

CANGUILHEM G., « La philosophie biologique de Comte et son influence en France au XIXe siècle » (1958), dans *Études d'histoire et de philosophie des sciences, op. cit.*, p. 61-74.

– « L'École de Montpellier jugée par Auguste Comte » (1961), dans *Études d'histoire et de philosophie des sciences, op. cit.*, p. 75-80.

– « Le vivant et son milieu », dans *La Connaissance de la vie* (1965), 2e éd. revue et augmentée, Paris, Vrin, 1967, p. 129-154.

– *Le Normal et le Pathologique*, augmenté de *Nouvelles réflexions concernant le normal et le pathologique*, Paris, PUF, 1966.

CLAUZADE L., « Auguste Comte et la naturalisation de l'esprit », *Methodos* [en ligne], 2 (URL : http://methodos.revues.org/61 ; DOI : 10.4000/methodos.61).

– *L'Organe de la pensée, biologie et philosophie chez Auguste Comte*, Besançon, Presses Universitaires de Franche-Comté, 2009.

FEDI L., *Comte*, Paris, Les Belles Lettres, 2000.

GOUHIER H., *La Philosophie d'Auguste Comte*, Paris, Vrin, 1987.

GRANGE J., *La Philosophie d'Auguste Comte : science, politique, religion*, Paris, PUF, 1996.

GREENE J.C., « Biology and Social Thought in the Nineteenth Century : Auguste Comte and Herbert Spencer », dans M. Clagett (éd.), *Critical Problems in the History of Science*, Madison, Wisconsin University Press, 1962, p. 418-446.

KREMER-MARIETTI A., *Philosophie des sciences de la nature*, Paris, PUF, 1999.

– « L'homme biologique selon Comte et les théories nouvelles », dans C. Cassina (éd.), *Sociologia, politica e religione : la filosofia di Comte per il diciannovesimo secolo*, Pisa, Edizioni Plus Università di Pisa, 2001, p. 21-30.

– « Le biologique et le social chez Auguste Comte », dans M. Bourdeau, J.-F. Braunstein, A. Petit (éds), *Auguste Comte aujourd'hui*, Paris, Éditions Kimé, 2003, p. 64-90.

MACHEREY P., *Comte, la philosophie et les sciences*, Paris, PUF, 1989.

MORGUE R., *La Philosophie biologique d'Auguste Comte*, Lyon, A. Rey, 1909.

NEGRI A., *Augusto Comte e l'umanesimo positivistico*, Roma, Editori Riuniti, 1971.

PILLON FR., « Claude Bernard. Sa conception de la vie comparée à celle de l'école positiviste », *La Critique philosophique*, VII, 4, 1878, p. 54-64.

– « La biologie selon Auguste Comte et selon Claude Bernard », *La Critique philosophique*, VII, 5, 1878, p. 72-77.

– « La méthode en biologie. Cuvier, Blainville, Auguste Comte », *La Critique philosophique*, VII, 9, 1878, p. 129-135.

SIMON W.M., *European Positivism in the Nineteenth Century*, Ithaca, Cornell University Press, 1963.

TANNERY P., « Auguste Comte et l'Histoire des sciences », *Revue Générale des Sciences*, 16, 1905, p. 410-417.

III. LA SCIENCE BIOLOGIQUE DE CLAUDE BERNARD

a) *Sources*

BERNARD CL., « Cours de physiologie générale de la Faculté des Sciences. Leçon d'ouverture de Claude Bernard », éd. H. de Castelnau, *Le Moniteur des Hôpitaux*, II, 52, 1854, p. 409-412, 449-451.

– *Leçons de physiologie expérimentale appliquée à la médecine, faites au Collège de France*, éd. H. Lefèvre, 2 vol., Paris, J.-B. Baillière et fils, 1855-1856.

– *Leçons sur les propriétés physiologiques et les altérations pathologiques des liquides de l'organisme*, 2 vol., éd. A. Tripier, J.-B. Baillière et fils, Paris 1859.

– *Introduction à l'étude de la médecine expérimentale*, Paris, J.-B. Baillière et fils, 1865.

– *Rapport sur les progrès et la marche de la physiologie générale en France,* Paris, Imprimerie Impériale, 1867.

– *Leçons sur les phénomènes de la vie communs aux animaux et aux végétaux* (1878), avec une Introduction par G. Canguilhem, Paris, Vrin, 1966.
– *La Science expérimentale*, Paris, J.-B. Baillière et fils, 1878.
– *Pensées. Notes détachées*, Introduction et notes par L. Delhoume, Paris, J.-B. Baillière et fils, 1938.
– *Principes de médecine expérimentale*, éd. L. Delhoume, Paris, PUF, 1947.
– *Philosophie. Manuscrit inédit*, éd. J. Chevalier, Paris, Bovin et Cie Éditeurs, 1954.
– *Cahier de Notes 1850-1860*, présenté et commenté par M.D. Grmek, Paris, Gallimard, 1965.
– *Notes pour le « Rapport sur les progrès de la physiologie ». Manuscrit inédit*, présenté et commenté par M.D. Grmek, Paris, Collège de France, 1979.

CARO E.-M., « La métaphysique et les sciences positives », *Revue des Deux Mondes*, XXXVI, 66, 1866, p. 421-452.

COUSIN V., *Du Vrai, du Beau et du Bien* (1818), Paris, Didier, 1854².

GOETHE J.W., *Œuvres d'histoires naturelles*, trad. fr. C.-F. Martins, Paris, Cherbuliez et Cie, 1837.

JANET PAUL, « Les causes finales », *Revue philosophique*, I, 1, 1876, p. 24-44.

LAMENNAIS F., *De l'Art et du Beau*, Paris, Garnier Frères, 1865.

TENNEMANN W.G., *Manuel de l'histoire de la philosophie*, trad. fr. V. Cousin, 2 vol., Paris, Sautelet et Cie Éditeurs, 1829.

b) *Études*

ARAUJO DUTRA L.H. DE, « Réalisme et fictionnalisme chez Claude Bernard », *Dialogue*, XXXVIII, 4, 1999, p. 719-742.

BACHELARD G., *La Formation de l'esprit scientifique. Contribution à une psychanalyse de la connaissance objective*, Paris, Vrin, 1938.

BERGSON H., « La philosophie de Claude Bernard » (1913), dans *La Pensée et le Mouvant*, Paris, Alcan, 1934 ; repr. in *Œuvres*, textes annotés par A. Robinet, Introduction par H. Gouhier, Paris, PUF, 1959, p. 1433-1440.

CANGUILHEM G., *La Connaissance de la vie, op. cit.*
– « Le concept et la vie » (1966), dans *Études d'histoire et de philosophie des sciences, op. cit.*, p. 358-359.

– « Le tout et la partie dans la pensée biologique » (1966), dans *Études d'histoire et de philosophie des sciences*, *op. cit.*, p. 319-333.

– « Théories et techniques de l'expérimentation chez Claude Bernard » (1968), dans *Études d'histoire et de philosophie des sciences, op. cit.*, p. 143-155.

CONRY Y., *L'Introduction du darwinisme en France*, Paris, Vrin, 1974.

CONTI F., *Claude Bernard e la nascita della biomedicina*, Milano, Raffaello Cortina, 2013.

CONTINI A., « Il modello della creazione artistica nella riflessione biologica di Claude Bernard », *Estetica. Studi e ricerche*, 1, 2011, p. 35-53 (DOI :10.4434/ESR.20396635.012011.03).

– « Dalla macchina all'opera d'arte. Metafore del vivente nella biologia sperimentale ottocentesca », *Aisthesis. Pratiche, linguaggi e saperi dell'estetico* [en ligne] VII, 2, 2014, p. 143-160 (URL : http://www.fupress.net/index.php/aisthesis/article/view/15295/14243 ; DOI :10.13128/Aisthesis-15295).

– « Forma e individualità nel determinismo biologico di Claude Bernard », *I Castelli di Yale online,* II, 2, 2014, p. 13-30 (URL :http://www.cyonline.unife.it ; DOI : 10.15160/2282-5460/968).

DEBRAY-RITZEN P., *Claude Bernard ou un nouvel état de l'humaine raison*, Paris, Albin Michel, 1992.

DUCHESNEAU FR., KUPIEC J.-J., MORANGE M. (éds), *Claude Bernard et la méthode de la physiologie*, Paris, Éditions Rue d'Ulm, 2013.

FOULQUIE P., *Claude Bernard*, Paris, Éditions des Écoles, 1954.

GRMEK M.D., *Catalogue des manuscrits de Claude Bernard avec la bibliographie de ses travaux imprimés et des études sur son œuvre*, Paris, Masson, 1967.

– « Évolution des conceptions de Claude Bernard sur le milieu intérieur », dans É. Wolff *et al.*, *Philosophie et méthodologie scientifiques de Claude Bernard*, Paris, Masson, 1967, p. 117-150.

– *Raisonnement expérimental et recherches toxicologiques chez Claude Bernard*, Genève, Droz, 1973.

– « Claude Bernard entre le matérialisme et le vitalisme : la nécessité et la liberté dans les phénomènes de la vie », dans J. Michel (éd.), *La Nécessité de Claude Bernard*, Paris, Klincksieck, 1991, p. 117-139.

HOLMES F.L., « The *Milieu Intérieur* and the Cell Theory », *Bulletin of the History of Medicine*, XXXVII, 1963, p. 315-335.

– *Claude Bernard and Animal Chemistry : The Emergence of a Scientist*, Cambridge, Harvard University Press, 1974.

– « La signification du concept de milieu intérieur », dans J. Michel (éd.), *La Nécessité de Claude Bernard*, *op. cit.*, p. 53-64.

– « Claude Bernard and the Vitalism of His Time », dans G. Cimino, Fr. Duchesneau (éds), *Vitalism from Haller to the Cell Theory*, *op. cit.*, p. 281-295.

JANET PAUL, « La méthode expérimentale en physiologie », *Revue des Deux Mondes*, XXXVI, 62, 1866, p. 908-936.

JEANNEROD M., « Les relations entre organisme et milieu chez Claude Bernard », dans J. Michel (éd.), *La Nécessité de Claude Bernard*, *op. cit.*, p. 141-153.

KLEIN M., « Sur les résonances de la philosophie de la nature en biologie moderne et contemporaine », *Revue philosophique*, CXLIV, 2, 1954, p. 514-543.

KREMER-MARIETTI A., « Le positivisme de Claude Bernard », dans J. Michel (éd.), *La Nécessité de Claude Bernard*, *op. cit.*, p. 183-193.

LA VERGATA A., « Claude Bernard. Punti di vista fisiologici ed economia della natura », dans M. Giandomenico (éd.), *Claude Bernard. Scienza, filosofia, letteratura*, Verona, Bertani Editore, 1982, p. 287-313.

NUZZACI F., *L'idea della vita. Saggio su Claude Bernard*, Lecce, Edizioni Milella, 2006.

POGGI S., « L'*esprit*, la *raison*, le *système*. Ricerca della verità e metodo sperimentale in Claude Bernard », dans M. Giandomenico (éd.), *Claude Bernard*, *op. cit.*, p. 35-54.

PROCHIANZ A., *Claude Bernard. La révolution physiologique*, Paris, PUF, 1990.

RAVAISSON F., *Rapport sur la philosophie en France au XIX*e *siècle* (1867), éd. P. Millot, Paris, Fayard, 1984, p. 172-181.

RENOUVIER CH., « De l'idée de force en physiologie. La philosophie biologique de Claude Bernard », *La Critique philosophique*, XVI, 2, 1887, p. 112-139.

SALOTTOLO D., « Claude Bernard e lo strano caso del suo determinismo armoniosamente subordinato », dans Cl. Bernard, *Un determinismo armoniosamente subordinato. Epistemologia, fisiologia e definizione della vita*, éd. it. D. Salottolo, Milano, Mimesis Edizioni, 2014, p. 7-41.

SCHILLER J., *Claude Bernard et les problèmes scientifiques de son temps*, Paris, Édition du Cèdre, 1967.

SERTILLANGES A.-D. DE, *La Philosophie de Claude Bernard*, Paris, Aubier, 1944.

SINDING CH., « Du milieu intérieur à l'homéostasie : une généalogie contestée », dans J. Michel (éd.), *La nécessité de Claude Bernard*, *op. cit.*, p. 65-82.

VIRTANEN R., *Claude Bernard and His Place in the History of Ideas*, Lincoln NE, University of Nebraska Press, 1960.

– « Claude Bernard et le roman expérimental », dans É. Wolff *et al.*, *Philosophie et méthodologie scientifique de Claude Bernard*, *op. cit.* p. 49-56.

IV. VIE ET CREATION CHEZ RAVAISSON

a) *Sources*

ARISTOTE, *Aristoteles Graece ex recensione Immanuelis Bekkeri edidit Academia Regia Borussica*, 2 vol, Berlin, Reimer, 1831 ; édition revue par O. Gigon, Berlin, W. de Gruyter, 1960.

BRANDIS C.A., *Aristotelis et Theophrasti Metaphysica*, Berlin, Reimer, 1923.

COUSIN V., *De la métaphysique d'Aristote : rapport sur le concours ouvert par l'Académie des Sciences morales et politiques*, suivi d'un Essai de traduction du premier et du douzième livres de la *Métaphysique* (1818), Paris, Hachette Livre - Bnf, 2012.

LÉONARD DE VINCI, *Trattato della Pittura di Lionardo da Vinci tratto da un Codice della Biblioteca Vaticana*, éd. G. Manzi, Roma, Stamperia De Romanis, 1817 ; réimpr. anastatique par A. Zevi, Milano, Savelli, 1982.

MAINE DE BIRAN F.-P., *Influence de l'habitude sur la faculté de penser* (1802), éd. G. Romeyer-Dherbey, dans *Œuvres*, éd. dirigée par F. Azouvi, t. II, Paris, Vrin, 1987.

RAVAISSON F., *Essai sur la métaphysique d'Aristote*, 2 vol., t. I (Paris, Imprimerie royale, 1837) et t. II (Paris, Joubert, 1846) ; réimpr. Hildesheim-New York, G. Olms, 1963.

– *De l'habitude* (1838), Paris, Alcan, 1927, avec une Introduction par J. Baruzi.

– *De l'habitude*, éd. P. Millot, Paris, Fayard, 1984, p. 9-49.
– « Philosophie contemporaine. Fragments de philosophie par M. Hamilton », *Revue des Deux Mondes*, XXIV, novembre 1840, p. 396-427 ; repr. in *Métaphysique et morale*, Préface de J.-M. Le Lannou, Paris, Vrin, 1986, p. 1-32.
– *Rapport sur la philosophie en France au XIXe siècle* (1867), *op. cit.*, p. 53-320.
– *De l'enseignement du dessin dans les lycées*, Paris, Dupont, 1854 ; repr. in *L'Art et les mystères grecs*, textes présentés et recueillis par D. Janicaud, Paris, L'Herne, 1985, p. 27-47.
– article « Dessin », dans F. Buisson (éd.), *Dictionnaire de Pédagogie et d'Instruction primaire*, Paris, Hachette, 1882, t. I, p. 671-684.
– « Métaphysique et morale », *Revue de Métaphysique et de Morale*, I, 1, p. 6-25 ; repr. in *Métaphysique et morale, op. cit.*, p. 63-82.
– *Testament philosophique et fragments* (1933), texte revu et présenté par Ch. Devivaise, Paris, Vrin-Reprise, 1983.
– *Essai sur la métaphysique d'Aristote. Fragments du tome III (hellénisme, judaïsme, christianisme)*, texte établi par Ch. Devivaise, Paris, Vrin, 1953.

b) *Études*

AUBENQUE P., « Ravaisson interprète d'Aristote », *Les Études philosophiques*, numéro spécial *Félix Ravaisson* (sous la supervision de D. Leduc-Fayette), XXXIX, 4, 1984, p. 435-450 ; repr. in D. Thouard (éd.), *Aristote au XIXe siècle*, Lille, Presses Universitaires du Septentrion, 2004, p. 157-170.

AZOUVI F., « Le vitalisme de Maine de Biran », dans G. Cimino, Fr. Duchesneau (éds), *Vitalism from Haller to the Cell Theory*, *op. cit.*, p. 11-125.

BEAUFRET J., *Notes sur la philosophie en France au XIXe siècle. De Maine de Biran à Ravaisson* (1963), Paris, Vrin, 1984.

BERGSON H., « La vie et l'œuvre de Ravaisson », *Comptes rendus de l'Académie des Sciences morales et politiques*, 1904, t. I ; repr. in *La Pensée et le Mouvant* (1934), *Œuvres*, *op. cit.*, p. 1450-1481.

BLONDEL E., « Ravaisson lecteur de Maine de Biran », dans J.-M. Le Lannou (éd.), *Études sur F. Ravaisson*, Paris, Éditions Kimé, 1999, p. 15-32.

BOUTROUX É., « La philosophie de Félix Ravaisson », *Revue de Métaphysique et de Morale*, VIII, 1900, p. 699-716.

BRUYERON R., « *Jusque dans le cristal même*. Remarques sur un passage du texte de Ravaisson *De l'habitude* », dans J.-M. Le Lannou (éd.), *Études sur F. Ravaisson*, *op. cit.*, p. 33-46.

CAZENEUVE J., *La philosophie médicale de Ravaisson*, Paris, PUF, 1958.

CONTINI A., « Arte e metafisica nel pensiero di F. Ravaisson », *Studi di estetica*, 3e série, XXVI, 18, 1998, p. 121-144.

COURTINE J.-F., « Les relations de Ravaisson et de Schelling », dans J. Quillien (éd.), *La Réception de la philosophie allemande en France au XIXe et XXe siècles*, Lille, PUL, 1994, p. 101-134.

DEVEREUX D., PELLEGRIN P. (éds), *Biologie, logique et métaphysique chez Aristote*, Paris, Éditions du C.N.R.S., 1987.

DOPP J., *Félix Ravaisson. La formation de sa pensée d'après des documents inédits*, Louvain, Éditions de l'Institut Supérieur de Philosophie, 1933.

GOTTHELF A. (éd.), *Aristotle on Nature and Living Things*, Pittsburg-Bristol, Mathesis, 1985.

GOTTHELF A., LENNOX J.C. (éds), *Philosophical Issues in Aristotle's Biology*, Cambridge, Cambridge University Press, 1986.

JAEGER W., *Paideia. Die Formung des griechischen Menschen*, 3 vol., Berlin-Leipzig, W. de Gruyter, 1934-1947.

JANICAUD D., *Une généalogie du spiritualisme français. Aux sources du bergsonisme : Ravaisson et la métaphysique*, La Haye, M. Nijhoff, 1969.

– « Victor Cousin et Ravaisson lecteurs de Hegel et Schelling », *Les Études philosophiques*, XXXIX, 4, 1984, p. 451-466.

KULLMANN W., *Die Teleologie in der aristotelischen Biologie*, Heidelberg, Heidelberger Akademie der Wissenschaften, 1979.

LARUELLE F., *Phénomène et différence. Essai sur l'ontologie de Ravaisson*, Paris, Klincksieck, 1971.

LENOIR R., « La doctrine de Ravaisson et la pensée moderne », *Revue de Métaphysique et de Morale*, XXVI, 67, 1919, p. 353-374.

LINDEN J.-I., « Fin, finitude et désir infini. Quelques remarques sur l'aristotélisme de Ravaisson », dans D. Thouard (éd.), *Aristote au XIXe siècle*, *op. cit.*, p. 171-189.

LOEFFEL L., *Le Spiritualisme en France au XIXe siècle : une philosophie pour l'éducation ?*, Paris, Vrin, 2014.

MACHEREY P., « Les débuts philosophiques de Victor Cousin », *Corpus*, numéro spécial *Victor Cousin* (sous la supervision de P. Vermeren), 18-19, 1991, p. 29-49.

MARIN CL., « L'activité obscure de l'habitude », dans J.-M. Le Lannou (éd.), *Études sur F. Ravaisson, op. cit.*, p. 47-59.

MAUVE CHR., « Les manuscrits de Léonard de Vinci en France au XIXe siècle », dans R. Ragghianti, A. Savorelli (éds), *Francia/ Italia. Le filosofie dell'Ottocento*, Pisa, Edizioni della Normale, 2007, p. 219-225.

– Esthétique et éclectisme : autour de Victor Cousin », *Corpus*, 18-19, 1991, p. 143-155.

MAUVE CHR., VERMEREN P., « Le dernier des métaphysiciens contre le bouffon de la philosophie. Une stratégie du spiritualisme universitaire en France : Félix Ravaisson, l'éclectisme et les disciples de Victor Cousin », *Corpus*, 3, 1986, p. 109-131.

MONTEBELLO P., *L'Autre Métaphysique. Essais sur Ravaisson, Tarde, Nietzsche et Bergson*, Paris, Desclée de Brouwer, 2003.

PANIS D., « Ravaisson et Schelling », *Les Études philosophiques*, XLIII, 3, 1988, p. 395-413.

RAGGHIANTI R., *De Cousin à Benda. Portraits d'intellectuels anti-jacobins*, Paris, L'Harmattan, 2000.

VEGETTI M., « Biologia », dans E. Berti (éd.), *Aristotele*, Roma-Bari, Laterza, 1997, p. 173-198.

VERMEREN P., « Les aventures de la force active en France », *Exercices de patience*, 8, 1987, p. 147-168.

– *Victor Cousin. Le jeu de la Philosophie et de l'État*, Paris, L'Harmattan, 1993.

V. ART ET PHILOSOPHIE DE LA VIE CHEZ GUYAU

a) *Sources*

DURKHEIM É., *De la Division du travail social*, Paris, Alcan, 1893.

FOUILLEE A., *Critique des systèmes de morale contemporains*, Paris, Alcan, 1883.

– *L'Avenir de la métaphysique fondée sur l'expérience*, Paris, Alcan, 1889.

– *Nietzsche et l'immoralisme*, Paris, Alcan, 1902.

GUYAU J.-M., *La Morale d'Épicure et ses rapports avec les doctrines contemporaines*, Paris, G. Baillière, 1878 ; éd. revue et augmentée, Paris, Alcan, 1886 (éd. citée : Paris, Alcan, 1904[4]).

– *La Morale anglaise contemporaine. Morale de l'utilité et de l'évolution*, Paris, G. Baillière, 1879 ; éd. revue et augmentée, Paris, Alcan, 1885 (éd. citée : Paris, Alcan, 1904[5]).

– *Les Problèmes de l'esthétique contemporaine*, Paris, Alcan, 1884 (éd. citée : Paris, Alcan, 1935[13]).

– *Esquisse d'une morale sans obligation ni sanction* (1885[1] et 1890[2]), édition avec variantes 1885/1890 par Ph. Saltel, Paris, Les Belles Lettres, 2008.

– *Esquisse d'une morale sans obligation ni sanction*, avec les textes de Nietzsche et de Kropotkine, éd. J. Riba, Paris, Payot, 2012.

– *L'Irréligion de l'avenir. Étude de sociologie*, Paris, Alcan, 1887.

– *L'Art au point de vue sociologique* (1889), éd. A. Contini, S. Douailler, Paris, Fayard, 2001.

– *Éducation et Hérédité. Étude sociologique*, Paris, Alcan, 1889.

– *La Mémoire et l'idée de temps*, édition critique de *La Genèse de l'idée de temps* (1890) par R. Ragghianti, avec une Introduction par A. Fouillée, Paris, L'Harmattan, 2011.

HENNEQUIN É., *La Critique scientifique*, Paris, Alcan, 1888.

JANET PIERRE, « Les actes inconscients et le dédoublement de la personnalité pendant le somnambulisme provoqué », *Revue philosophique*, XXII, 1886, p. 577-592.

KROPOTKINE P., *La Morale anarchiste*, Paris, Les Temps Nouveaux, 1889.

NIETZSCHE F., « Randbemerkungen Friedrich Nietzsches zu Guyaus *Esquisse d'une morale* », dans J.-M. Guyau, *Sittlichkeit ohne Pflich*, übersetzt von E. Schwarz, Leipzig, Klinkhardt, 1909, p. 279-303; nouv. éd. « Randbemerkungen und Unterstreichungen F. Nietzsche zu Guyaus *Esquisse d'une morale sans obligation ni sanction* », dans H.E. Lampl, *Zweistimmigkeit-Einstimmigkeit ? F. Nietzsche und J.-M. Guyau*, Cuxhaven, Junghans, 1990, p. 9-38; trad. fr. J. Riba, « Remarques de Nietzsche à la lecture de l'*Esquisse* », dans J.-M. Guyau, *Esquisse d'une morale sans obligation ni sanction*, avec les textes de Nietzsche et de Kropotkine, *op. cit.*, p. 243-272.

– *Werke. Kritische Gesamtausgabe*, éd. G. Colli, M. Montinari, Berlin, W. de Gruyter, 1967 et suiv.

PROUST M., *Contre Sainte-Beuve,* précédé de *Pastiches et mélanges* et suivi de *Essais et articles,* éd. P. Clarac, Y. Sandre, Paris, Gallimard, 1971.

SIMMEL G., *Das individuelle Gesetz* (1913), éd. M. Landmann, Frankfurt a. Main, Suhrkamp, 1987.

SPENCER H., *Principles of Psychology* (1855), dans *The Works of Herbert Spencer*, t. IV-V (réimpr. de l'éd. de 1899), Osnabrück, Zeller, 1966.

– *First Principles* (1862), dans *The Works of Herbert Spencer*, *op. cit.*, t. I (réimpr. de l'éd. de 1904).

– *Principles of Sociology* (1876-1896), dans *The Works of Herbert Spencer*, *op. cit.*, t. VI-VIII (réimpr. de l'éd. de 1904).

TAINE H., *Histoire de la littérature anglaise*, 5 vol., Paris, Hachette, 1863.

– *Philosophie de l'art*, Paris, G. Baillière, 1865.

TARDE G., *Les Lois de l'imitation*, Paris, Alcan, 1890.

TOLSTOÏ L., *Qu'est-ce que l'art ?* (1897), trad. fr. T. Wyzewa, Paris, PUF, 2006.

b) *Études*

ANDOLFI F., « Nietzsche et Guyau. Consentements, dissonances, silences », *Corpus*, 46, 2004, p. 109-124.

ASLAN G., *La Morale selon Guyau et ses rapports avec les conceptions actuelles de la morale scientifique*, Paris, Alcan, 1906.

BANFI A., « Il naturalismo romantico del Guyau » (1924), dans *Opere*, t. I: *La filosofia e la vita spirituale e altri scritti di filosofia e religione (1910-1929)*, éd. E. Eletti, L. Sichirollo, Reggio Emilia, Istituto Antonio Banfi, 1986, p. 193-211.

BEHRENT M.C., « Le débat Guyau-Durkheim sur la théorie sociologique de la religion », *Archives de sciences sociales des religions*, 142, 2008, p. 9-26.

BERGSON H., « Comte rendu de la *Genèse de l'idée de temps* de Guyau », *Revue philosophique*, XXXI, 1891, p. 185-190 ; repr. in *Mélanges*, textes publiés et annotés par A. Robinet, Paris, PUF, 1972, p. 349-356.

BESNARD P., *L'Anomie : ses usages et ses fonctions dans la discipline sociologique depuis Durkheim*, Paris, PUF, 1987.

CHRISTOPHE CH., « Le principe de la vie comme mobile moral selon J.-M. Guyau », *Revue de métaphysique et de morale*, IX, 3-4, 1901, p. 343-360 et 487-528.

CONTINI A., *Jean-Marie Guyau. Esthétique et philosophie de la vie*, Paris, L'Harmattan, 2001.

– « Nietzsche lecteur de Guyau », dans *Jean-Marie Guyau. Esthétique et philosophie de la vie*, *op. cit.*, p. 283-309.

– « Etica ed estetica tra Fouillée, Guyau e Durkheim », dans R. Ragghianti, A. Savorelli (éds), *Francia/Italia, op. cit.*, p. 227-253.

– « Les chemins du politique dans la morale de Guyau », *Critique*, LXX, 803, avril 2014, p. 344-357.

DOUAILLER S., « Ce que vous venez d'entendre », dans U.J. Schneider (éd.), *Dispersions et liaisons. Des lieux et des langues de la philosophie*, Berlin, Institut für Philosophie, 1987.

DOUAILLER S., DROIT R.-P., VERMEREN P. (éds), *Philosophie, France, XIXe siècle. Écrits et Opuscules*, Paris, Librairie Générale Française, 1994.

DURKHEIM É., « Guyau. *L'Irréligion de l'avenir, étude de sociologie* », *Revue philosophique*, XXIII, 1887, p. 299-311 ; repr. in *Textes 2. Religion, morale, anomie*, Paris, Plon, 1975, p. 149-165.

ELLENBERGER H.F., *The Discovery of the Unconscious. The History and Evolution of Dynamic Psychiatric*, New York, Basic Books, 1970.

FEDI L., *Le Problème de la connaissance dans la philosophie de Charles Renouvier*, Paris, L'Harmattan, 1998.

– « Guyau et Darwin : la lecture de la vie », *Corpus*, 46, 2004, p. 25-45.

FIEDLER G.C., « On Jean-Marie Guyau, Immoralist », *Journal of History of Ideas*, LV, 1, 1984, p. 75-97.

FOUILLET A., *Introduction à la philosophie morale de Jean-Marie Guyau. Étude sur l'« Esquisse d'une morale sans obligation ni sanction »*, Master 1 soutenu en 2006 à l'Université Paris 1 Panthéon-Sorbonne.

FRANZINI E., *L'estetica francese del Novecento. Analisi delle teorie*, Milano, Unicopli, 1984.

GENTILI C., *Nietzsche*, Bologna, Il Mulino, 2001.

GUYAU AUGUSTIN, *La Philosophie et la Sociologie d'Alfred Fouillée*, Paris, Alcan, 1913.

HARDING F.J.W., *J.-M. Guyau (1854-1888), Aesthetician and Sociologist. A Study of His Aesthetic Theory and Critical Practice*, Genève, Droz, 1973.

HÖFFDING H., *Philosophes contemporains*, trad. fr. A. Tremesaygues, Paris, Alcan, 1907.

LAMPL H.E., *Zweistimmigkeit-Einstimmigkeit ? F. Nietzsche und J.-M. Guyau, op. cit.*

LE RIDER J., *Nietzsche en France. De la fin du XIXe siècle au temps présent*, Paris, PUF, 1999.

LEROY J.-C. (éd.), *J.-M. Guyau : anomie, temporalité, esthétique*, numéro spécial de la revue *Sociétés*, 58, 1997.

– « Jean-Marie Guyau, précurseur de l'esthétique moderne », *Semiosis*, 91-92, 1998, p. 127-132.

MICHON J.A., POUTHAS V., JACKSON J.L. (éds), *Guyau and the Idea of Time*, Amsterdam, North Holland Publishing Company, 1988.

MULLER L., *De l'histoire de la philosophie à la philosophie de l'avenir. L'évolution de la morale d'après Jean-Marie Guyau*, Thèse de doctorat en Philosophie, Université de Paris Nanterre, 2013.

NEEDHAM H.A., *Le Développement de l'esthétique sociologique en France et en Angleterre au XIXe siècle*, Paris, Honoré Champion, 1926.

NORDMANN J.-T., *Taine et la critique scientifique*, Paris, PUF, 1992.

ORRÙ M., « L'anomia come concetto morale: Jean-Marie Guyau ed Émile Durkheim », *Rassegna italiana di sociologia*, XXIV, 3, 1983, p. 429-451 ; repr. in *Anomie. History and Meanings*, Winchester Mass., Allen & Unwin, 1987.

RIBA J., *La Morale anomique de Jean-Marie Guyau*, Paris, L'Harmattan, 1999.

– (éd.), *Jean-Marie Guyau : philosophe de la vie*, numéro spécial de la revue *Corpus*, 46, 2004.

– « Anomie et solidarité : le mot du politique chez Jean-Marie Guyau », dans J.-M. Guyau, *Esquisse d'une morale sans obligation ni sanction*, avec les textes de Nietzsche et de Kropotkine, *op. cit.*, p. 17-36.

– (éd.), *L'Effet Guyau. De Nietzsche aux anarchistes*, Paris, L'Harmattan, 2014.

SALTEL PH., *La Puissance de la vie. Essai sur l'«Esquisse d'une morale sans obligation ni sanction» de Jean-Marie Guyau*, Paris, Les Belles Lettres, 2008.

SEYS P., *Hippolyte Taine et l'avènement du naturalisme. Un intellectuel sous le Second Empire*, Paris.

WALTHER-DULK I., *Materialien zur Philosophie und Ästhetik Jean-Marie Guyaus*, Hamburg, Brigantine, 1965.

VI. Art et logique du vivant chez Bergson

a) *Sources*

BERGSON H., *Essai sur les données immédiates de la conscience*, Paris, Alcan, 1889 ; repr. in *Œuvres*, *op. cit.*, p. 3-157.

– *Matière et mémoire : Essai sur la relation de la matière à l'esprit*, Paris, Alcan, 1896 ; repr. in *Œuvres*, *op. cit.*, p. 161-379.

– *Le Rire. Essai sur la signification du comique*, Paris, Alcan, 1900 ; repr. in *Œuvres*, *op. cit.*, p. 383-485.

– « Le Parallélisme psycho-physique et la métaphysique positive », *Bulletin de la Société Française de Philosophie*, I, 2, juin 1901, p. 33-71 ; repr. in *Mélanges*, *op. cit.*, p. 472-488.

– « Introduction à la métaphysique », *Revue de Métaphysique et de Morale*, XI, 1, 1903, p. 1-36 ; repr. in *La Pensée et le Mouvant* (1934), *Œuvres*, *op. cit.*, p. 1392-1432.

– « La vie et l'œuvre de Ravaisson » (1904), *op. cit.*

– *L'Évolution créatrice*, Paris, Alcan, 1907 ; repr. in *Œuvres*, *op. cit.*, p. 489-809.

– « La conscience et la vie » (1911), dans *L'Énergie spirituelle. Essais et conférences* (1919), *Œuvres*, *op. cit.*, p. 815-836.

– « L'intuition philosophique » (1911), dans *La Pensée et le Mouvant* (1934), *Œuvres*, *op. cit.*, p. 1345-1365.

– « La philosophie de Claude Bernard » (1913), *op. cit.*

– « La philosophie française », *La Revue de Paris*, 15 mai 1915, p. 236-256 ; réédité avec la collaboration d'É. Le Roy, dans *La Science française*, nouv. éd. entièrement refondue, Paris, Larousse, 1933, p. 1-26 ; repr. in *Mélanges*, *op. cit.*, p. 1157-1189.

– « Le possible et le réel » (1920), dans *La Pensée et le Mouvant* (1934), *Œuvres*, *op. cit.*, p. 1331-1344.

– « Introduction (Deuxième partie). De la position des problèmes » (1922), dans *La Pensée et le Mouvant* (1934), *Œuvres*, *op. cit.*, p. 1271-1330.

– *Cours I. Leçons de psychologie et de métaphysique*, éd. H. Hude, Paris, PUF, 1990.

– *Cours II. Leçons d'esthétique. Leçons de morale, psychologie et métaphysique*, éd. H. Hude, Paris, PUF, 1992.

b) *Études*

BAYER R., « L'esthétique de Bergson », dans *Essais sur la méthode en esthétique*, Paris, Flammarion, 1953, p. 7-106.

BENDA J., *Le Bergsonisme, ou une philosophie de la mobilité*, Paris, Mercure de France, 1912.

BERTHELOT R., *Un romantisme utilitaire*, 3 vol., Paris, Alcan, 1911-1922.

BERTOLINI M., *L'estetica di Bergson. Immagine, forma e ritmo nel Novecento francese*, Milano, Mimesis Edizioni, 2002.

CANGUILHEM G., « Commentaire au chapitre 3 de *L'Évolution créatrice* de Bergson (1943), présenté par G. Bianco, dans Fr. Worms (éd.), *Annales bergsoniennes III : Bergson et la science*, Paris, PUF, 2007, p. 113-160.

– *La Connaissance de la vie* (1965), *op. cit.*

CASSIRER E., « Henri Bergsons Ethik und Religionsphilosophie », *Der Morgen*, IX, 1, 1933, p. 20-29 et IX, 2, 1933, p 138-151.

CONRY Y., *L'Évolution créatrice d'Henri Bergson. Investigations critiques*, Préface de Fr. Dagognet, Paris, L'Harmattan, 2000.

DELEUZE G., *Le Bergsonisme*, Paris, PUF, 1966.

DELHOMME J., *Nietzsche et Bergson*, Paris, Éditions Deuxtemps Tierce, 1992.

DIDI-HUBERMAN G., « L'image *est* le mouvant », *Intermédialités*, 3, 2004, p. 11-30.

FAGOT-LARGEAULT A., WORMS FR. (éds), *Annales bergsoniennes IV : « L'évolution créatrice » 1907-2007 : épistémologie et métaphysique*, Paris, PUF, 2008.

GALLOIS PH., FORZY G. (éds), *Bergson et les neurosciences*, Paris, Institut Synthélabo, 1997.

GARIN E., « Note sul pensiero del Novecento: "rinascita dell'idealismo", polemica antipositivistica e "ragioni" dell'irrazionale », *Rivista critica di storia della filosofia*, XXXIII, 2-4, 1978, p. 209-223, 308-325 et 397-404.

GOUHIER H., « Le bergsonisme dans l'histoire de la philosophie française » (1959), dans *Études sur l'histoire des idées en France depuis le XVII*[e] *siècle*, Paris, Vrin, 1980, p 81-95.

– *Bergson dans l'histoire de la pensée occidentale*, Paris, Vrin, 1989.

HAN H.-J., « L'heuristique du vitalisme : le principe vital de Barthez et l'élan vital de Bergson », dans A. Fagot-Largeault, Fr. Worms (éds), *Annales bergsoniennes IV*, *op. cit.*, p. 147-161.

HUDE H., *Bergson*, 2 vol., Paris, PUF, 1989-1990.

HUSSON L., *L'Intellectualisme de Bergson. Genèse et développement de la notion bergsonienne d'intuition*, Paris, PUF, 1947.

JAFFARD R., CLAVERIE B., ANDRIEU B. (éds), *Cerveau et mémoires. Bergson, Ribot et la neuropsychologie*, Paris, Éditions Osiris, 1998.

JANKELEVITCH V., « Deux philosophies de la vie : Bergson et Guyau », *Revue philosophique*, XCVII, 1924, p. 440-442.

– *Bergson*, Paris, Alcan, 1931 ; éd. augmentée, *Henri Bergson*, Paris, PUF, 1959.

JOUHAUD M., « Bergson et la création de soi par soi », *Les Études philosophiques*, XLVII, 2, 1992, p. 195-215.

LISCIANI PETRINI E., *Memoria e poesia. Bergson, Jankélévitch, Heidegger*, Napoli, Edizioni Scientifiche Italiane, 1983.

MARIN CL., « Ravaisson et Bergson : la science du vivant », dans Fr. Worms (éd.), *Annales bergsoniennes III*, *op. cit.* p. 377-392.

MATHIEU V., *Bergson. Il profondo e la sua espressione*, Napoli, Guida, 1971.

MELETTI BERTOLINI M., « Conoscenza comune, scienza e filosofia. Note su alcuni momenti epistemologici del secondo Ottocento : Bergson tra Spencer e Bernard », *Filosofia*, 39, 1988, p 19-44.

PHILONENKO A., *Bergson ou de la philosophie comme science rigoureuse*, Paris, Cerf, 1994.

POLITZER G., *La Fin d'une parade philosophique : le bergsonisme*, Paris, Les Revues, 1929.

PROCHIANZ A., « La forme n'est qu'un instantané pris sur une transition », dans A. Fagot-Largeault, Fr. Worms (éds), *Annales bergsoniennes IV*, *op. cit.*, p. 201-211.

RUSSELL B., *The Philosophy of Bergson*, Cambridge, Bowes and Bowes, 1914.

TROTIGNON P., *L'Idée de vie chez Bergson et la critique de la métaphysique*, Paris, PUF, 1968.

VERMEREN P., « 1949 : déclin et mort du bergsonisme ? », *Cahiers critiques de philosophie*, 7, 2008, p. 95-111.

WAHL J., *Tableau de la philosophie française*, Paris, Fontaine, 1946.

VIEILLARD-BARON J.-L. (éd), *Lectures de Bergson*, numéro spécial de la *Revue philosophique*, CXCVIII, 2008.

WORMS FR., *Bergson ou les deux sens de la vie*, Paris, PUF, 2004.
– (éd.), *Annales bergsoniennes III*, *op. cit.*
WORMS FR., RIQUIER C. (éds), *Lire Bergson*, Paris, PUF, 2011.
ZANFI C., *Bergson et la philosophie allemande*, Préface de Fr. Worms, Paris, Colin, 2013.

VII. AUTRES TEXTES CONSULTÉS

ANCESCHI L., *Da Bacone a Kant*, Bologna, Il Mulino, 1972.
BACH T., *Biologie und Philosophie bei Kielmeyer und Schelling*, Stuttgart-Bad Cannstatt, Frommann-Holzboog, 2001.
BACH T., BREIDBACH O. (éds), *Naturphilosophie nach Schelling*, Stuttgart-Bad Cannstatt, Frommann-Holzboog, 2005.
BAYER R., *Histoire de l'esthétique*, Paris, Colin, 1960.
BENRUBI I., *Les Sources et les Courants de la philosophie contemporaine en France*, 2 vol., Paris, Alcan, 1933.
BLACK M., *Models and Metaphors. Studies in Language and Philosophy*, Ithaca-London, Cornell University Press, 1962.
BOYD R., « Metaphors and Theory Change : What is "Metaphor" a Metaphor for ? », dans A. Ortony (éd.), *Metaphor and Thought*, Cambridge, Cambridge University Press, 1979, p. 356-408.
BREIDBACH O., ENGELHARDT D. VON (éds), *Hegel und die Lebenswissenschaften*, Berlin, Verlag für Wissenschaft und Bildung, 2002.
BREIDBACH O., VERCELLONE F. (éds), *Concepts of Morphology*, Milano, Mimesis Edizioni, 2008.
CANGUILHEM G., *Œuvres complètes*, t. IV : *Résistance, philosophie biologique et histoire des sciences 1940-1965*, textes édités, introduits et annotés par C. Limoges, Paris, Vrin, 2015.
CASSOU-NOGUES P., GILLOT P. (éds), *Le concept, le sujet et la science. Cavaillès, Canguilhem, Foucault*, Paris, Vrin, 2009.
CENTRE NATIONAL DE LA RECHERCHE SCIENTIFIQUE, *Trésor de la langue française. Dictionnaire de la langue du XIXe et du XXe siècle (1789-1960)*, 16 vol., Paris, Gallimard (certains volumes Klincksieck), 1971-1994.
COLEMAN W., *Biology in the Nineteenth Century. Problems of Form, Function and Transformation*, Cambridge, Cambridge University Press, 1977.
CUNNINGHAM A., JARDINE N. (éds), *Romanticism and the Sciences*, Cambridge, Cambridge University Press, 1990.

ENGELHARDT D. VON, *Historisches Bewußtsein in der Naturwissenschaft von der Aufklärung bis zum Positivismus*, Freiburg-München, Alber, 1979.

FAGOT-LARGEAULT A., *Médecine et philosophie*, Paris, PUF, 2010.

FANTINI B., *La macchina vivente : meccanicismo e vitalismo nella biologia del Novecento*, Milano, Longanesi, 1976.

– (éd.), *Le rivoluzioni nelle scienze della vita*, Firenze, Olschki, 1995.

FANTINI B., LAMBRICHS L.-L., *Histoire de la pensée médicale contemporaine*, t. IV, Paris, Seuil, 2014.

GARRONI E., *Creatività* (1978), Préface de P. Virno, Macerata, Quodlibet, 2010.

GIVONE S., *La questione romantica*, Roma-Bari, Laterza, 1992.

GUITTON J., « Visite à Heidegger », *La table ronde*, 123, 1958, p. 143-155.

– « Chemins de campagne. Méditations sur Heidegger », *La table ronde*, 162, 1961, p. 9-15.

HECKMANN R., KRINGS H., MEYER R.W. (éds), *Natur und Subjektivität. Zur Auseinandersetzung mit der Naturphilosophie des jungen Schelling*, Stuttgart-Bad Cannstatt, Frommann-Holzboog, 1985.

HESSE M., *Models and Analogies in Science*, Notre Dame (Indiana), University of Notre Dame Press, 1966.

KANZ K.T., *Philosophie des Organischen in der Goethezeit. Studien zu Werk und Wirkung des Naturforschers Carl Friedrich Kielmeyer (1765-1844)*, Stuttgart, Steiner, 1994.

KUHN T.S., « Metaphor in Science », dans A. Ortony (éd.), *Metaphor and Thought*, *op. cit.*, p. 409-419.

LENOIR T., *The Strategy of Life : Teleology and Mechanics in Nineteenth Century German Biology*, Dordrecht-Boston, Reidel, 1982.

LIPOVETSKY G., *Le Crépuscule du devoir. L'éthique indolore des nouveaux temps modernes*, Paris, Gallimard, 1992.

LITTRE É., *Dictionnaire de la langue française*, Paris, Hachette, 1863.

MAFFESOLI M., *Aux creux des apparences. Pour une éthique de l'esthétique*, Paris, Plon, 1990.

MINELLI A., *Forms of Becoming*, Princeton, Princeton University Press, 2009.

– *L'albero condiviso. Metodi comuni tra filologia e biologia*, Udine, Forum, 2015.

MOISO F., *Vita, natura, libertà. Schelling 1795-1809*, Milano, Mursia, 1990.

MORETTI G., *Heidelberg romantica*, Napoli, Guida, 2002.

MUKAŘOVSKÝ J., *Il significato dell'estetica* (1966), trad. it. S. Corduas, Torino, Einaudi, 1973.

MUSTOXIDI T.M., *Histoire de l'esthétique française 1770-1900*, Paris, Honoré Champion, 1920.

ORSUCCI A., *Dalla biologia cellulare alle scienze dello spirito : aspetti del dibattito sull'individualità nell'Ottocento tedesco*, Bologna, Il Mulino, 1992.

PARODI D., *La Philosophie contemporaine en France*, Paris, Alcan, 1919.

PENISSON G., *Le vivant et l'épistémologie des concepts*, Paris, L'Harmattan, 2008.

PICHOT A., *Histoire de la notion de vie*, Paris, Gallimard, 1993.

POGGI S., *Il genio e l'unità della natura. La scienza della Germania romantica (1790-1830)*, Bologna, Il Mulino, 2000.

ROSSI LINO, *Occasioni III. Questioni e modelli di una storiografia dell'estetica*, Bologna, Clueb, 1998.

SCHILLER J., *La Notion d'organisation dans l'histoire de la biologie*, Paris, Maloine, 1978.

TATARKIEWICZ W., *Storia dell'estetica* (1970), 3 vol., trad. it. G. Cavaglià, Torino, Einaudi, 1979-1984.

– *Storia di sei Idee* (1976), trad. it. O. Burba, K. Jaworska, Postface de L. Russo, Palermo, Aesthetica Edizioni, 1997.

TOWARNICKI FR. DE, *À la rencontre de Heidegger*, Paris, Gallimard, 1993.

VERCELLONE F., *Nature del tempo. Novalis e la forma poetica del romanticismo tedesco*, Milano, Guerini, 1998.

INDEX DES NOMS

TABLE DES MATIÈRES

Philosophie

aux éditions L'Harmattan

Dernières parutions

ALAIN BADIOU
Vivre en immortel
Vinolo Stéphane
À la différence de penseurs comme Deleuze ou Derrida, Alain Badiou est un philosophe classique, cherchant à apporter des réponses aux questions les plus anciennes de la philosophie. Pour Badiou, la philosophie n'est plus au coeur du processus de production des vérités. Toute la pensée de Badiou nous enjoint donc à cesser d'être des animaux humains pour devenir des sujets, à ne plus survivre à l'aune de nos seuls intérêts, pour vivre pleinement, c'est-à-dire, vivre enfin comme des immortels.
(Coll. Ouverture Philosophique, 20.00 euros, 196 p.)
ISBN : 978-2-343-05087-4, ISBN EBOOK : 978-2-336-36612-8

CENT MILLIONS D'ORGASMES
Essai sur la pornographie
Rubino Francesco
La pornographie sera l'un des objets les plus invasifs des réglementations morales à venir. Aux positions naïves (M. Marzano) et aux reconstructions puristes (C. MacKinnon) et relativistes (M. C. Nussbaum, L. Williams), ce «pornouvrage» oppose le sens authentique de cette anomie érotique : le sens d'un corps opprimé qui, pourtant, pornographiquement écrit (A. J. Magliacane) et se resymbolise dans un cri (P. Pat Califia) ou se désymbolise dans un fantasme (Ch. Ackerman, E. Lemoine-Luccioni).
(Coll. Ouverture Philosophique, série Arts vivants, 24.00 euros, 240 p.)
ISBN : 978-2-343-05144-4, ISBN EBOOK : 978-2-336-36662-3

COURT TRAITÉ D'ONTOLOGIE
Bouvier Pascal
Pourquoi existons-nous ? Est-ce que nous existerons après la mort ? Autant d'interrogations profondément humaines qui sont prises en charge par la philosophie. Au sein de celle-ci, une discipline spécifique se consacre à la question de l'être : l'ontologie. Elle semblait tombée en désuétude et dans l'oubli depuis les critiques sévères de certains courants philosophiques. Ce traité tente de saisir les grandes lignes de cette histoire de l'être.
(Coll. Ouverture Philosophique, 14.50 euros, 148 p.)
ISBN : 978-2-343-04094-3, ISBN EBOOK : 978-2-336-36722-4

CRITIQUE (LA) RADICALE DE L'ARGENT ET DU CAPITAL CHEZ LE DERNIER-MARX

Matériaux pour une refondation du marxisme

Bayer Philippe

Ce livre s'inscrit dans une réflexion sur la Critique radicale associée à ce qu'on peut appeler le Dernier-Marx. Ce Dernier-Marx, on peut le lire dans l'édition française du *Capital* en un repositionnement de Marx, venant problématiser sa pensée objective précédente, qui réceptionnait un donné du mode de production capitaliste pour l'interpréter comme un donné de l'histoire. À cette entreprise ruineuse pour le mouvement ouvrier, le Dernier-Marx substitue une problématique radicalement subjective à partir d'une ontologie de l'identité vitale.

(Coll. Ouverture Philosophique, 25.00 euros, 248 p.)

ISBN : 978-2-343-04705-8, ISBN EBOOK : 978-2-336-36730-9

DÉCONSTRUCTION PHÉNOMÉNOLOGIQUE ET THÉOLOGIQUE DE LA MODERNITÉ OCCIDENTALE

Awazi Mbambi Kungua Benoît

Le puissant travail de déconstruction phénoménologique et théologique de la modernité occidentale fait apparaître l'autisme épistémologique qui caractérise son horizon de la Mathesis Universalis à la base de ses productions scientifiques, techniques, athées, consuméristes et médiatiques. À travers cet ouvrage, l'auteur opère un puissant tournant prophétique, mystique et thérapeutique de la théologie négro-africaine de la libération holistique, échappant ainsi aux schèmes idéologiques et politiques des théologies occidentales frappées d'obsolescence.

(33.00 euros, 320 p.)

ISBN : 978-2-343-03719-6, ISBN EBOOK : 978-2-336-36791-0

ÉVEIL BOUDDHIQUE ET CORPORÉITÉ

Marcel Antoine

«Voir dans sa propre nature», dans le bouddhisme zen, est une expression convenue qui désigne l'éveil. Pourquoi, et comment ? Observant l'importance première donnée au corps dans la pratique méditative, la mise à l'écart de la noèse, l'auteur, s'appuyant sur les développements de la pensée phénoménologique à la suite de Maurice Merleau-Ponty, tente une investigation de l'éveil bouddhique.

(Coll. Ouverture Philosophique, 12.00 euros, 108 p.)

ISBN : 978-2-343-05191-8, ISBN EBOOK : 978-2-336-36785-9

PROBLÈME (LE) KANTIEN DE L'ÉTHIQUE

Habiter le monde

Gaudet Pascal

La philosophie critique de Kant peut être interprétée comme une éthique, qui signifie non pas seulement l'impératif de la vertu, mais l'exigence d'une réalisation du souverain Bien en l'homme et dans le monde. Ce livre montre comment la recherche d'un passage de la liberté à la nature fonde le projet d'une « habitation » du monde et permet de penser le sens éthique de la philosophie en ses domaines théorique et pratique.

(Coll. Ouverture Philosophique, 12.00 euros, 110 p.)

ISBN : 978-2-343-05328-8, ISBN EBOOK : 978-2-336-36702-6

RACINE (LA) DE LA LIBERTÉ
Urvoy François
À l'issue d'un siècle qui a vu le plus grand écrasement des hommes et des peuples et en ce début qui en prend bien le relais, les préoccupations de liberté ont pris une urgence plus grande et plus sensible. Les investigations obtiennent jusqu'ici des résultats très décevants car elles s'attachent aux moyens externes sans jamais chercher qui et surtout comment on sera en mesure de les produire et de les mettre en œuvre. Il s'agit, ici, de remonter à la racine de la question : ce qui dépend de nous, ce que nous pouvons par nous-mêmes dans un monde qui nous produit et nous conduit.
(Coll. Ouverture Philosophique, 27.00 euros, 258 p.)
ISBN : 978-2-343-03005-0, ISBN EBOOK : 978-2-336-36731-6

SYMBOLIQUE (LE) ET LE TRANSCENDANTAL
Verley Xavier
Ce livre part du différend qui a opposé Frege et Husserl à propos du psychologisme. Comment ces deux pensées tournées vers une réflexion sur l'arithmétique ont-elles pu parvenir à deux conceptions si différentes de la logique ? Il est apparu qu'il s'agissait d'évaluer l'idée de représentation qui est au cœur du problème. Ainsi, faut-il se (re)présenter pour penser ou y a-t-il la place pour une pensée symbolique et aveugle ?
(Coll. Ouverture Philosophique, 30.00 euros, 294 p.)
ISBN : 978-2-343-02833-0, ISBN EBOOK : 978-2-336-36557-2

CRITIQUE ET ÉMANCIPATION
Recherches foucaldiennes sur la culture arabe contemporaine
Beghoura Zouaoui - Préface de Jacques Poulain
Cet ouvrage utilise les pensées de Michel Foucault dans la culture arabe. Il joint à une histoire socio-politique de cette culture une critique qui vise à y établir les conditions d'une émancipation réelle, indépendante de l'actualité brûlante qui semble la rendre aujourd'hui impossible. Cette expérience de critique socio-politique développe en effet les critères d'une émancipation intellectuelle qui conditionne toute émancipation sociale.
(Coll. La philosophie en commun, 17.00 euros, 176 p.)
ISBN : 978-2-343-04092-9, ISBN EBOOK : 978-2-336-36304-2

DU FÉMINISME DANS L'ŒUVRE DE MICHEL FOUCAULT
A demain le bon sexe
Essai
Sastre Danièle
«Le sexe, disait Foucault, ça s'administre, la sexualité, ça se subit ; quant à la sensualité, elle est chaque jour à inventer.» L'auteur a voulu rouvrir le dossier, emprunter les chemins qu'il a tracés en 1976 en écrivant son Histoire de la sexualité, qui est l'histoire des discours sur la sexualité, eux-mêmes histoire des corps investis par le pouvoir.
(27.00 euros, 268 p.)
ISBN : 978-2-343-04763-8, ISBN EBOOK : 978-2-336-36305-9

GASTON BACHELARD, UNE POÉTIQUE DE LA LECTURE
Buse Ionel
L'éthique bachelardienne est une éthique simple, mais pas du tout simpliste : l'homme du théorème est complété par l'homme du poème. Mais, si l'éthique est une direction de la pensée qui doit maîtriser notre avenir, la poétique est la source ontologique de cette pensée. C'est-à-dire la liberté de rêver doit être à l'origine de la liberté créatrice de la pensée ou de l'homme des théorèmes. En fait, il ne s'agit pas d'une éthique fermée dans les modèles artificiels d'une pensée techniciste, mais toujours d'une éthique soutenue, à l'origine, par une poétique de la pensée ouverte.
(Coll. Ouverture Philosophique, 16.50 euros, 160 p.)
ISBN : 978-2-343-04292-3, ISBN EBOOK : 978-2-336-36292-2

HOMME (L') EST-IL UN ANIMAL POLITIQUE ?
Physique de la misanthropie, entre littérature et philosophie
Ainseba Tayeb
Le compartimentage disciplinaire hérité du XIXe siècle pousse à opposer les intentions esthétiques de la littérature au chemin vers la vérité que serait la philosophie. Cette opposition nie la possibilité d'une philosophie littéraire tant que, réduite à un dogme, elle n'est pas critiquée. Ce livre, plutôt que d'opposer la littérature et la philosophie, raconte ce qui les rapproche en prenant un thème qui leur est commun, celui de la misanthropie.
(30.00 euros, 298 p.)
ISBN : 978-2-343-04870-3, ISBN EBOOK : 978-2-336-36346-2

LOGIQUE ET RHÉTORIQUE SELON CHAÏM PERELMAN
ou le jugement partagé – L'éloquence de la raison
Melcer Jean-François
Des trois volets de l'oeuvre de Chaïm Perelman – la philosophie du droit, l'éthique et la logique – le troisième est le moins connu. Les précédents tomes de *L'éloquence de la raison* ont mis l'accent sur les deux premiers. Il s'agit, à présent, d'expliciter les conditions épistémologiques de possibilité de la nouvelle rhétorique, conçue comme logique argumentative, non comme technologie persuasive.
(Coll. Ouverture Philosophique, 31.00 euros, 304 p.)
ISBN : 978-2-343-04209-1, ISBN EBOOK : 978-2-336-36286-1

MERLEAU-PONTY - FREUD ET LES PSYCHANALYSTES
Le Baut Hervé
Le parcours de Maurice Merleau-Ponty ne peut se comprendre sans le fil rouge de la Psychanalyse : dès sa thèse, il restaure le primat de la perception et du corps sexué à la lumière de Freud et de Binswanger. A la Sorbonne, il renouvelle la Psychologie de l'enfant en y intégrant M. Klein, J. Lacan et F. Dolto. Au Collège de France plusieurs cours font des rêves et de la libido une dimension inéluctable de l'humain. De nombreux psychanalystes et psychiatres se sont « laissés interroger par lui « : citons : H. Ey, A. Hesnard, P. Fédida, A. Green, J. Laplanche, J.-B. Pontalis, Luce Irigaray…
(Coll. Ouverture Philosophique, 24.00 euros, 296 p.)
ISBN : 978-2-343-04080-6, ISBN EBOOK : 978-2-336-36381-3

L'HARMATTAN ITALIA
Via Degli Artisti 15; 10124 Torino
harmattan.italia@gmail.com

L'HARMATTAN HONGRIE
Könyvesbolt ; Kossuth L. u. 14-16
1053 Budapest

L'HARMATTAN KINSHASA
185, avenue Nyangwe
Commune de Lingwala
Kinshasa, R.D. Congo
(00243) 998697603 ou (00243) 999229662

L'HARMATTAN CONGO
67, av. E. P. Lumumba
Bât. – Congo Pharmacie (Bib. Nat.)
BP2874 Brazzaville
harmattan.congo@yahoo.fr

L'HARMATTAN GUINÉE
Almamya Rue KA 028, en face
du restaurant Le Cèdre
OKB agency BP 3470 Conakry
(00224) 657 20 85 08 / 664 28 91 96
harmattanguinee@yahoo.fr

L'HARMATTAN MALI
Rue 73, Porte 536, Niamakoro,
Cité Unicef, Bamako
Tél. 00 (223) 20205724 / +(223) 76378082
poudiougopaul@yahoo.fr
pp.harmattan@gmail.com

L'HARMATTAN CAMEROUN
BP 11486
Face à la SNI, immeuble Don Bosco
Yaoundé
(00237) 99 76 61 66
harmattancam@yahoo.fr

L'HARMATTAN CÔTE D'IVOIRE
Résidence Karl / cité des arts
Abidjan-Cocody 03 BP 1588 Abidjan 03
(00225) 05 77 87 31
etien_nda@yahoo.fr

L'HARMATTAN BURKINA
Penou Achille Some
Ouagadougou
(+226) 70 26 88 27

L'HARMATTAN SÉNÉGAL
10 VDN en face Mermoz, après le pont de Fann
BP 45034 Dakar Fann
33 825 98 58 / 33 860 9858
senharmattan@gmail.com / senlibraire@gmail.com
www.harmattansenegal.com

L'HARMATTAN BÉNIN
ISOR-BENIN
01 BP 359 COTONOU-RP
Quartier Gbèdjromèdé,
Rue Agbélenco, Lot 1247 I
Tél : 00 229 21 32 53 79
christian_dablaka123@yahoo.fr

Achevé d'imprimer par Corlet Numérique - 14110 Condé-sur-Noireau
N° d'Imprimeur : 124816 - Dépôt légal : décembre 2015 - *Imprimé en France*

www.ingramcontent.com/pod-product-compliance
Lightning Source LLC
LaVergne TN
LVHW011255061026
849535LV00005B/1264